前　言

　　粤港澳大湾区建设已经进入第五个年头，是开启高质量发展新阶段的关键时期。2019 年 2 月 18 日，《粤港澳大湾区发展规划纲要》发布，提出粤港澳大湾区的五大战略定位是充满活力的世界级城市群、具有全球影响力的国际科技创新中心、"一带一路"建设的重要支撑、内地与港澳深度合作示范区和宜居宜业宜游的优质生活圈。粤港澳大湾区是我国布局的三大国际科技创新中心之一，也是国家"3+4"区域创新格局①中的重要一极。党的二十大报告提出，要坚持创新在我国现代化建设全局中的核心地位。因此，从国家战略全局和中国式现代化首要任务，即高质量发展来看，建设"具有全球影响力的国际科技创新中心"在粤港澳大湾区五大战略定位中最突出。

　　与国内外主要的国际科技创新中心相比，粤港澳大湾区是一个新兴的、处于快速发展中的国际科技创新中心，受到全球瞩目。同时，粤港澳大湾区具有"一国两制"、三个关税区的特殊性，还是一个涉及 11 个城市旳跨区域科技创新中心。因此，粤港澳大湾区建设国际科技创新中心的模式和路径值得深入研究和探索。

　　本书首先梳理和明确了国际科技创新中心的概念和内涵，然后从全球科技革命、产业转移、经济重心变化、制度创新等新的视角，对国际科技创新

---

　　① 党的十八大以来，我国布局建设了 3 个国际科技创新中心和 4 个综合性国家科学中心，形成了"3+4"区域创新格局。所谓"3"，就是指北京、上海、粤港澳大湾区 3 个国际科技创新中心；所谓"4"，就是指北京怀柔、上海张江、安徽合肥、粤港澳大湾区 4 个综合性国家科学中心。

中心的形成与发展进行了回顾和总结。继而对国际科技创新中心的国内外理论研究进行了梳理，提出国际科技创新中心建设的理论依据与底层逻辑，涉及创新外溢、空间集聚、协同创新、科技治理和创新生态系统等方面。

实践层面，本书系统阐述了粤港澳大湾区国际科技创新中心建设面临的国内外形势及其战略意义。进而梳理了粤港澳大湾区国际科技创新中心建设的支持政策，并用大量数据和案例，为读者展示了粤港澳大湾区国际科技创新中心建设的全貌以及11个城市的发展实践。之后，本书选取了美国硅谷、英国伦敦、日本筑波、法国格勒诺布尔、以色列特拉维夫以及中国的北京和上海等7个全球知名的国际科技创新中心，从发展历程、大科学装置、政府角色、产学研合作、体制机制、创新生态系统等角度进行了深入分析，总结出国际科技创新中心建设的三种模式，即"科学中心"模式、"产业创新中心"模式以及"双中心"模式（"科学中心"与"产业创新中心"结合的模式）。

本书认为，基于粤港澳大湾区"一国两制"的特殊性以及实践过程中遇到的问题和挑战，粤港澳大湾区国际科技创新中心建设需采用"双中心"模式，提出在此模式引领下，粤港澳大湾区应建设科技创新共同体，并对科技创新共同体的内涵、特征进行了系统阐述。

本书认为，面对全球科技创新的发展趋势和竞争形势，粤港澳大湾区国际科技创新中心建设的路径要以构建区域协同创新网络为牵引，在基础研究和创新策源能力、全球要素资源、创新生态系统、粤港澳科技市场一体化、重大平台和枢纽节点等领域聚焦发力，为国家实现高水平科技自立自强探索路径、提供支撑。

本书是学术探究与应用分析相结合的成果。作为我国开放程度最高、经济活力最强的区域之一，粤港澳大湾区科技创新的发展受到全球高度关注。本书从宏观视角探讨粤港澳大湾区创新发展的实践与未来，适合政府创新发展和区域合作决策者与执行者、企业家和研究者阅读。

谢来风

2023 年 5 月

目 录 ⬏

上篇　理论分析

中篇　政策实践

下篇 模式路径

上篇　理论分析

第一章　国际科技创新中心的
概念与内涵

　　国际科技创新中心也被称为全球科技创新中心、世界科技中心、世界科学中心、世界技术中心等。关于国际科技创新中心的概念，目前学界尚未有统一的界定。现有研究认为，国际科技创新中心是一个复杂、多元、内外部元素深度关联与交互作用的"综合体"，并且不断演变发展。同时，不同国家和地区形成的国际科技创新中心，既有共性的特征，也有特殊的发展模式和路径，是区位地理、要素资源禀赋、制度体系等因素共同作用的结果。

　　明确国际科技创新中心的概念、内涵与特征，对推进粤港澳大湾区建设国际科技创新中心十分关键。

一　国际科技创新中心的概念

　　英国著名科学史学家丹皮尔首次于 1929 年在其科学史著作《科学史及其与哲学和宗教的关系》中提出"世界科学的中心"，但没有给出明确界定。英国科学家贝纳尔在 1954 年《历史上的科学》中首次提出了世界科学中心的概念；1962 年，日本学者汤浅光朝通过研究近代世界科学中心转移的规律提出了著名的"汤浅现象"（陈诗波、陈亚平，2022）。

　　2000 年 7 月，美国《在线》杂志首次提出"全球科技创新中心"的概念，认为其构成要素至少包括：高校科研院所科研能力、提供专业技术和带来经济收益的跨国公司、人们创办风险企业的积极性和完备的风险投资市场。2001 年联合国发布《2001 年人类发展报告》，指出全球创新中心要具备较强的经济实力、丰富的科技创新资源、高度聚集的产业集群，开放包容的创新文化氛围、较广泛的对外经济联系等特征。

国内学者熊鸿儒（2015）认为全球科技创新中心的演变由科技革命、制度创新、经济长波等因素的变化所决定。李嫒（2015）认为全球科技创新中心不仅要在科技领域具有控制力和辐射带动作用，同时要在世界创新网络中占据关键地位。杜德斌和何舜辉（2016）认为全球科技创新中心要拥有丰富的科技资源、雄厚的科研实力、科技辐射能力等特性，在全球价值网络中发挥显著增值功能并且占据支配地位。廖明中（2019）则认为，世界科技创新中心是以创新为核心驱动力，拥有丰富的创新资源，企业等创新主体充满活力，配套服务和政府治理效率高，同时具有良好的创新生态，且在全球创新网络中发挥重要支配作用的城市或地区。潘教峰、刘益东等人（2019）提出科技创新中心形成需要经济繁荣、思想解放、教育兴盛、政府有力支持等四个社会因素和一个科技革命因素。

国际科技创新中心的评定方面，专利申请量、文献发表量等是重要的科创产出的衡量标准。但从国际科技创新中心的概念出发，该评价也有一定的片面性。另外，很多衡量关于科创产出、影响力、原始创新力等的指标目前暂未统计，数据的追踪获取有一定难度，或不能完全用数据去统计评价，造成国际科技创新中心评定存在难度。对于研究者而言，一般可以参考影响力较大的创新指数。比如，由世界知识产权组织（WIPO）每年发布的全球创新指数（GII）作为参考。

根据 WIPO 于 2020~2022 年发布的 GII 全球科技集群排名，东京-横滨、圣何塞-旧金山等科技集群一直位列全球前 10。英国伦敦、以色列特拉维夫等科技集群在西欧、西亚区域排在前列。若以国家为尺度，拥有 3 个以上"前 100 全球科技集群"的国家共有 12 个，其中，美国、中国、日本、德国、英国等国家位列前 10。综合来看，美国、日本、英国、以色列等国家在国际科技创新中心建设方面具有较早的经验和做法（见表 1-1）。这也是本书第七章在选取世界主要的国际科技创新中心案例分析时的重要参考因素。

表 1-1　2020~2022 年 GII 全球科技集群排名

排名	2020 年	2021 年	2022 年
1	东京-横滨	东京-横滨	东京-横滨
2	深圳-香港-广州	深圳-香港-广州	深圳-香港-广州
3	首尔	北京	北京
4	北京	首尔	首尔
5	圣何塞-旧金山	圣何塞-旧金山	圣何塞-旧金山
6	大阪-神户-京都	大阪-神户-京都	上海-苏州
7	波士顿-剑桥	波士顿-剑桥	大阪-神户-京都
8	纽约	上海	波士顿-剑桥
9	上海	纽约	纽约
10	巴黎	巴黎	巴黎

资料来源：2020~2022 年《全球创新指数报告》。

从现有研究成果看，越来越多学者倾向于认为国际科技创新中心是全球科技创新活动的活跃区和聚集区，具备突出的原始创新能力和世界科技影响力，可以在空间上形成区域性的创新集群，聚集大量企业、研发机构、大学等多元化科技创新主体。综合全球科技创新发展趋势以及近年研究和实地调研考察，本书认为，国际科技创新中心是指区位地理优势突出、科技创新资源高度集聚、重大科技设施引领能力强、基础研究和创新策源能力强、科技辐射和区域协同效应大、科技创新体制机制健全、综合科研环境优秀、在全球创新网络和经济体系中均具有重要功能地位的城市或者区域。

二　国际科技创新中心的内涵

关于国际科技创新中心的内涵（组成要素）与特征，学术界从不同视角已有诸多分析和论述。

（一）国际科技创新中心的内涵（组成要素）

杜德斌等（2022）认为，国际科技创新中心的构成要素可分为核心要素、驱动要素和支撑要素三个基本层次：人才是最高层次的要素，它渗透到其他各个要素之中，是全球科技创新中心形成的核心要素；驱动要素包括大学、企业和政府，全球科技创新中心的形成需要若干世界一流大学的支撑，需要一批科技"引擎"企业的引领，需要一个奋发有为的政府的推动；支撑层次的环境要素包括许多方面，这里仅列出四个最重要的要素，即创新文化、创新资本、创新基础设施和专业服务。

陈诗波、陈亚平（2022）认为，全球科技创新中心一般由以下要素组成。一是具有世界一流的战略科学家和创新团队。比如，截至 2020 年，美国的诺贝尔科学奖获得者达到了 377 人（次），约占全世界总数的 50%，是能够产生国际科技创新中心的地方。二是具有世界一流的高校、科研机构和学科体系。比如德国的教育改革，成功地把学术研究引进大学，实现了科研、教学和研讨班的融合，极大地促进了科技创新的产业化进程。三是具有国际领先的大科学装置和基础科研平台。大科学装置和基础科研平台是影响科研能力的关键因素，也是一国建设世界科技创新中心的基础。比如德国为了验证科学理论，生产了大量实验技术装置，例如研发示波器、光度计等实验仪器，加强了理论和实验的结合，促进了德国科技发展，使其顺利成为世界科技创新中心。四是具有较强的重大原创成果（前沿技术）产出能力。从意大利哥白尼、伽利略的天文革命，到英国的牛顿力学，到法国的拉瓦锡和化学革命，到德国的量子论、相对论，再到美国的分子生物学、信息科学，可以发现，世界科技创新中心转移的顺序与重大科学理论提出的国家顺序基本一致。五是具有较强的产业策源能力和拥有一批世界领军型企业。从近一个世纪的科技创新演变历程来看，真正对产业发展起到策源效应的技术成果要么来自企业，要么由企业发展壮大，包括贝尔、西门子、拜耳、微软等企业都是以领先的创新能力推动了整个产业的转型升级和发展壮大。六是具有国际化创新生态网络。世界科技创新中心依托国际化创新网络进行技术、人才、信息等创新要素的汇集与融合，同时也利用国际化创新网络向世界各地扩散新技术、新成果。如美国 20 世纪 80 年代就发布了"2061 计划"，为美国建设成为世界科技创新中心打好了基础。

结合学术界关于国际科技创新中心的研究，以及 GII 中有关创新指标、科技集群的定义，本书认为，要成为全球知名的国际科技创新中心，一般应具备以下四个要素。

1. 全球领先的大科学装置

许多科学领域发展和研究前沿突破都离不开大科学装置的支撑，尤其是基础性研究和原创性成果，对于提高原始创新力有重要作用。"大科学装置"诞生于二战时期，美国在实施"曼哈顿工程"计划时，建立了一系列当时全球最先进的科学设施，以支撑研究计划的发展，包括核反应堆和加速器等。"曼哈顿工程"结束后，这些设施继续用于科研，并产出了大量重大科研成果。大科学装置的建设、运营、维护均需要高额投入，其工程建设无论是体量还是建设难度都很大，建设周期很长，因此，每一个大科学装置都具有明确的科技目标和国家使命。我国于"九五"开始逐渐投入建设大科学装置，截至目前，已拥有 20 多个大科学装置，位居世界前列，但从科研产出质量来说，我国与世界发达国家还存在一定差距，主要问题表现为管理机制不健全、国际开放共享程度不够、利用效率不高、考核评价体系不完善等。以美国和德国为例，作为全球科创能力和原始创新能力卓越的国家，大科学装置发挥了关键作用。

一是高效的大科学装置组织管理机构与管理机制。美国能源部（DOE）作为美国在基础科学研究方面最主要的管理和资助机构，管理多家国家实验室，承担了大部分大科学装置的建设和规划工作。DOE 进行大科学装置的评审、决策和监督，并与国家科学基金会共同制定美国重大科技基础设施规划，包含大科学装置的发展路线和计划。国家实验室是大科学装置的发起者和承包方，提出某个具体大科学装置建设的建议，DOE 综合考虑装置科学意义、技术成熟度、预算等指标，通过严格的评审程序确定拟支持的大科学装置，建成后，由国家实验室进行大科学装置的日常运行和科研管理等工作。通常，大科学装置的最高执行官由 DOE 第一副部长担任。

二是规范化管理。大科学装置的建设与运营都是长期和复杂的过程，为此，DOE 针对管理中存在的问题，逐步制定了一系列管理命令（Oder）和指南（Guide），成为能源部管理大科学装置建设的标准和依据。包括《工程管理质量保证指南》《美国能源部绩效基准指南》《美国能源部资本资产工程评审指南》等，共20余个文件，并根据实际情况持续更新，有力地保障了大科学装置建设的有序进行。在经费管理方面，DOE明文规定，对总费用在2000万美元及以上的大科学装置采用先进的项目管理方法——挣值管理。挣值管理系统详细规范了工作程序。通过挣值管理，可以将DOE大科学装置的进度和费用进行综合度量，准确评估项目的进展情况，预测工程可能产生的工期滞后量和超支费用，从而及时纠正，为管理层提供有效手段。

三是国际开放与合作。大科学装置的国际开放共享是推动其持续产出高质量成果的动力机制之一，各国均认可大科学装置开放共享的属性。在德国，有一半左右的大科学装置是与其他国家合作建设完成的，据统计，在2015~2017年分别有70.6%、72.6%、71.0%的机时为外部科学家所用。比如，亥姆霍兹联合会是德国大科学装置的管理主体，德国规模最大的科研机构，由19个研究中心组成，主要进行前瞻性研究。亥姆霍兹联合会十分注重引入外国资金与人力资源，在布鲁塞尔、北京、莫斯科等地设立代表处，主动吸引优秀科研人员前往亥姆霍兹联合会下属中心开展研究。同时一直积极参与境外装置的国际合作，并借助大科学装置的开放共享实现科学外交。

2. 高效的科研管理制度

纵观科技强国和创新中心，其重要的制度创新是发展出一套符合自身实际、简洁高效的科研管理制度，为核心技术突破、科研攻关等奠定制度性基础。以颠覆性技术资助为例。颠覆性技术是实现国家科技创新能力突破性发展的重要方式之一，美国、日本、英国、德国、加拿大等国家均已提前布局，相应的科技创新管理机制如美国国防高级研究计划局（DARPA）建立的项目经理管理制、日本的颠覆性技术创新计划（ImPACT计划）等，均取得较突出的成就。

比如美国DARPA建立"自由度式"的项目经理管理制度，通过充分授权、允许科研失败、鼓励平行竞争以及引入风险投资人等机制，以不到5%的美国国防科研预算经费和少于250人的规模在互联网、GPS、隐身飞机、无人驾驶汽车和"全球鹰"无人机等众多高精尖领域，产出了大量震撼世界的颠覆性成果。DARPA隶属美国国防部，主要在军用领域开展研究，目前已在军用颠覆性技术及其转化方面取得了巨大成功。其次是DARPA具有针对颠覆性技术研究特征的考评标准。因为颠覆性技术研究比普通科学技术研究具有更大的不确定性和风险性，套用常规科研项目的评价体系，会让颠覆性技术研究备受质疑，制约其进一步发展。最后是组织机构的管理层级少，只有两级，在极大程度上避免了科研管理上的"官僚风气"和冗长流程。

再如日本2013年实施的ImPACT计划，以应对全球日益激烈的科技竞争。在组织管理上，以"项目经理+联络员"的方式优化科技管理。首先，效仿美国DARPA的项目经理制度，并赋予项目经理更高的自主权和决策权，包括项目选题的自主权、项目团队组织的决定权、项目实施的决策权、经费分配的使用权以及知识产权的决定权，由项目经理对研究计划项目进行全过程管理。同时，建立联络员制度，所有项目经理配备联络员，加强配套政策与服务的供给。联络员不仅为项目经理提供必要的技术指导，还可为项目经理提供政策咨询和协调部门工作，减少项目实施过程中的制度障碍，提高项目推进效率。

3. 产业技术和创新联盟

国际科技创新中心都是产学研高度一体化、产业转化率极高的区域，一般都建立有高效的产业技术和创新联盟。产业技术联盟，也被称为研发联盟（R&D Consortia），是一种区别于垂直创新的开放式创新网络组织形式，最早可追溯于日本1976年设立的超大规模集成电路（VLSI）计划，随后，为争夺全球半导体市场，美国于1987年成立半导体制造技术战略联盟（SEMATECH）。产业技术联盟由大中小企业、大学、研究机构和非营利性组织等组成，实际上，是竞争者之间为某个特定目标开展合作而成立的，故该科创网络的组织需联盟者之间建立高度的信任。国家层面，产业技术联盟可在短时间内集聚全国顶尖研发、生产资源，尽快实现某领域的技术攻关，掌握全球话语权；企业层面，协同创新的合作模式可破解某单一企业的技术壁垒和资源短缺的难题，合作伙伴的多样性也提高了创新绩效。

比如日本的 VLSI 计划在 1978 年由日本通商产业省和富士通（Fujitsu）、日立（HITACHI）、三菱（Mitsubishi Group）、日本电气（NEC）和东芝（Toshiba）5 家生产计算机的大型公司联合实施，以尽快攻克大规模集成电路技术，并占领全球市场。在利益分配上，政府和企业各分担一部分费用，联盟企业平等享有研究成果，各企业再在基础研究和共性技术的基础上进一步从事本企业的应用研究和商业开发。再如美国先进制造技术联盟计划（AMTech），由美国商务部下属的国家标准与技术研究院（NIST）设立，是一项由政府补助的竞争性计划，旨在建立新的或加强现有的行业驱动的联盟，开发技术路线图，以解决高优先级的研究挑战，以期持续提高美国的创新能力和国际竞争力。

VLSI 计划与 AMTech 计划的对比。在 VLSI 计划中，政府根据国家经济发展所需，主导企业围绕特定领域开展合作并提供一定资金资助，联盟企业根据市场导向确定具体的技术方向，并联合进行技术攻克。共享所有基础性和共性技术，再各自进行商业开发。在 AMTech 计划中，联盟主体涉及所有类型的组织机构，不仅面向企业，还面向大学、研究机构、政府部门、其他非营利性组织等，联盟由创新主体自发组织并制定细分技术领域的具体技术路线图，资助费用由政府投入，金额从 37.89 万美元到 53.99 万美元不等，科研成果优先供联盟成员使用。AMTech 计划将通过建立伙伴关系和技术路线图、释放资本、促进行业驱动的研究，实现更有效的技术转让、扩散和知识传播，提高新型中小企业成为成功企业的能力，在促进先进制造业的同时惠及联盟成员。表 1-2 为 VLSI 计划与 AMTech 计划的对比，相较而言，AMTech 计划中，联盟成员的范围更广，主体更多元，政府在政策和资金方面给予充足保障，创新主体充分发挥知识生产、扩散、转换的优势，市场机制作用更强，且在政府的引导下能在较短时间内获取较大的技术突破和进步。

表 1-2　VLSI 计划与 AMTech 计划的对比

产业技术联盟	联盟成员范围	资金来源	研究成果获利范围	政府的角色和主要功能	资助期
VLSI	领军企业	政府与企业共同承担	联盟企业共享	主导企业之间开展合作；提供一定资金支持	长期
AMTech	大中小企业、研究机构、大学、非营利性组织等	政府	联盟成员优先使用	支持引导多元创新主体之间开展合作；提供充足资金支持；提供政策支持；推动联盟制定细分领域的技术路线图	2 年

资料来源：根据朱加乐、项田晓雨的文章《美日以等国经验对我国建立"新型举国体制"的启示》（https：//m. thepaper. cn/baijiahao_ 14958711）等公开资料综合整理。

4. 开放的创新生态系统

创新是企业、资本、技术、信息、人员、数据等一系列要素的碰撞和化学反应，能够产生巨大的外部效应，从而形成一个完整的、开放的创新生态系统。比如，美国虚拟国家实验室（Virtual National Laboratory，VNL）是一种跨企业、跨组织、跨部门、跨地区的具备较强国家意志的协同创新生态的实现方式。20 世纪 90 年代中后期，由美国半导体领军企业英特尔主导申请，美国能源部（DOE）等政府部门统筹协调和支持，依托能源部下属的桑迪亚国家实验室、劳伦斯伯克利国家实验室、劳伦斯利物摩国家实验室，共同组建 VNL。VNL 的建立，在很大程度上缓解了当时美国的芯片产业所面临的知识生产与行业需求不匹配的矛盾。一方面解决了国家实验室资金短缺的难题；另一方面，解决了企业核心技术竞争力不足的问题。美国能源部是企业和国家实验室联系的纽带，其整合不同地区国家实验室资源和力量，提供相应的政策支持。同时，英特尔、AMD、摩托罗拉、英飞凌、IBM、美光半导体领军企业联合组建极紫外光刻有限责任公司（Extreme Ultra Violet Limited Liability Corporation，EUV LLC），辅以 VNL 所具备的全国顶尖科研资源，联合企业生产资源、原材料供应资源，以攻克光刻技术为目标进行创新，以期美国在全球芯片行业中占据话语权和市场主导权。最终，经过 6 年时间成功研发了极紫外光刻技术（EUV），获得巨额利润（见图 1-1）。

在该协同创新生态体系中，市场主体和科研主体的创新优势得到充分发挥，在市场失灵的情况下，政府部门的资源整合和联系纽带角色也起到了关键作用。

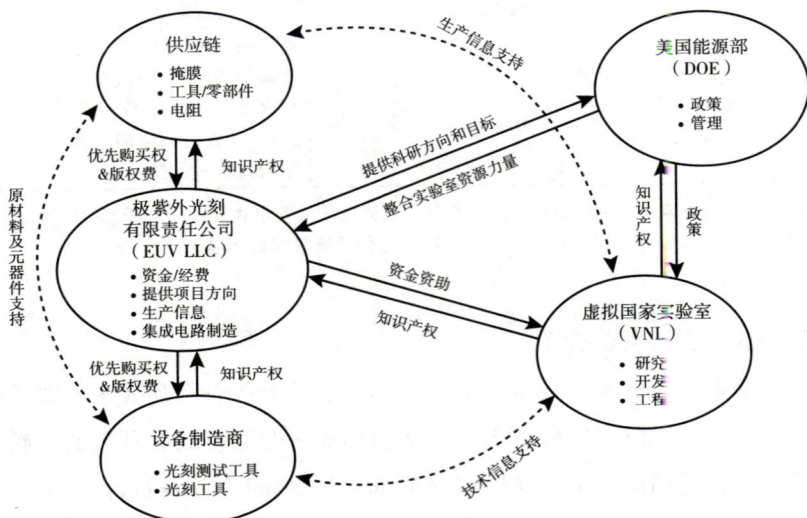

图 1-1　基于 VNL 的协同创新生态体系

资料来源：房超、班燕君《美国虚拟国家实验室协同创新机制——跨学科、全链路的灵活协同创新模式及启示》，《科技导报》2021 年第 20 期。

比如，美国硅谷拥有超过 300 家风险投资和私人股本公司，集聚了美国 36% 和全球 16% 的风险资本，是典型的资本驱动型科技创新中心，形成了一套以私募股权（PE）和风险投资（VC）为中心的创新生态体系。

（二）国际科技创新中心的特征

张士运等在《国际科技创新中心建设战略研究》一书中提出，国际科技创新中心外在功能的实现依托其内在特征的不断演进。从科技创新视角来看，随着规模的扩大、质量的提升、动力的增强，城市外在功能层级不断提高，所承载的历史使命也不断发生变化，实现从一般创新型城市向本地区域科技创新中心、全国科技创新中心，再到国际科技创新中心的层级跃迁。国际科技创新中心城市在其发展与演进中，表现出规模、质量、动力、水平、使命五大特征，如表 1-3 所示。

表 1-3 国际科技创新中心的五大特征

五大特征	具体内容
规模特征	国际科技创新中心的规模特征是指创新人才、创新主体等创新要素与城市创新环境在对应地理空间范围上的一种体现。这种地理空间范围性体现在大规模且具有扩张性的行政规划、人口、经济、对外连通及带动和影响。比如旧金山湾区常住人口 966.6 万，GDP 高达 1.03 万亿美元（2018 年），拥有 3 个国际机场，拥有 115 家独角兽企业（同期全球共 609 家），拥有 39 家《财富》500 强公司
质量特征	国际科技创新中心的质量特征是指中心所在城市前瞻性感知世界发展脉搏，以动态适应的方式引领全球知识创造与科技创新发展方向的能力，主要体现在世界级人才、研究机构、产业集群三方面创新资源的集聚。比如有超百位诺贝尔奖得主和数十位图灵奖得主、菲尔兹奖得主曾在旧金山湾区求学或工作，也归因于旧金山湾区汇集了 5 所包括斯坦福大学、加州大学伯克利分校等在内的世界级研究型大学，5 个国家实验室领衔的实验室集群；另外旧金山湾区在高新技术、生物医药科学、航天、能源研究等方面，引领全球 20 多种产业的发展潮流
动力特征	国际科技创新中心的动力特征是指文化、科学精神、社会制度等城市发展过程中的内在性历史累积所形成的先进文明、韧性的多元文化、包容的社会制度，能够促进创新型城市发展内在动力的形成。例如伦敦、纽约、东京等，这些城市拥有悠久的发展历史，其内生的文明承袭造就了深厚的文化底蕴，是国际科技创新中心形成和发展的重要内生动力
水平特征	国际科技创新中心的水平特征又称层次特征，是指科技创新中心从低层次向高层次跃迁。从国内外科技创新中心的发展历史和发展演变视角来看，科技创新中心分为区域科技创新中心、全国科技创新中心、国际科技创新中心等层级，也存在层级内部的跃迁，例如新加坡首先定位于面向东南亚的国际科技创新中心
使命特征	国际科技创新中心的使命特征是指随着科技创新中心创新影响力的规模不断扩大、引领性的质量不断增强、辐射与主导能级不断提升，其所承载的功能使命也会发生变化。对于国际科技创新中心而言，首先需要跳出服务于本国创新发展的局限，以引领国际科技创新发展为基础使命。随着历史的沉淀、自身创新发展脉络的传承、多元文化的不断融入，当国际科技创新中心展现出能够驱动人类科技创新共同发展的持久性、高质量动力特征时，其终极使命将跃迁至传承人类历史与文明，带动全人类与社会共同发展与助力打造人类命运共同体，最终发展成为全球科技创新中心

资料来源：张士运等《国际科技创新中心建设战略研究》，经济管理出版社，2021。

丁焕峰等（2019）选取了美国硅谷、美国波士顿、英国伦敦、日本筑波科学城、瑞典西斯塔科学城、中国北京三大科学城以及上海张江科学城等国内外七大科技创新中心及科学城，从金融体系、人才资源、主导产业、产学政互动、产业组织结构、创业文化、市场环境等方面，分析了国际科技创新中心的基本特征。

本书认为，国际科技创新中心具有以下五个方面的特征。一是战略功能和定位特征。国际科技创新中心不仅是城市或区域高质量发展的核心动力引擎，更在国家科技发展战略、国际科研合作等方面承担着特殊的、重要的责任使命。二是国际化资源特征。国际科技创新中心必然是深度融入全球创新网络的，其要素资源来自全球，与国际国内的科技创新交流和往来最为频繁。三是能力和水平特征。国际科技创新中心在全球创新网络中具有极强的资源配置功能，能够影响创新资源在全球的分配。同时，国际科技创新中心的创新能力与水平在全球领先，具有引领带动功能。四是制度创新特征。国际科技创新中心的规则、规制、标准、管理等是与国际对接的，并且随着科技创新的发展而不断调整、优化，以保持创新能力与水平的领先，以及对创新要素资源的巨大吸引力。五是区域协同特征。国际科技创新中心不仅是国际化的，而且与周边城市和区域建立了协同创新网络，如此才能实现资源配置的效益最大化和创新外溢。

第二章 国际科技创新中心的
形成与发展

目前，关于国际科技创新中心的形成和发展规律尚无统一、明确的说法，但多数国家对保持和提升本国在全球科技体系中的功能地位、提升本国城市或地区的科技发展水平给予了高度的政策关注。特别是近年来，与此相关的科技合作、科技政策、科技治理等话题，不仅成为各国政府对外交往和对内管理的焦点，也引发了大量的学术讨论。

国际科技创新中心的兴起、转移与多极化，本质上是由科技革命、产业转移、经济发展与经济重心改变、制度创新等因素的历史演变所决定的，是政治、经济、社会、文化等多领域多因素相互作用的结果。综观世界主要的国际科技创新中心的形成与发展，有的是由产业发展和创新需求驱动的；有的先发展了基础研究，然后吸引了企业、资本等要素的集聚；也有一些新兴国际科技创新中心既前瞻布局基础研究，也支持产业发展，从高校、实验室、企业、金融机构、中介服务机构等多维度综合布局。可以看到，国际科技创新中心主要涉及基础研究与应用研究的关系，政府与市场的关系，政府、企业、高校、社会组织、中介机构等多主体的关系，基于这些关系的相互作用，形成不同的发展模式，比如以基础研究为牵引的"科学中心"模式，以产业发展为牵引的"产业创新"模式等，这些模式将在第八章详细分析。从历史演变和科学技术发展趋势的视角看，当今世界已经形成了多极化的国际科技创新中心。同时也应该看到，国际科技创新中心的形成与发展是一个不断演变的过程。

一 国际科技创新中心与科技革命

世界性科技创新中心的形成与转移都发生在历次重大技术革命出现后的

历史机遇期。近现代以来，英国、法国、德国、美国、日本等国家先后形成了科技创新中心，究其首要原因是这些国家抓住了每一次重大技术革命及相应的产业革命所带来的历史性机遇，进而占据了世界经济主导地位和科技创新领先地位。

17 世纪后期，英国伦敦抓住机遇进入蒸汽动力时代，成为第一个全球科技创新中心并长期保持。18 世纪后期，法国巴黎大力推动自身重工业发展，成长为第二个全球性创新中心。19 世纪中后期到 20 世纪前半叶，德国柏林和美国波士顿相继依靠第二次技术革命取代法国巴黎成为新的科技创新中心。20 世纪中后期，美国积极利用移民政策吸引大量的科技人才，领衔第三次技术革命，其波士顿及硅谷等地区成为位居前列的全球科技创新中心。每一次在新的区位形成新的科技创新中心，都会引起国际政治格局的变动。

目前处于新一轮科技革命和产业变革的"前夜"，特别是自 2023 年初以来，以 ChatGPT 为代表的人工智能技术引发全球高度关注。有人预示第四次工业革命可以称为人工智能革命，即随着互联网和计算机技术的进一步发展，人工智能逐渐崛起，人工智能技术不断涌现，如机器学习、自然语言处理、计算机视觉等。人工智能的应用领域越来越广泛，包括金融、医疗、智能家居等。随着深度学习算法的发展，人工智能的应用前景更加广阔。

前三次工业革命都是英美创造的，所以英美拥有国际政治、世界经济的主导权。与前三次工业革命不同的是，当前虽然美国处于科技革命和产业变革的第一梯队，但是中国、欧洲和日本紧随其后。相比较而言，新一轮科技革命呈现变化更快、影响更深、时间线不明显、未知因素更多以及多种颠覆性技术融合、聚变、裂变的特点，全球科技创新发展"叠加突破"，正在重塑全球科技创新格局。未来 10 年，科技革命和产业变革的竞争将在美国与中日欧之间展开，东西方同时参与，这在前三次工业革命中是从未出现过的。全球参与的规模性和多元性提升有助于打破欧美国家的垄断，重新定位我国科技创新能力，形成多极化的国际科技创新中心格局。

二　国际科技创新中心与全球产业转移

科技创新发展与产业发展高度关联。科学技术的载体是企业、大学、实验室、科研机构等，而产业发展、产业集群的兴起与转移，会引发大量的企业、科研机构等在全球转移。虽然很难说国际科技创新中心的更替、转移与全球产业转移的因果关系，但可以确定的是两者紧密相关、相互强化，特别是近代以来，国际科技创新中心的多极化发展，与全球产业转移关系紧密。

全球产业转移并无明确的时间分界，同一个国家或地区在同一个时间段，可能既是产业外迁地，也是产业转移承接地。有关全球产业转移演进阶段的划分，通常有两种看法。一种看法是"四阶段论"。认为20世纪50年代至今，全球范围内完成了三次产业转移，平均每20年完成一次大型产业转移，目前第四次产业转移已经启动。第一阶段始于20世纪50年代。美国、欧洲在确立全球经济和技术领先地位后，将传统产业逐步向日本转移。第二阶段始于20世纪60年代中期。第三次科技革命推动日本等国加快产业升级，并集中发展化工、汽车等资本密集型产业及电子、航空、生物、医药等技术密集型产业，劳动密集型产业逐步向"亚洲四小龙"（中国台湾、中国香港、韩国、新加坡）转移。第三阶段始于20世纪80年代中期。伴随着经济全球化的深入推进，世界范围内的产业重组性转移步伐加快，"亚洲四小龙"的劳动密集型和部分低技术产业逐步向中国东部沿海地区转移。第四阶段始于2010年前后，通过承接第三轮产业转移而获得高速增长、经济实力大为提升的中国东部沿海地区，成为方兴未艾的世界范围内第四轮产业转移的主动力源。另一种看法是"五阶段论"。认为20世纪60年代至今，全球范围内分别在60年代、70年代、80年代、90年代完成四次产业转移，目前正在启动第五轮产业转移。相比较而言，两种看法基本相同，差别主要在于各阶段起始时间有所不同，"五阶段论"将20世纪90年代中国以大国身份承接美、日、亚洲新兴工业经济体的劳动密集型行业转移单列而已。

尽管国际科技创新中心的发展与全球产业转移的时间段和路线并非完全对应，但总体上高度相关。产业创新高度依赖科学技术的进步，反过来，产业的进一步集聚，也大大促进了技术创新水平的提高。因此，观察世界主要的国际科技创新中心可以发现，不少是产业的兴起激发了对科技创新能力和水平提升的迫切需求，从而吸引了科技企业、人员以及资金等要素集聚，进而推动政府制定相关政策或者导入科技资源。比如，我们熟悉的美国硅谷、以色列特拉维夫以及过去40年的深圳等，都是由于信息与通信技术（ICT）等科技产业迅速兴起，并反作用于政府、高校等主体，逐步形成创新生态，发展成为全球创新枢纽。

三　国际科技创新中心与全球经济重心转移

创新是发展的第一动力，一个国家或地区经济的快速、高质量增长一定是注入了重大的新技术，有了重大的新发明。自20世纪70年代起，全球经济重心逐步向亚太地区转移，日本、韩国、中国等国家出现多个具有全球影响力的科技创新中心城市。

1990年，东亚、南亚和东南亚只占全球经济产出的25%，而北美、欧洲和苏联占55%。到了2019年，亚洲的占比增至41%，而且正迅速接近北美、西欧和东欧的占比（43%）。多个国际权威机构预测，到21世纪20年代中期，亚洲经济总产值将超过北美和欧洲；到30年代中期，亚洲经济产值可能占全球经济总产值的一半以上。

与全球经济重心转移相似，全球科技创新中心也正由欧美向亚太、由大西洋向太平洋扩散。未来20~30年，北美、东亚、欧盟三个世界科技中心将鼎足而立，主导全球科技创新格局。21世纪以来，亚洲新兴工业化国家的研发投入不断增加，其全球研发投入排名不断上升，创新资金不断向亚洲转移。根据普华永道发布的《2015年度全球创新1000强研究》，亚洲企业研发支出占全球企业研发支出的35%，超过北美（33%）和欧洲（28%），与2007年时的欧洲第一、亚洲第三的格局相比有了显著变化。全球高技术制成品出口中心已经转移到亚洲，尽管跨国公司战略性部门与核心技术研发部门等重心仍然布局在欧美等发达国家，但"发达国家研发、发展中国家加工"格局，正在由"在新兴国家制造"向"在新兴国家创新"转变。

从澳大利亚智库 2thinknow 评选出的"全球创新城市 100 强"的变动情况来看，亚太地区的城市数量呈现不断增长的态势，由 2009 年的 11 个增长至 2014 年的 18 个，平均每年有一个新城市入榜。从能级上看，亚太地区网络型和枢纽型的全球科技创新中心数量皆呈上涨趋势。2009 年，亚太地区的网络型全球科技创新中心只有 3 个，分别为东京、悉尼和墨尔本，2014 年则达到 9 个，分别为首尔、东京、悉尼、香港、墨尔本、新加坡、京都、上海和大阪。枢纽型全球科技创新中心也由 2009 年的 6 个增加到 2014 年的 14 个。

此外，目前东亚已经形成了覆盖整个地区的 ICT 制成品生产网络，成为全球高技术制造中心，出口额占全球出口总额的 27%。世界知识产权组织发布的《2022 年全球创新指数报告》指出，创新核心区域正在东移。过去几年，印度、中国、菲律宾和越南是全球创新指数排名进步最大的经济体。2022 年，中国列第 11 位（2020 年列第 14 位），超越法国、日本、以色列等发达国家，已经确立了领先地位，在专利、实用新型、商标、工业品外观设计申请量和创意产品出口等重要指标上名列前茅。此外，中国拥有 21 个全球领先的科技集群，与美国并列世界第一。

四　国际科技创新中心与制度创新

领先的制度创新是具有全球影响力的国际科技创新中心形成的重要前提。英国、美国、德国、日本等发达国家在成为全球科技创新中心之前，除了具备相对完善的市场和制度环境，还都相继形成了世界范围内有利于创新发展的专业化制度优势。如英国的工厂系统、学徒制、科学社团和专利制度；法国的技术学院和专业工程师制度；德国通过创办专科学院和大学，开创了教学、科研相统一的高等教育体系，并建立了企业内部实验室制度；美国的大规模生产体系、国家实验室、公司制度（包括股份制和经理制企业）、移民制度、风险投资体系等；日本的精益生产体系、质量管理革命等。这些新制度的建立奠定了科技创新中心形成的基础。也就是说，科技创新的发展不仅包括"技术—经济范式"的转变，也包括国家和国际层面的"社会—制度范式"重构。

这也是近年来我国不断强调新型举国体制对国家高水平科技自立自强和中国式现代化的支撑作用。新型举国体制的创新体现在以下几个方面。其一，新的目标任务。新型举国体制更加关注关键核心技术攻关，短期目标是补齐"卡脖子"技术短板，加快部署应急科技攻关体系，力求及时攻克被他国封锁的技术，实现自主可控，以保障我国相关产业链的安全性与稳定性。长期目标则是科学统筹、全面部署关键核心技术攻关项目，拓展自主可控的科技领域，掌握一批撒手锏、颠覆性、非对称技术，形成科技竞争上的比较优势。其二，新的资源配置方式。新型举国体制更加注重市场化，体现在将竞争机制引入新型举国体制科技创新的协同攻关之中。新的竞争机制明确科技攻关的核心目标，汇集各方市场主体参与重大科技攻关，加快资源配置的效率，完善激励机制，创新科技管理体制，提升科技创新能力。其三，新的拓展领域。新型举国体制进一步将"集中力量办大事"的制度优势延伸至打赢脱贫攻坚战、全面建成小康社会、有效应对新冠疫情等诸多领域。在这一阶段，新型举国体制更加具有纲领性质和完整的体系结构，根据形势变化和信息反馈灵活调整重点，强调对市场开放，注重市场主体的参与。

五　国际科技创新中心：不断演变的过程

国际科技创新中心形成之后不是静态的、永恒不变的，而是动态发展的，这也是为何有国际科技创新中心转移、更替甚至弱化、消失的演变。国际科技创新中心的发展是一个长期演进和转型升级的过程。一个城市或区域成长为国际科技创新中心是历史演进的过程，也是内驱动力不断转换和升级的过程。

世界经济论坛和麦肯锡公司从2006年开始发布全球创新热力图，并依据城市科技创新发展的势能与多样性，对全球科技创新中心的成长路径和形态类型进行研究。麦肯锡公司将科技创新中心的发展分为"种子期"、"初具规模期"、"快速发展期"、"成熟期"和"衰退期"五个阶段，并分别用"初生的溪流"（Nascents）、"涌动的热泉"（Hot Springs）、"汹涌的海洋"（Dynamic Oceans）、"平静的湖泊"（Silent Lakes）和"萎缩的池塘"（Shrinking Pools）来形容科技创新中心不同发展时期的特点。

（一）种子期（"初生的溪流"）

当一个城市开始出现少量创新产出时，它便可以被称为"初生的溪流"。"初生的溪流"代表城市从播下"创新种子"直至发芽的过程，意味着该城市当前只有少量创新产出，是一座城市向科技创新中心迈步的初始阶段。麦肯锡公司通过衡量一座城市的基础设施环境（如电力、交通、电信等）和政府环境（法律的完备性、政府的稳定性）来设置最小阈值，以评价一座城市是否为播下"创新种子"提供了环境。在此阶段，创新资源分散，属于"遍地撒网"型，没有集中于某一产业，创新产出少而不精，对全球科技创新格局的影响甚微。诸如此类的城市目前大多分布在非洲和拉丁美洲，如南非开罗和墨西哥墨西哥城。

（二）初具规模期（"涌动的热泉"）

"初生的溪流"成长到一定阶段，便成为"涌动的热泉"，成为新兴科技创新中心。麦肯锡公司认为，世界上成功的科技创新中心在扩张之前，已经是世界级的科学创新活动"玩家"，即科技创新资源在此高度集聚。当一座城市成功地集聚了以科技劳动力和资本为代表的创新资源时，就代表其已成为"涌动的热泉"，即一个规模较小但在快速成长的创新中心。与"初生的溪流"相比，"涌动的热泉"一方面将有限的创新资源集中投资于某一部门或某一产业；另一方面其创新产出高度依赖少数几家大公司，且有少量技术创新走进世界领先行列。但不可忽视的是，这一类科技创新中心主要聚焦于商业模式的创新，而不是产品本身的创新，典型城市诸如中国的上海、深圳和印度的班加罗尔。

（三）快速发展期（"汹涌的海洋"）

多样化的产业系统是一个创新城市长期生存的关键所在。同时，一个拥有完善的基础设施和丰富的人力资源的城市能够吸引众多国外大型公司入驻，并且由于技术溢出效应，新的创新在邻近地域或相似产业中产生，初创企业得到较好的发展。一个新兴科技创新中心（"涌动的热泉"）要想发展成熟，必须拓宽他们的投资渠道和产业门类，完善其科技基础设施以及培育高素质劳动力。如果做到这些便可以认为这座城市进入了科技创新中心发展的鼎盛阶段——"汹涌的海洋"。在这一阶段，城市的创新投入与创新产出规模较大，且其创新生态系统的多样化程度较高。大企业与初创企业在城市中有机地组合在一起，在不断消亡和生长之中爆发出持续的创造力。"汹涌的海洋"阶段不仅关注商业模式的创新，还更加关注技术和产品的突破，从而不断地实现自我蜕变。典型城市是美国的硅谷。

（四）成熟期（"平静的湖泊"）

如果一个新兴科技创新中心在成长过程中，不去拓宽其产业门类和投资渠道，不建立鼓励知识溢出机制，不积极营造良好的设施环境，那么就会陷入低成长性的创新生态系统，成为"平静的湖泊"。此类科技创新中心长期依赖初期建立起来的大型公司，属于"啃老族"，造成大量的创新资源集中在狭窄的行业门类，在无竞争环境下必然引起创新资源的低效率使用，甚至浪费。同时，由于缺乏初创公司生长的"土壤"，城市的创新活力不足，产出大多来自大型公司的渐进式、任务型创新，激进式的活力创新来源则趋于平稳和下降。"平静的湖泊"在全球科技创新格局中，必然面临地位逐渐下降。典型的城市有美国西雅图、洛杉矶、芝加哥和日本东京等。

（五）衰退期（"萎缩的池塘"）

当一个创新中心无法拓宽其创新领域或者增加"创新者"（创新企业）时，伴随着逐渐萎缩的创新生态系统，其就会从全球创新价值链上慢慢滑落出去，并且在产品商业化过程中处于不利地位，沦为"萎缩的池塘"。这一类型代表着科技创新中心消极发展的"恶果"。结果是这些曾在全球科技创新格局中占领一席之地的城市，其"领地"如今正在被别的城市侵蚀，甚至全部"沦陷"，如美国的辛辛那提、英国的利物浦等。

第三章　国际科技创新中心的
　　　　　理论梳理

国际科技创新中心的形成和发展与空间地理、经济社会制度、资源要素禀赋等有重要的关系，是一系列因素在多种机制作用下的结果，涉及空间地理、区域经济、协同创新等多领域的理论。

本书认为，知识或者技术的外溢推动创新的外溢，进而推动国际科技创新中心形成。当然，创新要素首先会与产业发展一样形成集聚，比如全球诸多的创新中心。进而突破行政区域甚至国境向外溢出，形成新的创新中心，或者有"极核关系"的创新网络。再往前发展，便涉及区域协同创新、科技治理等相关理论。

此外，无论是单个的科技创新中心，还是跨区域的科技集群，都涉及创新生态系统构建以及优化的问题，包括政府、企业、大学、金融资本、中介服务机构等要素之间如何建立平衡、发展并具有活力的关系。

一　创新外溢理论

国际科技创新中心的形成，是知识或者技术外溢的最直接结果。相比其他经济活动而言，创新更依赖于知识与技术的外溢效应。当创新主体区域或者经济特征较为相似时，这些创新主体之间就会相互影响，产生知识与技术的外溢。同时，随着近些年来空间计量经济学的发展，越来越多的国内外学者开始聚焦创新的空间外溢效应。Monjon 和 Waelbroeck 对企业与高校间的创新外溢效应进行了研究，他们发现，企业是高校知识溢出最大的受益者，企业通过与高校合作，可以对高校的研究成果进行模仿创新（Monjon and

Waelbroeck，2003）。而在创新外溢的空间距离方面，Keller 发现创新的外溢效应与地理距离成反比，两个区域的地理距离越近，创新的外溢效应越显著（Keller，2002）。我国学者主要从创新溢出对区域创新能力的影响这一角度进行研究。其中，余泳泽、刘大勇通过构建空间权重矩阵，运用空间误差模型、空间杜宾模型对我国区域创新效率的空间外溢效应进行了研究，研究结果表明，我国区域各环节创新效率均存在显著的空间外溢效应；冷建飞、李如月则运用空间计量模型对我国工业全要素生产率的空间外溢效应进行了实证分析，研究结果发现，相比中西部地区，我国东部地区工业全要素生产率的外溢效应比较显著（徐皓、赵磊、朱亮亮，2019）。

在创新外溢空间效应研究方面，澳大利亚智库 2thinknow 自 2007 年起发布全球创新城市指数（Innovation Cities Index）的入榜城市变化，也能充分说明全球创新的持续外溢和创新网络的不断扩大。全球创新城市指数是目前聚焦于创新且覆盖面最广的全球创新城市评价，涵盖 500 个基准城市 162 个指标。这 162 个指标被分成文化资产、基础设施、市场三个大类，文化资产用以测度可衡量的思想，基础设施测度实施创新的软硬设施，市场测度城市在全球市场中的实力和联系、创新的基本条件以及联系、创新的沟通交流，三大类之下又分为 31 个分项。在 2thinknow 划分的四个城市等级——第一等级支配型（NEXUS）、第二等级枢纽型（HUB）、第三等级节点型（NODE）、第四等级潜力型（UPSTART）中，支配型和枢纽型可以认为是在全球创新格局中占据支配和枢纽地位的全球性创新城市。根据 2021 年 2thinknow 的最新排名，第一等级支配型有 38 个城市，第二等级枢纽型有 61 个城市，前两个等级共有 99 个城市，分别属于 27 个国家或地区。

而在 2007 年发布的第一期指数中，列入榜单中的城市仅有 22 个。除 2thinknow 将观察范围扩大外，在其研究方法概述中提到，最重要的变化是创新持续在不同国家、不同地区间扩散，使越来越多的城市和地区的科技创新发展形成集聚和扩散效应，对一个城市和地区的发展起到了巨大的促进作用。特别是亚洲地区，比如，2007 年只有香港列入观察城市（未入榜），但到了 2021 年，我国有 5 个城市上榜，其中上海、北京、深圳属于支配型城市，香港、广州属于枢纽型城市。此外，澳大利亚的悉尼、墨尔本属于支配型城市；日本上榜城市有4个，东京和大阪属于支配型城市，京都和名古屋属于枢纽型城市。可以明显地看到，亚洲的城市创新发展和外溢效应变化最大。

二 空间集聚理论

创新具有空间集聚效应，表现为创新要素集聚在地理空间上的"极化"。科技创新中心的形成与创新活动在地理空间上的集聚性息息相关，地理形态上体现为一个或多个创新集群在某一地理区域内的"极化"。若具有全球性的影响力、辐射力，则可能成为全球科技创新中心的一极。从全球范围来看，创新活动并未呈现均衡分布的特征，在那些越是知识密集型的部门或区域内，创新集群的趋势越发显著。典型的例子包括互联网技术产业、生物技术产业以及金融服务业等，全世界这些产业内的领先者们正越来越密集地集中于少数几个中心地区。究其成因，这与知识类型及传播、技术复杂系统、累积性学习、范围经济及社会网络机制等紧密相关，也与地理邻近性等促进创新网络发展的多种支撑因素（如文化认同、相互信任等）有关。一个区域的竞争优势（如生产效率）往往来源于具有相关知识技能、技术能力和基础设施的高度专业化集群，特别是当这些集群难以模仿和本地化的禀赋（如区域性劳动市场、教育体系、研发部门、社会网络和文化、制度环境等）难以跨界流动时。

典型的就是世界知识产权组织发布的《2022年全球创新指数报告》显示，全世界的发明创造者、文献作者、科技机构和创新活动高度分布在全球的科技创新集群中，并对科技创新集群进行了排名。从排名中可以看到，欧洲、中国沿海地区、日本、韩国、美国东岸、美国加州等区域，是全球科技创新集群最多的区域。

再如，我们通过大数据对粤港澳大湾区发明专利（截至2020年）进行热力图分析后发现，粤港澳大湾区发明专利高度集中在深圳（63.5万件，占比47.1%）和广州（28.3万件，占比21.4%）。在城市层面也呈现片区集聚现象，比如，深圳发明专利主要集中在南山区、福田区、罗湖区，以及龙岗坂田、坪山中心区、光明中心区；广州则高度集聚在天河—海珠片区以及黄埔高新技术开发区；其他城市多为单中心或双中心点状分布。

由此可见，国际科技创新中心形成之后，在其后续发展过程中，创新要素资源会呈现空间集聚现象，这对于制定区域创新发展规划和政策具有重要指导作用。

三　协同创新理论

国际科技创新中心的形成与发展，必然来自创新主体内部各要素的协同以及不同创新主体之间的协同，这样才能达到创新要素配置效益的最大化。协同创新来源于协同学（Synergetic），协同学意为"协调合作之学"（冯锋、王良兵，2011；解学梅，2011）。从组织或者主体的角度来看，协同创新一般分为内部协同创新、外部协同创新和跨区域协同创新。

（一）内部协同创新

关于内部协同创新，国内外学者主要围绕与企业内部创新相关的核心要素（技术和市场）和若干支撑要素（战略、文化、制度、组织、管理等）的协同创新模式、机制及过程模型、影响因素及效应等展开研究。比如，关于组织内部各要素协同创新机制与过程模型研究，王方瑞（2003）提出技术和市场协同创新管理的机制模型并给出企业进行技术和市场协同创新管理的实施建议。郑刚等（2004，2008）基于全面创新管理（TIM）理论视角探讨技术创新过程中技术、战略、组织、文化、制度、市场等各关键要素的协同问题，提出五阶段全面协同创新过程模型，认为实现全面协同一般会经过沟通、竞争、合作、整合、协同五个阶段。

（二）外部协同创新

从组织与外部环境关系的角度，协同创新是指组织在创新过程中，与外部环境之间既相互竞争、制约，又相互协同、受益，通过复杂的非线性相互作用产生单个组织自身无法实现的整体协同效应的过程（胡恩华、刘洪，2007；张方，2011）。关于外部协同创新，国内外学者主要围绕横向协同创新和纵向协同创新展开研究。其中，横向协同创新主要是指同一大类产业中细分产业主体间的协同；纵向协同创新主要是指同一功能链不同环节上的产业主体间的协同。比如，Yang Dongsheng 等运用多 Agent 方法建立了校企协同创新系统的动态机制模型；刘颖等分析了生产性服务业与制造业协同创新的内在机理，并提出了自组织理论及应用对提升协同创新能力与绩效的启示（见表 3-1）。

表 3-1　横向协同创新相关研究

研究视角	代表性学者	横向协同创新相关主体
各主体横向协同创新模型与运行机制	Yang Dongsheng 等	企业、大学
	Chen Hongzhuan 等	企业、大学和研究机构
	陈晓红等	企业、竞争者、高校、政府、社会服务体系
	蔡文娟等	企业、大学和科研机构
	范太胜	企业、大学、政府、金融机构、中介机构
	赵连根等	企业、高校、研究机构
	杨静等	企业、竞争者、高校、政府、中介服务体系
	唐丽艳等	科技型中小企业、科技中介
	刘颖等	生产性服务业、制造业
各主体横向协同创新模式	Chen Jin 等	企业、大学
	金林	科技型中小企业、科技中介
	师永志等	技术外包、虚拟组织、企业、公共科研机构
	张波	企业、大学等教育机构、金融部门、政府
各主体横向协同创新绩效	万幼清等	企业、竞争者
	Fan Decheng	企业、大学和科研机构
	张爱琴等	企业、大学和科研机构
	解学梅	企业、中介、研究组织、政府
各主体横向协同创新风险分析与评价	Pan Jieyi 等	企业、大学

资料来源：熊励、孙友霞、蒋定福、刘文《协同创新研究综述——基于实现途径视角》，《科技管理研究》2011 年第 14 期。

综合来看，协同过程是一个通过竞争机制优化选择要素搭配的过程，各要素从非协同关系走上协同关系需要经历一个复杂的过程（刘颖、陈继祥，2011）。一般来说，协同创新是企业、政府、知识生产机构（大学、研究机构）、中介机构和用户等为了实现重大科技创新而开展的大跨度整合的创新组织模式。学者们分别从不同的角度界定协同创新的内涵，如从组织与环境关系、协同创新的过程和实践总结等，逐步认为协同创新是各个不同主体为了共同利益通过各种手段或途径共同创新的一种群体行为。

（三）跨区域协同创新

随着颠覆性前沿技术的不断出现，以及各级政府对科技创新发展的高度重视和支持，近年来，科技创新发展出现了跨越国境和城市边界的趋势，形成诸多科技集群（Science & Technology Cluster）。跨区域协同创新的主体没有变化，只是在更大的地理空间范围内，通过区域之间创新要素的自由流动达到提升整体创新绩效的目的，知识、技术、人才等各种创新要素在创新主体之间的转移与共享，可有效解决要素冗余和短缺并存的问题，达到整体利益大于各部分收益之和的效果，不同的创新主体正是基于此类旨在实现价值增值的创新要素的自由流动而联系在一起。

不同的主体，均有跨区域协同创新的动力和需求。企业是区域内经济发展的生力军，参与跨区域协同创新是为了获取区域外互补性研究成果、吸引优秀的人才。适度的跨区域合作使企业占据技术及人力资源优势，充分利用先进的科学成果，减少自主创新的成本与风险，有助于企业创新绩效的提升。适度的合作，是因为协同创新过程中的合作强度、合作频度与创新绩效呈倒 U 形关系，即合理地运用外部知识会促进企业的创新绩效，殖着对外部知识的过度依赖，企业的创新绩效逐步降低，因此企业需要平衡好内部协同创新与外部协同创新的关系，使有限的资源有效地转化为企业竞争力。

高校及科研院所具有丰富的知识储备和创新研发能力，是知识创新主体，参与跨区域协同创新的动力来源于学术交流、科技成果的转化及资金、声誉方面的需求。在跨区域的协同创新中，高校及科研院所承担着知识及技术创新的职责，新的技术及管理模式通过技术转移、知识外溢等方式对企业、行业产生渐进式或变革式影响。

相较于企业、高校及研究机构这两个行为主体定位及功能的明确，政府在跨区域协同创新中的作用缺乏清晰的定位与普遍的认同。一类观点强调以市场为主体，主张在协同创新体系构建中"去政府化"；另一类观点认为，仅仅依靠市场尚难以解决公共设施供给、产业结构优化等问题。结合我国的实践，作为三螺旋的重要一环，政府是软环境的设计者与维护者，可以通过财政及税收政策、产学研协同机制等推动跨区域的协同创新。

虽然不同的主体对于跨区域协同创新的需求不同，但在全球化趋势下，无论何种需求都有强化的趋势。这也是近年来全球科技创新发展趋向于跨区域集群化的原因。比如，世界知识产权组织（WIPO）每年发布的全球创新指数（GII）显示，2020年"深圳-香港"科技集群变为"深圳-香港-广州"科技集群，说明这三个城市之间的科技合作愈加紧密。GII自2017年开始引入"科技集群"概念，采用密度聚类算法DBSCAN对国家以下层面的州省、地区或城市的创新表现进行集群划定或合并。2017~2019年，广州科技集群一直独立于"深圳-香港"科技集群，在全球科技集群排名中分别位列第63位、第32位和第21位。2020年，"深圳-香港-广州"科技集群首次出现，广州的加入进一步巩固了原先"深圳-香港"科技集群全球排名第2的位置。

为何会有这样的变化？根据DBSCAN算法，这个变化至少说明两点，一是广州和深港之间的"创新密度"越来越大，亦即创新活动越来越频繁，从而使两个集群的空间"被创新活动填满"；二是广州与深港之间的共同发明者（co-inventor）数量最多（与广州和其他任何集群之间的共同发明者数量相比），特别是合作发表科学出版物。

同样的现象也发生在上海和苏州之间。世界知识产权组织、美国康奈尔大学和欧洲工商管理学院（INSEAD）于2022年9月发布的《2022年全球创新指数报告》显示，在"科技集群TOP100"中，"深圳-香港-广州"科技集群仍然高居全球第2，而上海科技集群演变为"上海-苏州"科技集群，在全球排名第 6。"上海－苏州"科技集群也成为我国第二个跨城市的科技集群，显示出上海和苏州的科技合作愈加紧密。

四　科技治理理论

国际科技创新中心的建设涉及国际科研合作，以及一个国家的中央和地方政府在支持科技创新发展过程中涉及的跨部门、跨层级协调以及政策协同等事务。从管理学的视角看，上述事项属于科技治理的范畴。

科技治理是治理理论在科技领域的延伸，强调科技政策的参与性、合作性以及政策制定过程的民主性，是近年来科技管理的新趋势。Stefan Kuhlmann 和 Jakob Edler（2003）两位学者指出，科技治理的核心思想是中央（联邦）政府不再是公共研究、科技及创新政策的唯一制定者，越来越多的跨区域、跨国的科技政策正成为一国科技政策的重要组成部分，并预见性地提出未来的科技治理模式是集中型的（centralized）科技政策和分权型的（decentrali-zation）科技政策的统一，中央政府起到的是协调（mediated）作用。

在全球化的背景下，也有越来越多的中国学者开始关注科技治理问题，早在 2003 年，董新宇和苏竣就指出在科技全球化的背景下，政府政策工具的影响力在减小，几乎所有国家的公共政策都要受到国际因素的制约（董新宇、苏竣，2003）。一年后，苏竣、董新宇又引入科技治理概念，认为科技治理是科技活动的管理机制，包括权力、责任、地位、规则、制度等（苏竣、董新宇，2004）。随后，邢怀滨、苏竣指出科技治理的主体是政府、市场和社会（邢怀滨、苏竣，2006）。

曾婧婧和钟书华（2011）分别从国际和国内两个视角归纳出国际上惯用的基于研发合作和基于贸易的两种科技治理模式，以及国内目前的中央与地方政府间纵向科技治理、地方政府跨部门间横向科技治理以及多主体间网络化科技治理三种科技治理模式。从全球视角来看，科技治理源于两个方面的诉求：一是基于国际研发合作的诉求，或称科技内因需求，如全球环境治理、能源合作、疾病防控、海洋治理等，这类科学技术本身的公共属性使它们超出了国界，并且广泛渗透到医学、环境、能源、安全等诸多领域，需要各国采取共同治理行动；二是基于贸易的诉求，或称科技外因需求，如跨国技术企业的国际贸易、知识产权、技术壁垒、技术转移等。基于贸易诉求的国际科研合作近年来因逆全球化、"科技脱钩"等因素的影响受到了较大的冲击。

曾婧婧和钟书华（2011）认为，科技治理的对象是跨级、跨域等外部性明显的科技事务，且强调多个行动者之间的沟通、协调与合作。因此从国内视角来看，科技治理也源于两个方面的诉求：一方面是基于国家使命地方化的科技治理诉求；另一方面则是基于地方利益区域化的科技治理诉求。基于国家使命地方化的科技治理的对象，一般是公共教育、大学以及公共实验室的建设，以及涉及跨域、跨级的环境、流域、林业等公共性科技问题，这些问题关系到具有战略意义的国家科技发展规划，又涉及具体的地方管辖范围，故中央和地方面临相同的压力，大多通过中央和地方纵向合作来安排，且在合作中，中央政府居于中心地位，起着领导的作用，决定了科技治理的战略方向和内容，中央政府通过科技项目、优惠政策以及财政经费引导地方政府制定相应的配套措施。2023 年 3 月 16 日，《党和国家机构改革方案》公布，提出组建中央科技委员会，其主要职责为研究审议国家科技发展重大战略、重大规划、重大政策，统筹解决科技领域战略性、方向性、全局性重大问题。这是我国科技治理发展过程中的一个里程碑事件，强化了党对科技工作的集中统一领导，有利于加强科技领域发展与领域科技发展的战略统筹与政策协调，提升国家创新体系的整体效能。

而基于地方利益区域化的科技治理对象，包括以经济利益驱动的区域共性技术联合攻关、产业层面的互补合作、技术交流与援助等。地方之间的科技治理一般是通过一种多中心的组织安排实现的，比如长三角、大湾区城市之间的科技合作，以及东西部对口支援式的科技合作等。

从全球科技创新发展趋势看，科技治理在国际科技创新中心建设和发展中的重要性日益增强。特别是在我国构建"双循环"新发展格局过程中，如何更好地开展国际科研合作，以及创新国内科技治理制度和体系，对实现高水平科技自立自强至关重要。

五　创新生态系统理论

随着全球化的深入发展和技术变革的日新月异，创新活动正在发生深刻变化，从封闭走向开放、从零散走向整合、从区域性走向全球化，创新模式已经突破传统的线性和链式模式，呈现出非线性、多角色、网络化、开放性的特征，演变为以多元主体协同互动为基础的协同创新模式。各级政府的发展规划中也体现出对创新，特别是对区域创新和产业创新的重视。同时，政策制定者也意识到对创新的促进不仅应着眼于创新行为主体，也应该对创新各个环节乃至环境层面要素进行系统性的探讨与规划，以实现创新产出能力的提高与创新能力的良性发展。

在不断的实践与探索过程中，政策制定者发现，传统的战略思维和组织结构已难以满足当今快速变化的市场环境的需要。"生态系统"为解决这一困境提供了一种新的思路（焦豪、张睿、马高雅，2022）。"生态系统"由英国生态学家坦斯利（Tansley）于1935年提出。随后，一些学者尝试将生态的概念应用到经济管理、战略制定和创新管理等领域，并引起了企业界的广泛讨论。目前对于创新生态系统尚未形成统一的界定，不同学者基于不同出发点提出了组织生态、技术生态、企业生态、商业生态、产业生态等术语（陈健等，2016）。具体来看，创新生态系统是由企业与其他创新过程中涉及主体、主体之间的交互关系以及由此形成的结构、创新发生和关联环境共同构成的动态系统。

（一）创新生态系统的组成

从创新生态系统的主体来看，创新生态系统由众多相互联系、相互作用的主体所组成。学者们对创新生态系统的主体构成进行了研究，不同学者将不同的主体纳入创新生态系统中来（见表3-2）。

首先，基于企业视角，创新生态系统通常包含核心企业这一创新发起主体，以及与核心企业进行协作创新的其他主体，如上游供应商、下游买方或客户、消费者等。其次，由于竞争不可避免，核心企业在开展创新活动、服务客户的过程中，会与其他企业存在竞争关系，因此，竞争对手是创新生态系统中的重要主体。最后，创新生态系统的运行与发展需要政府机构提供政策、法规支持，需要大学等研究机构提供学术科研支持，因此，政府、大学、研究机构等在系统中发挥着重要作用，被纳入创新生态系统主体范畴。对于创新生态系统的主体构成，学界仍未达成共识，需要进一步探索。创新生态系统是一个多主体、多层次的网络和系统，需要学者们基于不同主体视角、不同系统层次对创新生态系统主体构成进行系统性分析。

表 3-2　国外主要学者对创新生态系统的研究

作者（年份）	创新生态系统主体
Ferdinand 和 Meyer（2017）	核心企业、上游供应商、下游买方以及互补者
Kolloch 和 Dellermann（2017）	供应商、分销商、竞争对手、客户、政府和其他机构
Dedehayir 等（2018）	生产商、供应商、分销商、金融机构、研究机构、互补技术制造者以及监管机构等
Tomas（2020）	行业参与者、政府、协会、客户以及系统中其他相互作用的主体
Radicic 等（2020）	企业、大学、创业者、客户、监管机构以及所有行政层级的政府部门等
Bittencourt 等（2021）	基础设施、法规、金融资本、知识创意、参与主体连接、建构原则、公司、消费者、供应商、监管机构、企业家、员工、投资者、导师、大学和鼓励冒险的创业文化

资料来源：焦豪、张睿、马高雅《国外创新生态系统研究评述与展望》，《北京交通大学学报》2022 年第 4 期。

（二）创新生态系统的演变

生态系统不是一个稳定的结构，而是动态发展的。创新生态系统作为动态的、由复杂组成与复杂互动关系构成的系统，其组成、关系、机制等方面都随着系统中各类要素的互动过程而产生变化，并通过与系统外部要素的互动最终表现出类似自然生态系统的动态演进。创新生态系统的演化动力既包括系统内主体互动形成的内生演化动力，也包括系统所处环境变动而形成的外生演化动力。

比如，技术变革推动创新生态系统变化。一方面，技术变革可以成为创新生态系统演化的主要推动力；另一方面，核心企业通过塑造创新生态系统来应对技术变革带来的挑战。因此，生态系统需要适应企业核心技术的变化，同时，创新生态系统的成功演化也是核心企业面对技术变革时保持可持续优势的基础。再如，制度变革对创新生态系统也会产生影响。由于创新是嵌入在制度环境中的，因此，创新过程中国家特定的触发因素和驱动因素非常重要。知识产权制度就是其中一个触发因素，在推动制药等知识密集型行业的创新方面发挥着关键作用。

（三）创新生态系统的治理

创新生态系统治理主体主要有核心企业以及各级政府部门。一方面，由于核心企业在产业链、价值链、知识传播链、平台与社群等机制中居于中心地位的影响力，有些企业形成了围绕自身的创新生态系统，有些企业则在创新生态系统中扮演重要角色。

另一方面，政府部门出于对自身职能、绩效、扩大管辖权、执政合法性等的考虑，存在对创新生态系统进行引导与管制的动力。不同层级的政府可使用的政策工具、偏好的政策工具有所不同，这一差异又因国家、区域间的区位差异与历史背景等因素而复杂化。政府可以通过税收、补贴、基础设施建设、知识产权保护、法律法规制定、扶持孵化器与产业园、教育、创新文化宣传等工具与途径对创新生态系统的演进施加影响。最近的研究主要聚焦政府如何构建更加开放而具有活力的创新生态系统，来吸引全球的创新要素集聚，提升本地区或本国的创新能力。

中篇　政策实践

第四章　粤港澳大湾区国际科技创新中心建设的背景及意义

与 2019 年 2 月《粤港澳大湾区发展规划纲要》发布时的国内外形势相比，当今全球科技创新竞争更加激烈，产业链深度重组，国际科研合作面临相当程度的阻力，对全球创新网络造成一定冲击。我国科技创新发展面临新的形势和要求。因此，在新的形势下，更要继续坚持创新在现代化建设全局中的核心地位，而建设粤港澳大湾区国际科技创新中心的重要性也愈发凸显，对于服务中国式现代化宏伟目标、服务国家高水平科技自立自强和科技强国战略、支持港澳更好融入国家发展大局、为粤港澳大湾区高质量发展提供核心动力引擎等，具有战略意义和现实意义。

一　全球科技创新发展特点与趋势

近年来，新兴和颠覆性技术不断涌现，对全球经济社会发展带来深远影响。习近平总书记指出："进入 21 世纪以来，全球科技创新进入空前密集活跃的时期，新一轮科技革命和产业变革正在重构全球创新版图、重塑全球经济结构。"[①] 当前新一轮科技革命与产业变革方兴未艾，重大颠覆性技术不断涌现，科技成果转化速度明显加快，产业组织形式和产业链条不断延伸。新科技革命的核心是数字化、网络化、智能化，人工智能、集成电路、量子信息、生命健康等一批前沿性关键性新兴科学技术，显示出强大的发展潜力，深刻影响着经济社会运行方式、国际竞争范式和世界发

---

① 习近平：《在中国科学院第十九次院士大会、中国工程院第十四次院士大会上的讲话》，人民出版社，2018，第 6 页。

展格局。

具体来看，全球科技创新呈现以下几个发展特点和趋势。

（一）从"线性增长"到"几何级、指数级增长"

新一轮科技革命是在多领域先进技术集中爆发基础上，物理空间、网络空间和生物空间三者的全面融合，其带来的产业变革前所未有，将推动经济从"线性增长"变为"几何级、指数级增长"，这是以往科技革命所不曾有的。新一轮科技革命不存在严格意义上的通用技术，而是聚合了数字化、网络化、智能化和绿色化发展趋势的多点、多领域创新。在这一过程中，信息技术将发挥引领作用，人工智能（深度学习或认知技术）将率先突破。数字技术、人工智能、量子技术等颠覆性技术将不断融合创新，催生新的业态、模式和场景，推进新兴产业和传统产业融合（见表4-1）。

表4-1　数字技术、人工智能、量子技术等颠覆性技术内容

颠覆性技术	细分领域	
数字技术	机器对机器接口	边缘计算
	物联网	3D 对象建模
	"智能"设备	空间 ID
	计算机视觉管理	动态数字内容管理
	智能对话接口	数字 ID
	信息技术服务/微区域服务	5G
	超感官计算	脑机接口
人工智能	深度学习	高级可视化
	神经网络	数据模拟引擎
	符号人工智能	认知辅助
	强化学习	自调系统过程控制
	生成式对抗网络	算法交换
	语义计算	动态分类平台
	高级数据管理	量子算法

续表

颠覆性技术	细分领域	
	高级量子软件开发工具包	量子感知
	混合量子/传统算法	高级量子模拟器
量子技术	原生量子算法	量子计算
	量子机器学习	量子退火
	量子密码学	拓扑量子计算
	量子通信	

资料来源：参见德勤管理咨询发布的《2020 技术趋势报告》。

（二）大数据催生产业变革

以大数据为基础的人工智能、物联网与 5G、区块链、边缘计算等技术融合成为新一轮科技革命的核心推动力。大数据成为继实验科学、理论分析和计算机模拟之后新的科研范式，这种范式催生的数字经济将成为新的经济增长动力。随着云计算、大数据、人工智能等技术的广泛普及和应用，数字经济逐渐渗透到传统经济活动的整个生命周期。传统生产方式、销售模式及服务形式将发生重大变革（见图 4-1）。

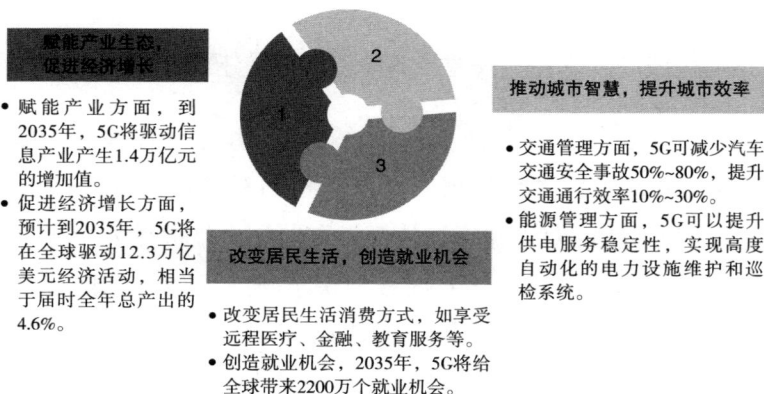

赋能产业生态，促进经济增长

- 赋能产业方面，到 2035 年，5G 将驱动信息产业产生 1.4 万亿元的增加值。
- 促进经济增长方面，预计到 2035 年，5G 将在全球驱动 12.3 万亿美元经济活动，相当于届时全年总产出的 4.6%。

改变居民生活，创造就业机会

- 改变居民生活消费方式，如享受远程医疗、金融、教育服务等。
- 创造就业机会，2035 年，5G 将给全球带来 2200 万个就业机会。

推动城市智慧，提升城市效率

- 交通管理方面，5G 可减少汽车交通安全事故 50%~80%，提升交通通行效率 10%~30%。
- 能源管理方面，5G 可以提升供电服务稳定性，实现高度自动化的电力设施维护和巡检系统。

图 4-1　5G 技术对人类生产生活的影响

资料来源：根据市场咨询公司 IHS Markit 于 2019 年发布的《5G 经济》报告整理。

产业数字化和数字产业化是数字经济的核心。产业数字化是指传统产业应用数字技术所带来的生产数量增多和效率提升，其新增产出是数字经济的重要组成部分，是数字经济发展的主阵地。包括但不限于工业互联网、"两化"（信息化、工业化）融合、智能制造、车联网、平台经济等融合型新产业、新模式、新业态。根据中国信息通信研究院发布的数据，2022 年中国产业数字化增加值为 41 万亿元，占 GDP 的 33.9%。以 5G 和人工智能为代表的新兴技术是产业数字化的重要支撑，将推动实体经济产生深刻变革。包括新一代信息技术与实体经济广泛深度融合，开放式创新体系进一步普及，智能化新生产方式加快到来，平台化产业新生态迅速崛起，新技术、新产业、新模式、新业态方兴未艾等。

数字产业化是数字经济发展的先导产业，为数字经济发展提供技术、产品、服务和解决方案等，如电子信息制造业、电信业、软件和信息技术服务业、互联网行业等，包括但不限于 5G、集成电路、软件、人工智能、大数据、云计算、区块链等技术、产品及服务。数字产业化代表了新一代信息技术的发展方向和最新成果，伴随着技术的创新突破，新理论、新硬件、新软件、新算法层出不穷，软件定义、数据驱动的新型数字产业体系加速形成。根据中国信息通信研究院发布的数据，2022 年中国数字化产业增加值为 9.2 万亿元，占 GDP 的 7.6%。

（三）科技向"深空、深地、深海、深蓝"拓展

近年来，科技大国日益向太空（深空）、海底（深海）、极地（深地）、网络（深蓝）等领域拓展，全球科技创新发展进入新的大科学时代。"四深"既是人类对未知领域的探索方向，也是世界大国竞争的制高点。特别是在"深蓝"方面，我国将加快实施"天地一体化"工程，推进天基信息网、未来互联网、移动通信网全面融合，形成覆盖全球的天地一体化信息网络；全面攻坚大数据领域，突破大数据共性关键技术，建成数据开放共享的标准体系和交换平台，形成面向典型应用的共识性应用模式和技术方案，形成具有全球竞争优势的大数据产业集群。聚焦智能制造和

机器人，构建网络协同制造平台，研发智能机器人、高端成套装备、3D 打印等装备（见表 4-2）。

表 4-2　深空、深海、深地、深蓝的内涵

领域	具体内容
深空	在太空,卫星技术应用于全球范围的通信、气象、广播、全球卫星定位导航（GPS）等,驾车族可以按照 GPS 的导航顺利到达陌生地方。中国"北斗"导航卫星在 2023 年 5 月已将第 56 颗卫星送入预定轨道,向用户提供覆盖全球的高精度导航服务
深地	随着石油开采技术的发展,极端寒冷海域和深水（如库页岛附近海域）的石油开采已成为可能,地质勘探技术和装备研制技术不断升级,将使地球更加透明,人类对地球深部结构和资源的认识日益深化,为开辟新的资源能源提供条件
深海	"无人机应用大战"开始向海底扩展,美国海军研究在海底大规模部署无人潜航器,并配套相应的水下服务站,这些潜航器能够在海底连续工作数月甚至几年,从而形成"艾森豪威尔海底高速公路网"
深蓝	量子计算机、非硅信息功能材料、5G 等下一代信息技术向更高速度、更大容量、更低功耗发展,有望成为未来数字经济乃至数字社会的"大脑"和"神经系统",并带来一系列产业创新和巨大经济及战略利益

资料来源：参见王恩哥《世界科技发展的新趋势及其影响》，《人民日报》2003 年 6 月 16 日；冯昭奎《论新科技革命对国际竞争关系的影响》，《国际展望》2017 年第 5 期；宁津生、姚宜斌、张小红《全球导航卫星系统发展综述》，《导航定位学报》2023 年第 1 期；王文皓《石油勘探开发技术的未来发展趋势探讨》，《中文科技期刊数据库（全文版）工程技术》2021 年第 2 期等。

（四）科技人才成为竞争焦点

在科技革命和产业变革的关键时期，发达国家将进一步强化知识产权战略，主导全球标准制定，构筑技术和创新壁垒，力图在全球创新网络中保持主导地位。发展中国家则凭借新技术应用的优势，深度参与科技革命和产业变革，发达国家与发展中国家之间的"人才争夺战"将愈演愈烈。据联合国开发总署统计，目前发展中国家在国外工作的专业人才数以百万计，并正以每年 10 万人的速度递增。其中亚太地区人才外流现象最为严重：印度每年外流科技人才 6 万余人，中国每年外流科技人才 3 万人左右，目前在发达国家定居工作和学习的埃及人超过 350 万人，阿拉伯国家因人才外流造成的损失高达 1300 多亿美元。发展中国家的人才大多数流入美国，也有相当数量流入英国、法国、德国、加拿大、澳大利亚及部分东欧国家。

欧洲工商管理学院、波图兰研究所和新加坡人力资本领导力研究所联合发布《2022 年全球人才竞争力指数》（GTCI）报告。报告显示，瑞士和新加坡仍稳坐全球最具人才竞争力的国家前两位，丹麦超过美国首次进入前三名，排名第 4 至第 10 位的分别是美国、瑞典、荷兰、挪威、芬兰、澳大利亚和英国。中国连续 4 年排名上升，从 2019 年的第 45 位升至 2022 年的第 36 位，已经是全球最具人才竞争力的中高收入国家。高排名与高收入经济体有直接关系。高收入国家因拥有完善的基础设施，可更多投资于终身学习及技能提升或优化，以吸引和保留人才（见表 4-3）。

表 4-3　《2022 年全球人才竞争力指数》排名前 20 的国家

国家	评分	排名	国家	评分	排名
瑞士	78.20	1	卢森堡	71.58	11
新加坡	75.80	2	冰岛	68.96	12
丹麦	75.44	3	爱尔兰	68.36	13
美国	79.93	4	德国	68.15	14
瑞典	73.93	5	加拿大	68.11	15
荷兰	73.90	6	比利时	67.67	16
挪威	73.88	7	奥地利	67.56	17
芬兰	73.28	8	新西兰	66.88	18
澳大利亚	71.93	9	法国	64.58	19
英国	71.59	10	爱沙尼亚	62.47	20

资料来源：欧洲工商管理学院、波图兰研究所和新加坡人力资本领导力研究所联合发布《2022 年全球人才竞争力指数》，https：//www.insead.edu/sites/default/files/assets/dept/fr/gtci/GTCI - 2022-report.pdf。

（五）大国博弈对国际科技合作造成冲击

近年来，美国对我国的制裁从贸易领域扩大到科技领域，实施"科技脱钩"，给全球科技创新合作造成冲击。2017 年底，特朗普政府出台新版《国家安全战略》，明确将中国称为美国的"首要战略竞争对手"，中美战略伙伴关系转变为战略竞争关系。

中美博弈加剧也是全球经济重心东移的结果，是发达国家和发展中国家之间矛盾的缩影，也是全球治理结构变化的关键。美国民主党与共和党已经形成"反华共识"，均认为中国是美国的主要竞争对手。这一共识一旦形成则很难改变，美国对华政策将以此为核心在相关领域实施，其中包括对中国科技发展的打压。

因此，中国科技创新发展的国际环境正面临改革开放以来的最大变化，国际政治经济发展格局的不确定性、不稳定性因素增多，对我国科技创新发展和全球合作都有重大影响。

二 我国科技创新发展面临的形势

（一）全球创新资源和创新活动向东转移

从全球百年科技史来看，伴随着世界科学中心的转移，主要发达国家在不同发展阶段，均从国家战略高度认识和强化科技创新在经济社会发展中的核心地位。当前，新的科学中心正在转移，亚太地区极有可能形成下一个科学中心。比如，世界知识产权组织发布的《2022年全球创新指数报告》显示，世界排名前5的科技集群中，前4名均在亚洲，分别是东京－横滨、深圳－香港－广州、北京、首尔，美国的圣荷塞－旧金山排名第5。排名前100的科技集群中，有21个在中国，首次与美国数量相同，并列世界第一（见表4-4）。

表4-4 拥有3个及以上科技集群的经济体（2022年）

单位：个

经济体	拥有排名前100的集群的数量	经济体	拥有排名前100的集群的数量
美国	21	印度	4
中国	21	韩国	4
德国	10	英国	3
日本	5	澳大利亚	3
法国	4	瑞士	3
加拿大	4	瑞典	3

资料来源：世界知识产权组织《2022年全球创新指数报告》。

从近几年澳大利亚智库 2thinknow 公布的全球创新城市排名来看，亚太地区上榜城市数量呈现不断增长的趋势。有两方面原因：一方面，全球创新格局发生变化，欧美研发和创新活动逐渐向亚洲新兴经济体转移；另一方面，芯片、5G 等现代产业的创新活动表现出研发投入大、市场回报率高两大特征，从而吸引高端生产要素与创新资源向东亚转移，未来亚洲必将诞生与纽约、伦敦实力相当的国际科技创新中心。

美国《科学与工程指标 2018》报告显示，2000~2015 年，全球研发投入由 0.72 万亿美元增至 1.92 万亿美元，其中约 90% 的研发投入集中在北美、欧洲和亚洲，不过北美和欧洲的研发投入占全球研发投入的比重呈下降趋势，北美从 40% 下降到 28%，欧洲从 27% 降至 22%，东亚、东南亚和南亚地区则从 25% 上升至 40%。中国是全球研发投入增长的最大贡献者，中国研发投入增量占全球研发投入增量的 31%，其次是美国（19%）和欧盟（17%），然后是日本（6%）和韩国（5%），全球研发投入增量总体上呈东升西降之势。美国《在线》杂志统计显示，我国以长江三角洲、珠江三角洲和京津冀这三大城市群为依托的一些城市正在向世界级科技创新中心加速成长，如上海由 2009 年的枢纽型城市成为 2014 年的支配型城市，深圳、北京和南京这三个城市由 2009 年的节点型城市成为 2014 年的枢纽型城市。高端要素的系统性东移为亚太地区孕育全球科技创新中心提供了机遇。在全球创新资源呈现系统性东移的趋势下，中国必将诞生一批世界级科技创新中心，或是与伦敦、纽约实力相当的全球性城市，从而重构世界政治经济和科技版图。

（二）面临激烈的科技竞争和"脱钩"风险

当前，世界百年未有之大变局加速演进，新冠疫情影响深远，美国联合其盟友对我国实施科技管制的影响还在持续，世界各国都把强化科技创新作为实现经济复苏、塑造竞争优势的重要战略选择，积极抢占未来科技制高点，科技创新成为大国博弈的主要战场。在未来相当长一段时间内，我国科技创新将面临极其激烈的竞争以及"脱钩"风险，这是我们需要客观面对和应对的现实。

　　2017 年，美国公布《国家安全战略报告》提出"国家安全创新基地"的概念。国家安全创新基地的核心要义是要倾全社会之力，推动美国新兴技术和关键技术的发展；发挥政府在科技发展战略和研究投入中的主导性作用；将政府、私营部门、学术研究机构、盟友等多方协同合作视为基础机制模式。围绕国家安全创新基地这一国家创新战略的核心，从特朗普时期开始，美国政府聚焦新兴技术领域的创新与发展，从政府到智库、从立法机构到行政部门、从公共部门到私立部门，推出了一系列发展新兴技术的战略和政策，强化了科技创新在国家安全体系中的地位和作用。

　　首先，美国政府推出了系统发展新兴技术的战略和政策；其次，利用投资审查制度对外国投资美国企业进行更为严格的审查，以增强保护美国尖端科技的能力；同时，利用技术产品出口审查，加大对竞争对手的限制和打压力度；最后，在国际社会筹组"民主科技联盟"，试图将联盟成员与美国的科技创新体系绑在一起，利用盟友体系遏制竞争对手在科技创新领域的发展。

　　当前美国科技创新战略更加关心新兴技术和关键技术，强调政府在战略制定和基础研究中的主导性，突出多方协同合作。2020 年，白宫发布《关键与新兴技术国家战略》，明确指出关键技术与新兴技术是"被国家安全委员会评定为对保持美国国家安全优势（包括军事、情报和经济优势）至关重要，或有潜力变得至关重要的技术领域"，并详细列出了 20 项关键技术和新兴技术清单。2020 年，《无限前沿法案》列出的联邦政府需要着力提升的技术清单与上述白宫公布的清单大体相当。

　　近年来，美国对我国主要技术领域的封锁措施主要集中在计算机、通信、集成电路、航空航天、人工智能、生物技术、生物制药、医疗器械等战略性新兴产业和未来产业领域，采取的限制措施主要有对产品和器械设备征收高关税、限制专利申请、对企业实施惩罚、把高校列入实体清单、限制留学生与研究人员交流、清查在美研究和工作人员等。可以看到，未来这一形势将会更加严峻，需要我们加快国际科技中心建设，加快建设一流高校和科研机构，辐射区域性创新，探索科创体制机制创新，从而汇聚全球创新资源并突破重大科学难题和前沿科技瓶颈，着力建设全球科技创新高地，在科技自立自强方面取得更大突破，为发展成为世界科学中心奠定坚实基础。

三 粤港澳大湾区国际科技创新中心建设的战略意义

从前面的分析中我们可以看到，国家提出构建"3+4"区域创新格局，大力建设粤港澳大湾区国际科技创新中心，具有战略意义和现实意义。

（一）实现中国式现代化宏伟目标的重要抓手

党的二十大提出以中国式现代化全面推进中华民族伟大复兴的宏伟目标，同时提出，高质量发展是全面建设社会主义现代化国家的首要任务。在推进高质量发展的过程中，要坚持创新在我国现代化建设全局中的核心地位。

改革开放以来，我国通过快速发展制造业成为"世界工厂"，出口持续为我国经济带来强劲增长动力，但也一直面临经济规模大而质量不高的问题。从全球各大城市发展经验来看，技术发展和创新产业成为经济新动力的重要来源。全球化正在促进新一轮产业发展，我国已经进入创新驱动的高质量发展阶段，就是要推动经济从规模型、速度型增长向高质量发展转变，在发展动力上从要素驱动、投资驱动转向创新驱动。我国需要依赖科技创新加快重塑竞争新优势，全面推进数字化转型，促进创新型经济发展，加快推动产业新旧动能接续转换。建设粤港澳大湾区国际科技创新中心，是增强国家战略科技力量的重要举措，有利于加快高水平科技创新，打造新经济发展引擎，提升高质量发展的成色和水平，也是实现中国式现代化宏伟目标的重要抓手。

（二）服务国家高水平科技自立自强和科技强国战略

中国实现高水平科技自立自强，需要在"双循环"新发展格局下加强国际科技合作，在开放合作中提升自身科技创新能力，在更高起点推进自主创新。

粤港澳大湾区在科技领域具有独特优势和巨大潜力，承担着我国实现高水平科技自立自强的重大责任和使命。《粤港澳大湾区发展规划纲要》指出，大湾区战略定位之一是建设"具有全球影响力的国际科技创新中心"，国家"十四五"规划等多个文件明确表明"支持香港建设国际创新科技中心"，《中共中央　国务院关于支持深圳建设中国特色社会主义先行示范区的意见》提出要"以深圳为主阵地建设综合性国家科学中心"。香港作为国际自由港、国际金融中心、国际贸易中心、国际航运中心，对国际科技创新资源要素有内地城市不可替代的强大吸引力，是"双循环"新发展格局中畅通国际循环的重要支撑，是我国在实现高水平科技自立自强过程中与全球科技创新体系保持衔接的战略通道。

香港具备服务国家实现高水平科技自立自强战略的良好基础。香港有 5 所高校进入 QS 世界高校排名百强名单，领先于北京（2 所）和上海（2 所），在全球城市中只有伦敦与香港并列。香港科技大学和香港大学的数学和工程科技专业、香港中文大学的数学计算机科学及信息系统等专业，均排名世界前 30。香港有 16 个国家重点实验室和 6 个国家工程技术研究中心分中心，"深圳-香港-广州"是《2022 年全球创新指数报告》中排名全球第二的科技集群。习近平总书记在 2022 年 6 月视察香港科学园区时指出，希望香港发挥自身优势，汇聚全球创新资源，与粤港澳大湾区内地城市强强联手，强化产学研创新协同，着力建设全球科技创新高地。

建设粤港澳大湾区国际科技创新中心，就是要发挥港澳特别是香港的国际化优势，在复杂多变的国际形势下以更大力度推进国际合作，集聚国际科研资源，保持与全球科技发展无缝衔接，助力国家加快实现高水平科技自立自强。

（三）促进港澳更好融入国家发展大局

港澳更好融入国家发展大局是战略性、长远性、系统性工程。我国在粤港澳大湾区内地城市规划了诸多粤港澳合作平台，例如横琴粤澳深度合作区、前海深港现代服务业合作区、河套深港科技创新合作区、深圳口岸经济带、盐田沙头角国际旅游消费合作区等。2021年9月，《横琴粤澳深度合作区建设总体方案》发布，在粤澳"共商共建共管共享"体制下，澳门科技创新发展迎来巨大机遇。2021年10月，香港特区政府发布《北部都会区发展策略》，强调重点发展创新科技产业，重塑城市发展格局。规划建设北部都会区是香港更好融入国家发展大局的重大举措，对推动"一国两制"事业发展新实践、保持香港长期繁荣稳定具有重大战略意义。同时也表明，在香港进入"由治及兴"、澳门进入"琴澳一体化"发展新阶段之后，发展创新科技产业、打造国际创新科技中心，已经成为粤港澳三地的发展共识。

香港是粤港澳大湾区内唯一一个能与伦敦、纽约等媲美的全球城市（根据科尔尼《2021年全球城市指数报告》，香港排名第7，纽约和伦敦排第1位和第2位，另外两个进入全球城市前30强的中国城市为北京和上海，分别排第6位和第10位），在粤港澳大湾区建设中发挥着不可替代的重要作用。澳门作为自由港，与葡语国家保持着良好的经贸合作往来，在"一带一路"高质量建设过程中具有独特作用。国家"十四五"规划明确提出，"完善港澳融入国家发展大局、同内地优势互补、协同发展机制"。因此，以横琴为平台，推动澳门科技创新和经济适度多元发展取得新突破，以北部都会区为平台，促进创新科技发展取得更大突破，作为香港更好融入国家发展大局的"本地抓手"，加快与大湾区内地城市融合发展，同时与国家在粤港澳大湾区内地城市规划建设的粤港澳合作平台协同联动，将成为新时期港澳与内地优势互补、协同发展的新机制、新模式。

建设粤港澳大湾区国际科技创新中心，就是将港澳特别是香港国际创新科技中心、北部都会区建设纳入整个创新体系，畅通港澳与大湾区内地城市资源要素流动，形成面向全球的科技创新网络，为港澳更好融入国家发展大局提供更大施展空间。

（四）为粤港澳大湾区高质量发展提供核心动力引擎

2023年4月10日至13日，习近平总书记在广东考察时指出，作为改革开放前沿阵地，广东要抓紧做实粤港澳大湾区建设这篇大文章，使之成为新发展格局的战略支点、高质量发展的示范地、中国式现代化的引领地，赋予了粤港澳大湾区建设新的方向和目标。粤港澳大湾区要成为高质量发展的示范地，根本还是要靠科技创新。

我国目前正处于投资驱动向创新驱动转型阶段，创新驱动发展战略的重要性和紧迫性凸显。创新驱动发展战略的基本内涵是国家发展主要靠科技创新驱动，而不是传统的劳动力及资源能源，必须实现从成本竞争优势向创新竞争优势转变。

相对于经济规模，经济质量对粤港澳大湾区更为重要。经济质量提升依托于创新，竞争优势打造取决于创新，创新是粤港澳大湾区的内生动力。因此，能否率先形成具有综合竞争优势的创新驱动发展模式，应成为粤港澳大湾区建设的首要任务。

作为国家发展战略，科技创新是提高社会生产力和综合国力的战略支撑，在国家发展全局中居于核心位置。作为区域发展战略，创新驱动和都市转型是粤港澳大湾区发展的两条主线，也是核心要义所在。没有创新驱动和都市转型，就没有粤港澳大湾区的发展和未来。

因此，粤港澳大湾区高质量发展的重中之重是科技创新，发展远景是打造成为世界级科技创新湾区。通过科技创新，推动粤港澳大湾区整体进入创新驱动阶段，推动湾区都市或城市因应各自的情况转型发展，既弥补财富驱动阶段发展动力欠缺之不足，又解决投资驱动阶段发展方式粗放之弊端，在推动粤港澳大湾区整体提升和发展的过程中，实现华丽转身。

第五章 粤港澳大湾区国际科技创新中心
建设的支持政策和基础条件

在粤港澳大湾区国际科技创新中心建设提出之前，粤港澳合作一直都是我国发展战略中极其重要并且受到高度关注的领域。2012 年以来，党中央、国务院高度重视粤港澳合作及粤港澳大湾区建设，从《粤巷澳大湾区发展规划纲要》（简称《大湾区纲要》）、《中共中央 国务院关于支持深圳建设中国特色社会主义先行示范区的意见》到《横琴粤澳深度合作区建设总体方案》《全面深化前海深港现代服务业合作区改革开放方案》《广州南沙深化面向世界的粤港澳全面合作总体方案》，再到科技部、财政部等国家部委为粤港澳大湾区国际科技创新中心建设出台的有关科技项目、科研资金、体制机制、人才、国际合作等细分领域的支持政策，加速了大湾区国际科技创新中心的建设进程。与此同时，在国家部委大力支持下，广东省政府、香港特区政府、澳门特区政府以及珠三角九市政府，均从各自职责出发，深入贯彻党中央、国务院部署和《大湾区纲要》，出台系列支持政策，为粤港澳大湾区国际科技创新中心建设提供了强大动力。在中央和粤港澳三地政策的大力推动下，粤港澳大湾区国际科技创新中心建设也取得了阶段性成果，为打造更具影响力的科技创新高地奠定了良好基础。

一 粤港澳大湾区国际科技创新中心建设的支持政策

（一）国家层面出台的支持政策

近年来，科技部、国家发改委、财政部等国家部委陆续出台了支持粤港澳科技合作、粤港澳大湾区科技创新发展的系列政策，涉及大科学装置、科技专项计划、机构改革、国家重点实验室等方方面面，为粤港澳大湾区国际科技创新中心建设提供了多方位的支持（见表5-1）。

表5-1　2013年以来国家出台的支持粤港澳大湾区科技创新发展的政策

时间	发文机构	文件名称	主要内容
2022年10月	科技部	《"十四五"技术要素市场专项规划》	推动黄河流域、海南自贸港、粤港澳大湾区等国家技术转移区域中心建设；加速粤港澳大湾区跨境技术交易应用示范；建设北京、上海、粤港澳大湾区成为全球技术交易枢纽，支持国家国际科技合作基地发展
2022年6月	科技部	《科技支撑碳达峰碳中和实施方案（2022—2030年）》	适时启动相关领域国际大科学计划，积极发挥香港、澳门科学家在低碳创新国际合作中的有效作用
2022年6月	国务院	《广州南沙深化面向世界的粤港澳全面合作总体方案》	强化粤港澳科技联合创新。推动粤港澳科研机构联合组织实施一批科技创新项目，共同开展关键核心技术攻关，强化基础研究、应用研发及产业化的联动发展，完善知识产权信息公共服务。创新科技合作机制，落实好支持科技创新进口税收政策，鼓励相关科研设备进口，允许港澳科研机构因科研、测试、认证检查所需的产品和样品免于办理强制性产品认证。加强华南（广州）技术转移中心、香港科技大学科创成果内地转移转化总部基地等项目建设，积极承接香港电子工程、计算机科学、海洋科学、人工智能和智慧城市等领域创新成果转移转化，建设华南科技成果转移转化高地。开展赋予科研人员职务科技成果所有权或长期使用权试点。推动金融与科技、产业深度融合，探索创新科技金融服务新业务新模式，为在南沙的港澳科研机构和创新载体提供更多资金支持。支持符合条件的香港私募基金参与在南沙的港资创新型科技企业融资

时间	发文机构	文件名称	主要内容
2021年9月	中共中央、国务院	《横琴粤澳深度合作区建设总体方案》	发展科技研发和高端制造产业。布局建设一批发展急需的科技基础设施，组织实施国际大科学计划和大科学工程，高标准建设澳门大学、澳门科技大学等院校的产学研示范基地，构建技术创新与转化中心，推动合作区打造粤港澳大湾区国际科技创新中心的重要支点。大力发展集成电路、电子元器件、新材料、新能源、大数据、人工智能、物联网、生物医药产业。加快构建特色芯片设计、测试和检测的微电子产业链。建设人工智能协同创新生态，打造互联网协议第六版（IPv6）应用示范项目、第五代移动通信（5G）应用示范项目和下一代互联网产业集群
2021年9月	中共中央、国务院	《全面深化前海深港现代服务业合作区改革开放方案》	加快科技发展体制机制改革创新。聚焦人工智能、健康医疗、金融科技、智慧城市、物联网、能源新材料等港澳优势领域，大力发展粤港澳合作的新型研发机构，创新科技合作管理体制，促进港澳和内地创新链对接联通，推动科技成果向技术标准转化。建设高端创新人才基地，联动周边区域科技基础设施，完善国际人才服务、创新基金、孵化器、加速器等全链条配套支持措施，推动引领产业创新的基础研究成果转化。积极引进创投机构、科技基金、研发机构。联合港澳探索有利于推进新技术新产业发展的法律规则和国际经贸规则创新，逐步打造审慎包容的监管环境，促进依法规范发展，健全数字规则，提升监管能力，坚决反对垄断和不正当竞争行为。集聚国际海洋创新机构，大力发展海洋科技，加快建设现代海洋服务业集聚区，打造以海洋高端智能设备、海洋工程装备、海洋电子信息（大数据）、海洋新能源、海洋生态环保等为主的海洋科技创新高地。构建知识产权创造、保护和运用生态系统，推动知识产权维权援助、金融服务、海外风险防控等体制机制创新，建设国家版权创新发展基地

时间	发文机构	文件名称	主要内容
2020 年 7 月	科技部、深圳市人民政府	《中国特色社会主义先行示范区科技创新行动方案》	支持深圳建设国际科技创新城市,建设国际领先的现代产业技术体系,建设国际可持续发展先锋城市,建设科技创新治理样板区。建立部市会商协调机制,有效集成中央和深圳市创新资源,统筹推进《中国特色社会主义先行示范区科技创新行动方案》。科技部、深圳市加强协同联动,创新投入方式,支持关键核心技术攻关。支持深圳市开展科技体制机制改革先行先试,建立容错纠错机制
2020 年 4 月	科技部、财政部	《关于推进国家技术创新中心建设的总体方案(暂行)》	聚焦京津冀协同发展、长三角一体化发展、粤港澳大湾区建设等区域发展战略,布局建设综合类国家技术创新中心,把国家战略部署与区域产业企业创新需求有机结合起来,开展跨区域、跨领域、跨学科协同创新与开放合作,促进创新要素流动、创新链条融通,为提升区域整体发展能力和协同创新能力提供综合性、引领性支撑
2019 年 8 月	中共中央、国务院	《关于支持深圳建设中国特色社会主义先行示范区的意见》	加快实施创新驱动发展战略。支持深圳强化产学研深度融合的创新优势,以深圳为主阵地建设综合性国家科学中心,在粤港澳大湾区国际科技创新中心建设中发挥关键作用。支持深圳建设 5G、人工智能、网络空间科学与技术、生命信息与生物医药实验室等重大创新载体,探索建设国际科技信息中心和全新机制的医学科学院。加强基础研究和应用基础研究,实施关键核心技术攻坚行动,夯实产业安全基础。探索知识产权证券化,规范有序建设知识产权和科技成果产权交易中心。支持深圳具备条件的各类单位、机构和企业在境外设立科研机构,推动建立全球创新领先城市科技合作组织和平台。支持深圳实行更加开放便利的境外人才引进和出入境管理制度,允许取得永久居留资格的国际人才在深圳创办科技型企业、担任科研机构法人代表

续表

时间	发文机构	文件名称	主要内容
2019 年 2 月	中共中央、国务院	《粤港澳大湾区发展规划纲要》	深入实施创新驱动发展战略，深化粤港澳创新合作，构建开放型融合发展的区域协同创新共同体，集聚国际创新资源，优化创新制度和政策环境，着力提升科技成果转化能力，建设全球科技创新高地和新兴产业重要策源地
2019 年 1 月	科技部	《关于发布国家重点研发计划"大科学装置前沿研究"重点专项 2019 年度定向项目申报指南的通知》	"大科学装置前沿研究"重点专项定向项目对港澳特区开放，鼓励港澳高校作为参与单位联合内地单位共同申报，并公布了内地与香港、内地与澳门科技合作委员会协商确定的港澳高校名单
2019 年 1 月	科技部	《关于发布国家重点研发计划"干细胞及转化研究"等重点专项 2019 年度项目申报指南的通知》	在 2018 年"变革性技术关键科学问题"等 3 个重点专项对港澳开放申报试点的基础上，"干细胞及转化研究""纳米科技""量子调控与量子信息""大科学装置前沿研究""蛋白质机器与生命过程调控""全球变化及应对"等 6 个重点专项继续对港澳特区开放，鼓励港澳高校联合内地单位共同申报
2019 年 1 月	中共科学技术部党组	《以习近平新时代中国特色社会主义思想为指导　凝心聚力决胜进入创新型国家行列的意见》	协同推进北京、上海科技创新中心和粤港澳大湾区国际科技创新中心建设。强化同港澳地区科技创新合作，支持香港建设国际创新科技中心，稳步推进内地与香港、澳门联合资助计划
2018 年 11 月	科技部	《关于发布国家重点研发计划"变革性技术关键科学问题"等重点专项 2018 年度项目申报指南的通知》	"发育编程及其代谢调节""合成生物学""变革性技术关键科学问题"等 3 个重点专项作为试点对港澳特区开放，鼓励港澳高校联合内地单位共同申报
2018 年 10 月	科技部	《关于发布国家重点研发计划"政府间国际科技创新合作/港澳台科技创新合作"重点专项 2018 年度第二批项目申报指南的通知》	受聘于内地单位的外籍科学家及港、澳、台地区科学家可作为重点专项的项目负责人

续表

时间	发文机构	文件名称	主要内容
2018 年 6 月	科技部、财政部	《关于加强国家重点实验室建设发展的若干意见》	推进现有国家重点实验室优化调整,以学科国家重点实验室为重点,积极推进学科交叉国家研究中心建设,统筹企业、省部共建、军民共建和港澳等国家重点实验室建设发展,实现国家重点实验室布局的结构优化、领域优化和区域优化。围绕京津冀、长江经济带、粤港澳大湾区等区域发展需求,推动实验室联盟建设
2018 年 5 月	中共科学技术部党组	《关于坚持以习近平新时代中国特色社会主义思想为指导推进科技创新重大任务落实深化机构改革加快建设创新型国家的意见》	完善各具特色的区域创新体系,建立更加有效的区域创新协调发展新机制。以北京、上海科技创新中心为龙头加快建设区域增长极增长带,做好雄安新区科技创新顶层设计,加强与港澳全方位科技创新合作,支持粤港澳大湾区建设国际科技创新中心
2018 年 5 月	科技部	《关于鼓励香港特别行政区、澳门特别行政区高等院校和科研机构参与中央财政科技计划(专项、基金等)组织实施的若干规定(试行)》	实现了中央资金的跨境流动。港澳特区的高等院校和科研机构可通过竞争择优方式承担中央财政科技计划项目,并获得项目经费资助,也可以联合内地单位,按照指南要求牵头或参与申报中央财政科技计划的相关项目,并根据港澳特区科研活动的实际支出情况提出项目经费需求
2018 年 5 月	科技部	《关于支持广东省建设珠三角国家科技成果转移转化示范区的函》	衔接好香港国际创新科技中心、粤港澳大湾区国际科技创新中心、珠三角国家自主创新示范区的创新政策,依托 9 家国家高新技术产业开发区等现有创新平台,形成政策叠加效应和工作合力。 探索面向港澳地区双向转移转化科技成果的新模式、新路径,着力打造先进制造业科技资源集聚区,发挥好科技创新对粤港澳大湾区建设的支撑作用

续表

时间	发文机构	文件名称	主要内容
2018 年 3 月	科技部	《关于举办第七届中国创新创业大赛的通知》	用"政府主导、公益支持、市场机制"的办赛方式,旨在搭建为港澳台中小企业创新创业服务的公共平台,对接整合粤港澳大湾区城市群产业资源,推动内地与港澳台深化创新合作与交流,助力粤港澳大湾区建设及海峡两岸协同创新。港澳台当地企业及已在大陆成立的港澳台资参股企业均可报名参加,在广东省内落地注册的港澳台项目可申请广东省各地市招商优惠政策和落地补贴支持
2018 年 1 月	国务院	《关于全面加强基础科学研究的若干意见》	支持北京、上海建设具有全球影响力的科技创新中心,推动粤港澳大湾区打造国际科技创新中心。推进军民共建、省部共建和港澳国家重点实验室建设
2017 年 10 月	科技部、国家发改委、财政部	《"十三五"国家科技创新基地与条件保障能力建设专项规划》	面向科学前沿和区域产业发展重点领域,以提升港澳特区科技创新能力为目标,加强与内地实验室协同创新,主要依托与内地国家重点实验室建立伙伴关系的港澳特区高等院校开展建设
2016 年 3 月	国务院	《关于深化泛珠三角区域合作的指导意见》	支持港澳与内地九省区开展大气污染防治及环保科研合作。支持重大合作平台发展。推进深圳前海、广州南沙、珠海横琴、汕头华侨经济文化合作试验区等重大平台开发建设,充分发挥其在进一步深化改革、扩大开放、促进合作中的试验示范和引领带动作用。积极推进港澳青年创业基地建设。支持内地九省区发挥各自优势与港澳共建各类合作园区,支持广东与澳门共建江门大广海湾经济区、中山粤澳全面合作示范区
2016 年 2 月	国务院	《关于加快众创空间发展服务实体经济转型升级的指导意见》	大力吸引和支持港澳台科技人员以及海归人才、外国人才到众创空间创新创业,在居住、工作许可、居留等方面提供方便

时间	发文机构	文件名称	主要内容
2015 年 12 月	科技部	《关于征集 2016 年度内地与澳门联合资助研发项目建议的通知》	根据内地与澳门科技合作委员会达成的共识,2016 年度项目建议征集将针对两地科技的优势和特点,结合澳门社会经济的发展需要,重点支持电子信息、生物医药、节能环保、新材料科学等涉及两地民生发展的合作领域,产业部门参与的项目优先
2015 年 1 月	中共科学技术部党组	《关于落实创新驱动发展战略　加快科技改革发展的意见》	积极参与大科学计划和国际科技组织,加大主导开展应对全球性挑战的协同合作,完善与港澳台地区科技合作机制

资料来源：根据科技部网站等公开资料整理。

（二）湾区层面出台的支持政策

香港、澳门回归以来，粤港澳三地政府通过合作联席会议、合作框架协议、专项合作协议等持续推进科技创新合作，为粤港澳大湾区国际科技创新建设奠定了良好基础。《大湾区纲要》发布后，有关国际科技创新建设的合作更加务实。

1. 粤港合作联席会议

为促进粤港合作，广东省和香港特别行政区自 1998 年起，每年一次，轮流在广州和香港举办粤港合作联席会议。截至 2023 年，粤港合作联席会议一共召开 22 次，合作的内容不断丰富，涉及粤港澳大湾区建设、"一带一路"倡议、创新及科技、青年合作、金融合作、专业服务业合作、环境保护、跨境基建、医疗合作、旅游合作、社会福利等方方面面（2001~2023年粤港合作联席会议主要内容见附录一）。本部分梳理了 22 次联席会议中有关粤港科技创新合作的有关内容，可以看到，粤港科技创新合作的领域不断拓宽，合作层次逐步加深，科技创新市场一体化水平逐步提高。粤港政府联手推动科技创新合作与发展，是"深圳-香港-广州"科技集群之所以能够持续位列全球第二的重要原因（见表5-2）。

表 5-2　粤港合作联席会议有关科技创新的内容

时间	联席会议	有关科技创新的内容
2023 年 3 月 21 日	粤港合作联席会议第 二十三次会议(香港)	双方签署了《粤港科技创新交流合作协议》(有关内容暂未 公布)
2021 年 5 月 14 日	粤港合作联席会议第 二十二次会议(线上 视频会议)	特区政府正全力发展落马洲河套地区港深创新及科技园 (简称港深创科园),并与深圳市政府全速推进由港深创科 园和深圳科创园区(简称深圳园区)组成的深港科技创新合 作区"一区两园"建设,包括由香港科技园公司承租及管理 部分深圳园区地作为科学园分园,以及制定两地联合政 策,吸引海内外人才和企业落户合作区。 人才对建设国际创新科技中心十分重要,特区政府将于上半 年推出"杰出创科学人计划",大力支持本地大学吸引国际知 名的创新科技学者及其团队来港参与教研活动。此外,香港 科技园公司计划在合作区深圳园区提供资源、培训以及交流 三个重要功能的全面服务及支援,协助香港的创科企业在内 地发展,同时为有兴趣进军海外的内地企业提供服务
2019 年 5 月 16 日	粤港合作联席会议第 二十一次会议(广州)	为将大湾区打造成为国际科技创新中心,双方已推出不少 措施以支持香港与内地在科研上的合作。广东省科学技术 厅与广东省财政厅已公布新政策,允许港澳高等院校和科 研机构参与广东省财政科技计划,并容许有关资金跨境在 香港使用。随着日后广东省正式启动这项新政策,再辅以 现有的"粤港科技合作资助计划",粤港两地的科研机构将 能获得更多资源,进行研发和开展更紧密的合作。 此外,特区政府将于 10 月至 11 月举办"创新科技节",通过一 系列活动,让市民加深对全国和香港地区在创科方面的发展 和成就的认识。特区政府会邀请广东省有关单位参与"创新 科技节",并考虑在同一时期在广东省举办科创活动,加强大 湾区创科合作的协同效应。广东省政府将积极支持这条建议
2017 年 11 月 18 日	粤港合作联席会议第 二十次会议(香港)	香港科技园公司已委聘顾问,负责在落马洲河套地区建设 "港深创新及科技园"的策略性部署及设计总纲发展蓝图,并 于 10 月成立附属公司,专门负责"港深创新及科技园"的上 盖建设、营运、维护和管理。附属公司已展开相关的筹备工 作。港深双方会继续透过联合专责小组,推进有关项目。 就实施"粤港科技合作资助计划"以推动粤港重点科研合作 项目,本年度共有 8 个粤港联合资助项目和 8 个深港联合资 助项目获得拨款,涉及的香港创新及科技基金金额约为 2000 万港元。 未来,粤港两地共同打造大湾区成为国际科技创新中心将 会是重点合作项目

时间	联席会议	有关科技创新的内容
2016 年 9 月 14 日	粤港合作联席会议第 十九次会议(广州)	粤港两地已于年初召开第一次"粤港信息化专家委员会"会议,推动两地发展云计算、大数据、物联网、智慧城市等技术和应用,研究制定适用于两地的标准和指引,促进粤港两地业界参与国际组织的信息技术标准化工作。 粤港科技合作资助计划方面,香港创新及科技基金截至 7 月底,已经资助了 246 个科技合作资助计划项目,总额约 8.3 亿港元。计划来年将继续为粤港科研项目提供重要支持,以促进两地的高科技发展及研发成果产业化
2015 年 9 月 9 日	粤港合作联席会议第 十八次会议(香港)	粤港双方自 2004 年推出粤港科技合作资助计划,以推动粤港两地在高科技及科技成果转化方面的合作。在 2014 年,粤港双方共同资助了 12 个项目,特区政府的资助额达 2500 万港元。而新一轮的合作资助计划已于 8 月开始接受申请。 在加强粤港双方智慧城市交流方面,两地于 2015 年 7 月在香港举办"2015 粤港智慧城市及跨境电子商务交流会"。两地业界人士参与交流会,就两地发展智慧城市及跨境电子商务分享和交流经验,以及商讨合作机遇
2013 年 9 月 16 日	粤港合作联席会议第 十六次会议(香港)	深港青年创新创业基地已于 2013 年 6 月正式成立,为两地有志创立科技事业的青年人提供了一个优良的环境一展抱负,落实了中央政府于 2012 年 6 月公布的相关政策措施
2012 年 9 月 14 日	粤港合作联席会议第 十五次会议(广州)	创新科技是香港的优势产业之一,为推动这方面的长远发展,并鼓励及推动粤港两地的科研机构加强合作,双方于 2004 年成立粤港科技合作资助计划,至今已联合资助超过 35 个科研项目,拨款额超过 2 亿元。今年的资助计划亦已于 8 月开始接受申请。此外,深港创新圈"三年行动计"的各项工作已圆满落实。根据深港创新圈"三年行动计划",香港城市大学、香港理工大学、香港科技大学和香港中文大学在深圳的产学研基地已建成使用,有关的实验室设施也按计划投入服务
2008 年 8 月 5 日	粤港合作联席会议第 十一次会议(广州)	2004 年开始推行"粤港科技合作资助计划",截至 2006 年,双方共拨款约 11 亿元支持 400 个分属多个科技范畴的项目,包括通信技术、新材料、环保、生物医药及纳米科技等。而港方所支持的 85 个项目之中,有近 40 项已经完成。 粤深港三方"2007 粤港科技合作资助计划"中,共联合支持 8 个项目,分属节能与新能源汽车、高效大功率白光 LED 关键技术、RFID 共性技术及集成电路等范畴,支持总额约 6000 万元。三方更举行简介会向三地的参与单位讲解有关项目的共同监管安排。至于粤深港各自负责的项目方面,港方的评审工作已接近完成,预计可于短期内公布结果

时间	联席会议	有关科技创新的内容
2007年 8月2日	粤港合作联席会议第十次会议（香港）	"粤港科技合作资助计划"自2004年开始推行，深受两地科研机构和企业欢迎。过去三年，粤港双方已拨款共11.5亿元支持416个研发项目，双方今年会继续推行这项资助计划，鼓励粤港两地的机构合作进行研发，推动产业升级。深港两地政府于今年5月签订"深港创新圈"合作协议，为粤港科技合作注入新动力
2006年 8月2日	粤港合作联席会议第九次会议（广州）	"粤港科技合作资助计划"将连续第三年举行。双方已预留约8亿港元作资助用途，计划有助提高两地的自主创新能力。过去两年，粤港双方已拨款6.6亿元支持近200个研发项目
2005年 9月28日	粤港合作联席会议第八次会议（香港）	科技合作方面，2004年9月首次推出的"粤港科技合作资助计划"得到热烈反应。双方一共收到265项申请，经评审后，共拨款3亿港元支持67个项目。这些项目已经相继展开。双方今年将资助计划的金额增至5.2亿元，以加强效应。双方亦会建立粤港联合研发平台及促进两地科研机构交流

资料来源：香港特区政府政制及内地事务局网站。

此外，为落实《珠江三角洲地区改革发展规划纲要（2008—2020年）》、《内地与香港关于建立更紧密经贸关系的安排》（CEPA）及其补充协议，广东省人民政府和香港特别行政区政府于2016年12月9日签署了《粤港合作框架协议》，有关科技创新的内容主要包括以下四个方面。

（1）联合推动科技创新，突破共性技术，着眼信息、新能源、新材料、生物医药、节能环保、海洋等战略性新兴产业发展，实施关键领域重点项目联合资助行动，粤港共同投入资金，培育新的经济增长点。

（2）支持香港的汽车零部件、资讯及通信、物流及供应链管理、纳米科技及先进材料、纺织及成衣等研发中心与广东科研机构和适用企业对接合作。支持香港应用科技研究院及科学园与广东科研机构和高新园区合作。支持广东大型企业在港设立科研中心。

（3）推动香港科研资源与广东高新园区、专业镇、平台基地等建立协作机制，在广东合作设立孵化基地，实现香港研发成果在广东产业化。推动粤港科技合作项目经费跨境流动，降低科技服务项目交易成本，粤港双方联合在广东省设立的研发中心进口研发设备、实验器材符合有关政策规定的，可依法享受进口税收优惠。

（4）规划建设"深港创新圈"，联合承接国际先进制造业、高新技术企业研发转移，开展技术研发，推进珠江三角洲地区区域科技合作和国际合作，支持广州、深圳建设国家创新型城市，扩展建成以"香港—深圳—广州"为主轴的区域创新格局。

自此，广东省人民政府每年印发实施粤港合作框架协议年度重点工作，以推进《粤港合作框架协议》的实施。

2. 粤澳合作联席会议

粤澳合作联席会议目前暂时没有如粤港合作联席会议一样形成年度联席会议机制，而是举行非定期会议。综合现有信息可以发现，自 2017 年起，粤澳合作联席会议接近年度会议机制。最近的一次粤澳合作联席会议于 2022 年 9 月 15 日以视频会议方式召开，澳门特区行政长官贺一诚表示，要携手广东推进粤港澳大湾区建设。澳门特区政府制定并颁布了《澳门特别行政区经济和社会发展第二个五年规划（2021—2025 年）》，主动对接国家"十四五"规划，充分发挥"一国两制"制度优势，促进经济适度多元发展。同时要建设宜居、宜业、宜游的国际一流人文湾区。加快基础设施对接、交通基础互联互通，持续深化澳门与湾区各市在旅游、文化、体育等领域的联动互补，加强青少年交流，推进粤港澳大湾区世界级旅游目的地建设。广东省省长王伟中则表示，要充分发挥粤澳各自优势，聚焦高端制造、中医药、现代金融、文旅会展商贸等重点领域，进一步强化产业科技协同，携手打造具有全球影响力的科技和产业创新高地。

广东省人民政府和澳门特别行政区政府于 2016 年 12 月 8 日签署了《粤澳合作框架协议》，有关科技创新的内容主要包括以下两方面。

（1）按照《横琴总体发展规划》要求，在横琴文化创意、科技研发和高新技术等功能区，共同建设粤澳合作产业园区，面积约 5 平方千米。澳门特区政府统筹澳门工商界参与建设，重点发展中医药、文化创意、教育、培训等产业，推动澳门居民到园区就业，促进澳门产业和就业的多元发展。

（2）共同建设粤澳合作中医药科技产业园，作为粤澳合作产业园区启动项目。整合广东中医药医疗、教育、科研、产业的优势和澳门的科技能力和人才资源，吸引国内外大型医药企业总部聚集，打造集中医医疗、养生保健、科技转化、健康精品研发、会展物流于一体的国际中医药产业基地，以及绿色道地药材和名优健康精品的国际交易平台。

自此之后，广东省人民政府每年印发实施粤澳合作框架协议年度重点工作，以推进《粤澳合作框架协议》的实施。

3.广东省政府推进粤港澳科技创新合作的政策

自 2017 年 7 月 1 日《深化粤港澳合作　推进大湾区建设框架协议》签署以来，广东省层面对粤港澳科技合作的支持力度逐步加大，特别是 2019 年 2 月《大湾区纲要》发布之后，涉及粤港澳大湾区国际科技创新中心建设、大湾区各市科技合作的政策更加系统化，政协协同力度逐步加大。

从现有的湾区政策看，主要涉及粤港澳科技项目合作、资金跨境便利、人员流动便利、核心技术攻关、基础研究合作、科技创新平台载体共建、粤港澳大湾区科技创新走廊建设、国际科研合作等领域，政策更加具体化，落地性更强（见表5-3）。

表 5-3　广东省政府推进粤港澳科技创新合作的政策

时间	出台部门	文件名称	主要内容
2023 年 2 月	广东省人民政府办公厅	《广东省人民政府办公厅转发国务院办公厅转发商务部科技部关于进一步鼓励外商投资设立研发中心若干措施的通知》	要落实好支持科技创新税收政策，对经认定的外资研发中心，进口符合条件的科技开发用品按规定免征进口关税和进口环节增值税、消费税，采购国产设备全额退还增值税。要保障落实外资研发中心国民待遇，积极鼓励外资研发中心主持或参与广东省科技计划项目、参与科学技术奖励评选、按程序申报有关财政资金。要不断提高外资研发中心在粤研发便利度，为科研数据、物资等依法顺畅跨境流动，知识产权转让与技术进出口，海外高端人才的引进聘用等创造良好条件
2022 年 7 月	广东省科学技术厅	《科技创新助力经济社会稳定发展的若干措施》	共 4 个方面 17 条举措，4 个方面是持续加大对科技型企业稳企暖企力度，推动科技金融紧密结合，加大高技术产业和重大项目建设力度，以及加大科研攻关对产业发展支撑力度

时间	出台部门	文件名称	主要内容
2021 年 9 月	广东省人民政府	《广东省科技创新"十四五"规划》	全面深化粤港澳科技创新合作。更好发挥港澳开放创新优势和广东产业创新优势,深化粤港澳在产业发展、技术攻关、创业孵化、科技金融、成果转化等领域协同创新,推动粤港澳三地实现更高水平的创新"一体化"发展。推动横琴粤澳深度合作区开发开放,全面深化前海深港现代服务业合作区改革开放,高水平建设深港科技创新合作区深圳园区。加快创新要素高效流动,积极促进粤港澳规则衔接和机制对接,争取国家授权开展创新要素出入境综合改革试点,推动税收优惠制度对接和科研仪器设备、生物样品跨境便利流通,研究实施促进三地人流、物流、工作、居住等更加便利化的政策措施,探索搭建粤港澳大型科学仪器设施资源共享平台。充分发挥粤港澳强强联手的独特优势,深入实施粤港、粤澳联合资助计划。大力推动港澳高校来粤合作办学,加强粤港澳高校教育科技交流,提升高等教育服务科技创新能力。发挥好粤港澳大湾区大平台影响力,强化国际创新资源集聚能力,促进全球科技成果来粤转移转化
2021 年 8 月	广东省财政厅、广东省科学技术厅	《广东省省级财政科研项目资金跨境港澳地区使用管理规程(试行)》	推动粤港澳科技创新协同发展,促进广东省财政科研资金跨境便利流动,保障资金高效、规范使用
2020 年 5 月	广东省科学技术厅	《广东省科技企业孵化载体管理办法》	确定广东省众创空间、广东省科技企业孵化器、广东省科技企业加速器等的认定条件,并要求各地市制定有关发展规划、用地、财政等方面的政策
2020 年 4 月	广东省科学技术厅	《关于组织申报 2020 年度粤港澳联合实验室建设的通知》	通过竞争性评审或论证评审,择优资助每家获得立项的联合实验室 500 万元,并在粤港澳科技合作项目上优先支持
2019 年 4 月	广东省科学技术厅等	《关于进一步促进科技创新的若干政策措施实施指引》的通知	广东省科技计划项目向港澳开放,港澳高校、科研机构可牵头或独立申报,项目资金可直接跨境拨付到港澳两地的单位账户。鼓励港澳高校和科研机构承担省科技计划项目,港澳科研力量作为平等开放的参与主体可独立或牵头申报项目,并在科研经费跨境使用、资金管理等方面做出规定

时间	出台部门	文件名称	主要内容
2019 年 7 月	广东省科技厅、财政厅	《关于香港特别行政区、澳门特别行政区高等院校和科研机构参与广东省财政科技计划（专项、基金等）组织实施的若干规定（试行）》	对资金过境港澳使用和港澳科研机构申请广东的科技项目做了明确、具体、可操作性的规定。港澳高等院校和科研机构（以下简称港澳机构）可通过竞争择优方式承担中央财政科技计划项目，并获得项目经费资助，也可以联合内地单位，按照指南要求牵头或参与申报中央财政科技计划的相关项目，并根据港澳特区科研活动的实际支出情况提出项目经费需求
2019 年 3 月	广东省人民政府	《关于进一步促进科技创新的若干政策措施实施指引》	推出实施创新驱动发展战略，深化科技体制机制改革的"科创 12 条"。 推进粤港澳大湾区国际科技创新中心建设。构建更加灵活高效的粤港澳科技合作机制，启动实施粤港澳大湾区科技创新行动计划，推动重大科技基础设施、国家重点实验室、省实验室开放共享，建设面向港澳开放的散裂中子源谱仪，保障对港澳的专用机时和服务。支持港澳及世界知名高校、科研机构、企业来粤设立分支机构并享受相关优惠政策，促使重大科技成果落地转化。试行高校、科研机构和企业科技人员按需办理往来港澳有效期 3 年的多次商务签注，企业商务签注备案不受纳税额限制；允许持优粤卡 A 卡的港澳和外籍高层次人才，申办 1 副港澳出入内地商务车辆牌证。支持各市至少建设 1 家港澳青年创新创业基地，基地可直接认定为省级科技企业孵化器并享受相关优惠政策。减轻在粤工作的港澳人才和外籍高层次人才内地工资薪金所得税税负，珠三角九市可按内地与境外个人所得税税负差额给予补贴。 鼓励港澳高校和科研机构承担省科技计划项目。省科技计划项目向港澳开放，支持港澳高校、科研机构牵头或独立申报省科技计划项目。建立省财政科研资金跨境使用机制，允许项目资金直接拨付至港澳两地牵头或参与单位。完善符合港澳实际的财政科研资金管理机制，保障资金高效、规范使用。建立资金拨付绿色通道，省科技行政部门凭立项文件、立项合同到税务部门进行对外支付税务备案，即时办结后到相关银行办理拨款手续。港澳项目承担单位应提供人民币银行账户，港澳银行收取的管理费可从科研资金中列支。港澳项目承担单位获得的科技成果与知识产权原则上归其所有，依合同约定使用管理，并优先在广东省产业化。鼓励有条件的地级以上市向港澳开放科技计划项目

时间	出台部门	文件名称	主要内容
2018 年 12 月	广东省科技厅	《广东省基础与应用基础研究基金重点领域项目实施方案》	明确了省基础与应用基础研究基金重点领域项目,聚焦新一代信息技术、高端装备制造、绿色低碳、生物医药、数字经济、新材料、海洋经济等七大战略性新兴产业领域以及现代种业和精准农业、现代工程技术等重点产业领域的重大科学问题。 在相关重点领域及主要研究方向逐步开放并接受港澳地区、国内其他省(市、区)高等院校、科研院所和相关企业的申报,鼓励国外研究机构与省内研究单位联合申报
2018 年 9 月	广东省人民政府	《关于加强基础与应用基础研究的若干意见》	全面支撑科技创新强省和粤港澳大湾区国际科技创新中心建设。布局建设重点领域粤港澳联合实验室。实施粤港澳大湾区、省际、省企等联合基金项目,深化粤港澳大湾区、省际、国际合作。建立粤港澳科研协作机制,支持省内高等院校、科研院所聘用港澳研究人才开展基础与应用基础研究。鼓励粤港澳高等院校、科研院所和企业开展合作研究。支持粤港澳高水平研究型大学和科研院所共建杰出青年人才培养基地,组建研究团队,联合培养硕士和博士研究生,互派交流学者和访问学者,加强学术合作与交流,加速粤港澳青年人才培养。加强粤港澳项目及平台合作。围绕若干前沿战略领域,联合港澳地区科研单位,组织实施基础与应用基础研究项目,重点支持粤港澳学者在生命科学、环境科学、人工智能和智慧城市等领域开展深度合作,着力突破关键核心技术。推进建设粤港澳联合实验室,鼓励港澳参与省实验室和重大科技基础设施建设,共同争取国家实验室、大科学装置落户粤港澳大湾区。推动粤港澳创新要素互联互通。创新粤港澳基础科学研究合作体制机制,畅通资金跨境拨付渠道,推动科研经费跨境便利使用。调整赴港澳商务签注适用范围及条件,便利广东省科研人员按需申请办理签注多次往返港澳。对承担省市财政科研项目的科研人员,因科研工作需要并经本单位批准,持普通往来港澳通行证临时往返港澳的相关费用允许在科研项目经费中列支
2018 年 4 月	广东省人民政府	《关于强化实施创新驱动发展战略进一步推进大众创业万众创新深入发展的实施意见》	创建珠三角国家科技成果转移转化示范区。打造科技成果转移转化区域高地,加强粤港澳大湾区科技创新合作及成果转移转化,鼓励与港澳联合共建国家级科技成果孵化基地、青年创新创业基地等成果转化平台。加强与港澳的科技合作,共同实施粤港澳大湾区核心技术基础研究攻关计划

时间	出台部门	文件名称	主要内容
2018年4月	广东省科技厅	《关于发布2018年广东省科技创新战略专项资金粤港联合资助计划(项目)指南的通知》	粤港科技合作资助计划，由香港特区政府粤港高新技术专责小组在2004年首次推出。粤港联合创新领域是经与港方协商而设立，将发挥粤港各自优势，促进粤港创新资源整合，提升粤港两地自主创新能力，推动现代产业体系建设进一步完善。所涉领域围绕粤港两地科技创新需求，结合两地企业与高校、科研机构的紧密联系，以及高新区、专业镇在政策、产业生态等方面的有利条件，汇聚创新资源，建设自主创新品牌。项目选取当前粤港两地科技发展热点进行联合资助，争取在战略性新兴产业技术上取得突破，进而提升粤港两地的国际竞争力
2017年12月	广东省委和省政府	《广深科技创新走廊规划》	广深科技创新走廊总定位是为全国实施创新驱动发展战略提供支撑的重要载体，具体定位为全球科技产业技术创新策源地、全国科技体制改革先行区、粤港澳大湾区国际科技创新中心的主要承载区、珠三角国家自主创新示范区的核心区，构建了"一廊十核多节点"发展格局
2017年4月	广东省人民政府办公厅	《"十三五"广东省科技创新规划(2016—2020)》	全省形成比较完善的技术创新市场导向机制与产学研协同创新机制，培育起一批具有国际竞争力的创新型企业和产业集群，开放型区域创新体系更加完善，自主创新能力大幅提升，全省主要科技创新指标达到或超过世界创新型国家和地区平均水平；珠三角国家自主创新示范区建设取得明显成效，整体创新能力跻身世界先进行列
2017年7月	广东省人民政府办公厅	《关于印发实施粤澳合作框架协议2017年重点工作的通知》	加强中医药科研、人才培养和成果转化合作，推动中医药进入"一带一路"沿线国家，促进优质中医药产品通过澳门走向葡语系国家及"一带一路"沿线国家市场
2016年7月	广东省人民政府	《关于印发珠三角国家自主创新示范区建设实施方案(2016—2020年)》	国务院同意珠三角国家自主创新示范区享受国家自主创新示范区相关政策，要求结合自身特点，积极开展科技体制改革和机制创新，在科技金融结合、新型研发机构建设、人才引进、产学研结合、国际及粤港澳合作、创新创业孵化体系建设、知识产权运用和保护等方面进行积极探索

时间	出台部门	文件名称	主要内容
2016 年 4 月	广东省人民政府	《关于印发珠三角国家自主创新示范区建设实施方案（2016—2020 年）》	建设协同高效的区域创新格局；科学规划区域创新功能定位，推动珠三角创新发展一体化，强化广州、深圳创新引领作用，增强高新区核心带动能力，深化粤港澳创新合作，辐射带动粤东西北地区振兴发展

资料来源：根据粤港澳大湾区门户网站等公开资料整理。

（三）城市层面出台的支持政策

本部分概述香港、澳门、广州、深圳 4 个中心城市以及其他 7 个大湾区内地城市出台的支持与港澳科技创新合作、共建粤港澳大湾区国际科技创新中心的支持政策的主要内容及特点，详细的政策内容见附录二。

1. 香港出台的支持政策

香港特区政府一般通过施政报告、财政预算案和创新科技及工业局出台的有关政策来支持香港创新科技发展、粤港澳科技创新合作。近年来，香港更加积极主动谋划与内地科技创新合作，并加强了战略和长远规划以及与内地有关科技创新的规划的对接。2021 年 10 月，香港特区政府发布《北部都会区发展策略》，其发展重点为创新科技产业，致力于构建"南金融、北科创"的发展格局，是香港百年来重大发展战略调整。

2022 年 12 月 22 日，香港特区政府颁布《香港创新科技发展蓝图》（以下简称《香港创科蓝图》），为未来 5~10 年的香港创新科技发展制订清晰的发展路径和系统的战略规划，提出"深化与内地创科合作，更好融入国家发展大局"等八大重点策略。《香港创科蓝图》提出一个愿景、四大发展方向、八大重点策略和 42 条建议，是一份兼具战略性、系统性、突破性和可操作性的发展规划。此外，通过对八大策略、42 条建议的梳理发现，其中有 18 条建议内容涉及粤港合作，对推动粤港携手共建国际科技创新中心有重要作用（见表 5-4）。

表 5-4 《香港创科蓝图》有关粤港合作的内容

策略 1：完善创科生态圈，促进上中下游相互发展

序号	建议	与粤港合作有关的具体内容
1	加强激励成果转化落地的力度	鼓励大学深化与本地及海内外企业的合作并开展更多具有影响力及可转化应用的研究项目
2	落实清晰的科技产业促进政策，支持优势科技产业在港发展	汇聚海内外科技人才；为推动生命健康科技、人工智能与数据科学、先进制造与新能源科技等产业发展，政府需要加大力度引进内地和海外高潜力或具有代表性的重点科技企业落户本港

策略 2：推动科技产业发展，实现香港"新型工业化"

序号	建议	与粤港合作有关的具体内容
3	增加创科土地及提升基建配套	全力落实落马洲河套区港深创科园的建造工程，力争第一批次首八座楼宇可于 2024 年底前陆续落成；加快北部都会区新田科技城的发展，以期尽快推出用于创科发展的土地，为构建香港的科技产业园区和先进中试转化生产基地提供空间
4	引进龙头企业	积极引进海内外的龙头企业落户香港，尤其是北部都会区，并透过提供激励措施，鼓励企业投资建立相关产业的研发及设计中心和中试转化基地，加速建立产学研协同创新体系
5	加强支援策略产业	加强支援具有策略性的先进制造产业发展，譬如新能源汽车和半导体晶片，透过制定具有针对性和吸引力的特别配套措施，支持有实力或代表性的相关企业在港设立或扩展先进制造生产线

策略 3：丰富创投融资渠道，支持初创和产业发展

序号	建议	与粤港合作有关的具体内容
6	优化现行上市制度	便利五大类型的特专科技公司来港上市进行融资，以吸引更多优秀科技企业来港上市；港交所亦正构思活化 GEM（创业板），为中小型及初创企业提供更有效融资平台
7	吸引更多海外资金投资本地创科产业	政府可透过本港的投资基金制度，继续吸引世界各地的投资基金落户，为初创和科技企业提供更多融资渠道
8	加强港深投资联动合作	政府会继续加强与深圳的投资联动合作，透过打通港深两地的资本流通脉络，引导资金投资于香港以至大湾区的科技产业，加速香港及整个大湾区的科技创新及产业发展

策略4：普及创科文化，提升整体社会创科氛围		
序号	建议	与粤港合作有关的具体内容
9	加强与各界团体及地区组织合作	加强与社会各界团体合作，支持地区力量组织和举办更多不同类型的创科活动，例如由香港科学院、香港工程科学院和大湾区院士联盟举办的科学论坛等

策略5：充实创科人才资源，建设国际人才高地		
序号	建议	与粤港合作有关的具体内容
10	积极延揽海内外优秀创科人才	延续《行政长官2022年施政报告》提出一系列招揽人才措施：高端人才通行证计划、科技人才入境计划等

策略6：加快香港数字经济和智慧城市发展步伐，提升市民生活质量		
序号	建议	与粤港合作有关的具体内容
11	加快建设智慧政府，提升政府服务效率	政府亦会加强与其他公私营机构合作，推出更多"智方便"创新应用，包括与大湾区城市合作研发推出以"智方便"使用跨境政务，实现"跨境通办"
12	加速发展新的数码基建	包括数据中心、多功能智慧灯柱、5G网络等

策略7：深化与内地创科合作，更好融入国家发展大局		
序号	建议	与粤港合作有关的具体内容
13	与内地部委探索推行更多措施促进创新要素跨境便捷流动	（1）资金：除保持与中央不同部委在科研资金的合作之外，政府还会研究更多便利港资科技机构或企业可在内地开设业务的举措。 （2）人员：积极与内地研究推行更多便利居港的外籍人士前往大湾区内地城市进行科研活动及工作的政策，包括签证时限及税务安排。 （3）数据：积极与内地研究促进内地数据向香港流通的特定便利化安排，以及于2023年在大湾区推出数据跨境流动试行计划，以测试技术标准、措施及数据规管机制，以便将来广泛推行。另外，深入探讨粤港资讯基础设施的对接、互连、互认、互通及界面标准化等事宜。 （4）物资：争取中央支持容许更多香港的大学和科研机构在内地的分校或分支机构，可直接提交申请人类遗传资源出境到香港。 （5）项目：争取中央进一步扩大开放香港参与更多内地财政科技计划，加强培育和挽留创科人才
14	全速推动落马洲河套区港深创科园发展	（1）在"一区两园"的基础上，香港会与深圳深度合作，并以创新、专属、专项方式研究试行创科合作跨境政策，着力衔接两地体制机制。同时，香港会发挥好国际化优势，吸引海内外科企进驻港深创科园，让合作区成为引进先进产业技术、促进产业发展的桥头堡。 （2）政府亦会加快"北部都会区"新田科技城发展，为科技产业发展提供土地，同时支持港深口岸经济带的建设，进一步带动港深双城发展，珠联璧合

续表

策略7：深化与内地创科合作，更好融入国家发展大局		
序号	建议	与粤港合作有关的具体内容
15	善用广州南沙及深圳前海两大合作平台,完善创科生态链	政府会配合前海继续发挥"先行先试"功能,推出更多具体的政策突破
16	加强对接国家创新体系	(1)在高层次政策规划方面,特区政府会与科技部成立"香港国际创新科技中心建设主责工作组",加强双方高层的联动对接,更好统筹协调内地与香港相关部门在创科政策、资源等方面的沟通,并理顺安排和制定具体行动,加快推进香港国际创新科技中心的建设。 (2)在国家科研发展方面,特区政府会积极向中央争取考虑在国家实验室体系建设上,尤其在生命健康科研方面给予香港科研界和高等院校更多机会及发挥的空间,为国家做出贡献

策略8：善用香港国际化优势,拓展环球创科合作		
序号	建议	与粤港合作有关的具体内容
17	强化连通内地和世界桥梁的角色	(1)继续与中央有关部委探讨更多促进创新要素跨境流动的措施,进一步便利海外创科人员及企业,通过香港前往大湾区其他城市进行商务、科研、交流访问等活动,拓展内地业务。 (2)积极参与建设粤港澳重大合作平台,汇聚海内外人才,吸引国际科企进驻,推动创新发展。 (3)进一步推动与内地科技联合创新,构建更大的创科发展平台,科技园公司会与在大湾区设有分校的本港大学合作,建立孵化中心网络,协助本地初创企业在大湾区发展
18	积极拓展国际网络	(1)国际创科商贸展览中心:举办更多大型活动,加强本港创科界与海内外企业和投资者的联系,协助他们开拓及扩展业务。 (2)"一带一路"创科枢纽:香港要巩固作为"一带一路"的国际专业服务首选平台,吸引更多内地企业,包括科技企业,选用香港的专业服务,发展沿线国家的庞大市场。 (3)国际创科交流中心:支持更多国际性创科活动、大型学术会议和论坛在港举办,透过国际平台展示香港的科研实力及潜力,建设香港成为国际创科交流中心。 (4)国际科研合作平台:香港要积极与大湾区内地城市合作,例如考虑共同建立联合科研中心,实验室等科研合作平台,促进两地科研协作与交流

资料来源：根据《北部都会区发展策略》整理。

香港特别行政区第六届政府组建后，通过施政报告、财政预算案等方式对香港建设国际创新科技中心和大湾区国际科技创新中心进行了更大力度的支持。这对于香港"由治及兴"以及粤港澳大湾区建设而言，是重要的积极信号。

2. 澳门出台的支持政策

澳门回归祖国后，社会稳定，经济快速增长，澳门特别行政区政府开始重视科技创新事业（刘成昆、张军红，2019），2000年7月颁布《科学技术纲要法》，成为促进澳门科学技术发展的基本政策，为澳门的科技发展指明了方向，并列举了促进创新科技发展的政策措施。2001年8月，澳门特别行政区政府成立科技委员会，以对澳门科技事务进行统筹和协调。2004年6月，设立科学技术发展基金，配合澳门的科技政策目标，对相关的教育、研究及项目的发展提供资助。2011年2月，特别行政区政府颁布了《科学技术奖励规章》，规范了对澳门科技工作者的奖励制度，期望通过奖励进一步调动本地科学技术工作者的积极性和创造性。2016年9月发布的《澳门特别行政区五年发展规划（2016—2020年）》中亦特别针对科技创新做了部署，并对接国家"十三五"规划中的"增强创新理念、提升创新能力，逐步加强创新和科技进步"的要求。

在具体的创新科技政策上，澳门特别行政区政府集中资源为高等院校和科研机构推出一系列支持创新科技发展的措施，包括营造创新科技的环境、搭建科技管理的架构、持续加大科研投入、不断扩大科研合作、资助科研人员开展研究等。与此同时，中央政府也通过政策支持扩大澳门创新科技的发展空间，例如对澳门开放申请国家自然科学基金或联合申请资助。在中央政府的大力支持、特别行政区政府的政策推动及澳门科技工作者的共同努力下，澳门创新科技发展势头良好，已经在中医药、月球与行星科学、健康科学、芯片设计、物联网、新材料等方面有了良好的积累，其中有的研究更是达到世界前沿水平，成为澳门创新科技的立身之本，奠定了澳门参与粤港澳大湾区国际科技创新中心建设的坚实基础（刘成昆、张军红，2019）。

（四）广州出台的支持政策

2016年以来，广州市人民政府、科技创新委员会以及科学技术局等部门陆续出台了一系列政策支持科技创新发展。在管理上，简政放权、合理下放科技计划项目管理权限；在中介服务方面，积极推动科技中介服务发展、发展科技代理机构；在成果转化方面，支持高校享有对科技成果及知识产权使用、处置和收益等权益；在金融方面，引导金融资源向科技创新领域配置，大力发展风投创投，设立母基金主要投向重点产业领域；在与港澳合作方面，面向港澳地区有序开放重大科技基础设施，与港澳高校及科研机构共建研究中心和联合实验室，为科技创新发展注入多层次、多领域的动力（广州出台的详细的支持政策见附录二）。

（五）深圳出台的支持政策

从20世纪90年代开始，深圳市委、市政府颁布的鼓励科技发展和技术创新的政策措施超过100项，形成多层次、多维度的科技创新政策体系，这成为深圳高新技术产业发展壮大的重要支撑。深圳科技创新政策具有四个明显特点。一是贯彻落实国家科技政策。20世纪90年代中期，国务院提出以"企业创新为主体"的战略部署，深圳按照国家部署发布一系列鼓励企业开展科技创新的优惠政策。近些年，国家出台"双创""互联网＋"等政策文件，深圳市积极落实，并及时出台相应文件。二是因地制宜凸显本地特色。信息产业是深圳的优势，一直得到政策支持，目前仍有《深圳市关于进一步加快软件产业和集成电路设计产业发展的若干措施》等政策继续鼓励行业发展；在科学技术奖评审和创新人才评价方面，分别制定相关政策，取得良好效果，受到广泛关注。三是部门协作推动创新。除科技部门外，发改、工业、财政等职能部门也经常配合或牵头出台相应科技政策；重大事项实行领导小组制度，即由市领导任组长，相关职能部门负责人作为成员，以加强协调、实现跨部门合作。四是政策出台体现集体智慧。政策不是拍脑袋决定的，而是通过研究并征求各相关部门、各相关协会及企业代表的意见之后才形成的。征求意见后的创新政策，不仅符合城市发展需要，更能得到市场的积极响应。

周振江等在《深圳科技创新政策体系的演进历程与效果分析》中分析指出，深圳科技创新政策大致经历了四个时期，即科技政策试行探索期（1980~1995年）、科技政策稳步发展期（1995~2005年）、科技政策转型跨越期（2006~2015年）和科技政策全国领跑期（2016年至今）。特别是2016年深圳成为国家自主创新示范区以后，全面落实创新驱动发展战略，"三箭齐发"，以《关于促进科技创新的若干措施》《关于支持企业提升竞争力的若干措施》《关于促进人才优先发展的若干措施》三大政策文件为主体，形成了自己独特的科技政策体系，进入政策领跑期。现阶段深圳科技政策的重点有四个。一是科技管理机制改革探索。包括改革资金管理制度、加大成果转化力度、构建高效的科研体系、加快建设创新载体等。二是提升企业创新能力。包括促进新技术应用、支持新产业发展、激发国有企业创新活力、全面落实国家税收优惠政策。三是强化对外合作。包括统筹国内外创新资源、深化深港创新合作、促进军民创新融合。四是优化创新环境。包括保护知识产权、保障创新型产业用地、发展众创空间、强化金融支持等（周振江等，2020）。

2019年8月《中共中央　国务院关于支持深圳建设中国特色社会主义先行示范区的意见》发布后，2020年7月，科技部和深圳市人民政府联合印发《中国特色社会主义先行示范区科技创新行动方案》，对深圳在核心技术攻关、体制机制创新等方面给予大力支持，深圳科技创新政策在全国继续保持领先态势。关于深圳的科技创新政策，详见附录二。

（六）其他节点城市出台的支持政策

除了香港、澳门、广州和深圳四个中心城市，佛山、东莞、惠州珠海、江门、中山、肇庆等大湾区节点城市也基于各自的科技创新发展基础和优势以及在大湾区中的战略定位，陆续出台支持科技创新发展以及与港澳科技创新合作的政策，形成了大湾区内地城市与港澳科技创新合作多点支撑的格局。比如，2018 年以来，佛山市人民政府办公室和科学技术局等部门围绕促进科技创新，在科技成果转化、科创扶持资助、重点领域科技攻关以及与港澳科研合作方面均出台了特定政策，着力提升城市创新能力，充分发挥佛山创新优势和制造业优势，建设创新资源高度集中的粤港澳大湾区节点城市。再如，2016 年至今，东莞市为促进科技创新发展制定了多种政策，对科技创新所需要的多种要素资源给予优惠扶持和资助，从专利申请、组建公共科技创新平台、培育创新型企业和科研仪器开放共享，再到瞄准港澳台青年创业联盟、科技园区、高等院所等进行招才引智，引进战略科学家团队以及对境外高端人才和紧缺人才的个人所得税进行财政补贴，既重视发挥企业和公共资源的作用，又注重人才的引进和资助，务实推动科技创新。这些城市出台的详细的支持政策见附录二。

二 粤港澳大湾区国际科技创新中心建设的基础条件

粤港澳大湾区是我国开放水平最高、最具经济活力的区域之一，与美国旧金山湾、纽约湾，日本东京湾并称为世界四大湾区。此外，粤港澳大湾区具有"一国两制"、三个关税区的独特优势，可以充分利用香港和澳门两个自由港的国际化要素资源，这是与国内其他区域相比大湾区的独特性所在。近年来，在国家部委和粤港澳三地共同努力下，粤港澳大湾区在经济、科技创新、粤港澳合作等方面取得了良好成效，为建设国际科技创新中心奠定了扎实基础。

（一）具有强大的经济基础支撑

广东省统计局数据显示，2022 年大湾区内地 9 市地区生产总值为104681 亿元人民币。香港特区政府统计部门公布的数据显示，香港实现地区生产总值 28270 亿港元，按 2022 年平均汇率折算，约 24280 亿元人民币。澳门特区政府公布的数据显示，澳门实现地区生产总值 1773 亿澳门元，约1470 亿元人民币。由此，粤港澳大湾区经济总量超 13 万亿元人民币，按

2022 年人民币与美元平均汇率 6.7261 计算，约为 1.93 万亿美元。根据国际货币基金组织（IMF）数据，与 2022 年世界第 10 大经济体意大利相当，在巴西、澳大利亚等国家之前（见表 5-5）。

表 5-5　2022 年 GDP 排名前 15 的国家

单位：万亿美元

排名	国家	GDP	排名	国家	GDP
1	美国	25.46	9	加拿大	2.14
2	中国	18.10	10	意大利	2.01
3	日本	4.23	11	巴西	1.92
4	德国	4.08	12	澳大利亚	1.70
5	印度	3.39	13	韩国	1.67
6	英国	3.07	14	墨西哥	1.41
7	法国	2.78	15	西班牙	1.40
8	俄罗斯	2.22			

资料来源：根据 IMF 网站整理。

如果从湾区比较来看，2020 年 GDP 第一的日本东京湾区为 1.99 万亿美元，纽约湾区为 1.8 万亿美元，旧金山湾区为 1 万亿美元。考虑到近年来日本经济收缩，2022 年粤港澳大湾区经济总量极有可能已经位列四大湾区之首。

（二）拥有全球第二的科技集群

"深圳-香港-广州"科技集群位连续多年居全球第二位。自《全球创新指数报告》于 2017 年开始设置创新集群（后来更改为科技集群）分类以来，"深圳-香港"科技集群一直位列全球第二，仅次于"东京-横滨"科技集群。这是粤港澳大湾区建设国际科技创新中心的重要支撑，特别是香港在科技集群中能够发挥关键作用。根据科技集群的 DBSCAN 算法，这至少说明两点，一是三个城市之间的"创新密度"越来越大，亦即创新活动越来越频繁，从而使空间"被创新活动填满"；二是三个城市之间的共同发明者（co-inventor）数量越来越多，特别是合作发表科学出版物越来越多（见表 5-6）。

表 5-6　2017~2022 年 GII 全球科技集群前十名

排名	2017 年	2018 年	2019 年	2020 年	2021 年	2022 年
1	东京-横滨	东京-横滨	东京-横滨	东京-横滨	东京-横滨	东京-横滨
2	深圳-香港	深圳-香港	深圳-香港	深圳-香港-广州	深圳-香港-广州	深圳-香港-广州
3	圣何塞-旧金山	首尔	首尔	首尔	北京	北京
4	首尔	圣何塞-旧金山	北京	北京	首尔	首尔
5	大阪-神户-京都	北京	圣何塞-旧金山	圣何塞-旧金山	圣何塞-旧金山	圣何塞-旧金山
6	圣迭戈	大阪-神户-京都	大阪-神户-京都	大阪-神户-京都	大阪-神户-京都	上海-苏州
7	北京	波士顿-剑桥	波士顿-剑桥	波士顿-剑桥	波士顿-剑桥	大阪-神户-京都
8	波士顿-剑桥	纽约	纽约	纽约	上海	波士顿-剑桥
9	名古屋	巴黎	巴黎	上海	纽约	纽约
10	巴黎	圣迭戈	圣迭戈	巴黎	巴黎	巴黎

资料来源：2017~2022 年《全球创新指数报告》。

（三）产业集群发展水平较高

一方面，粤港澳大湾区拥有全国甚至全球领先的产业集群，特别是先进制造业集群，这为科技创新持续升级提供了基础性支撑。在工业和信息化部正式公布的 45 个国家先进制造业集群的名单中，大湾区（广东）拥有 6 个，与江苏并列第一。分别是深圳市新一代信息通信集群，广州市、佛山市、惠州市超高清视频和智能家电集群，东莞市智能移动终端集群，广州市、深圳市、佛山市、东莞市智能装备集群，深圳市先进电池材料集群，深圳市、广州市高端医疗器械集群，佛山市、东莞市泛家居集群，充分说明大湾区先进制造业集群在全国的领先水平。

根据《广东省制造业高质量发展"十四五"规划》，大湾区制造业规模实力全国领先。2020 年，全省规模以上制造业增加值从 2015 年的 2.66 万亿元提升至 3.01 万亿元，规模以上制造业企业数量超过 5 万家，均居全国第一。在列入全国统计的 41 个大类工业行业中，大湾区（广东）有 40 个，销售产值居全国前三的行业有 25 个。大湾区（广东）已形成新一代电子信息、绿色石化、智能家电、先进材料、现代轻工纺织、软件与信息服务、现代农业与食品等 7 个产值超万亿元产业集群，5G 产业和数字经济规模全国第一。家电、电子信息等部分产品产量居全球第一，汽车、智能手机、4K 电视、水泥、塑料制品等主要产品产量位居全国首位。

2020 年 5 月，《广东省人民政府关于培育发展战略性支柱产业集群和战略性新兴产业集群的意见》发布，提出要建设"十大战略性支柱产业"和"十大战略性新兴产业"（称"10+10"战略产业集群计划），打好产业基础高级化和产业链现代化攻坚战，培育若干具有全球竞争力的产业集群。"10+10"战略产业集群计划为粤港澳大湾区建设国际科技创新中心提供了扎实的产业支撑。

另一方面，粤港澳大湾区产业集群以深圳、广州、东莞等城市为核心向外拓展转移，有利于其他城市科技创新发展和大湾区区域创新网络的形成。根据大湾区各市工商登记数据，截至 2022 年，粤港澳大湾区五大战略产业①主要集聚在深圳、广州和东莞。其中，新一代信息技术产业和绿色低碳产业均呈现"双中心集聚"结构，新一代信息技术产业在深圳和广州的分布占比分别为 39.7% 和 33.4%，绿色低碳产业在深圳和广州的分布占比分别为

---

①　根据国家《国家 2018 年战略性新兴产业分类标准》，结合《深圳市国民经济和社会发展第十四个五年规划和二〇三五年远景目标纲要》等文件中关于战略产业的定义，筛选出五大重点战略性新兴产业。即：新一代信息技术，包括集成电路、5G、人工智能、新型显示、物联网、柔性电子、量子信息、高端工业软件、区块链底层架构、工业互联网、软件与信息服务业、大数据、云计算、未来网络；生物医药，包括新型抗体、生物药、干细胞、生物治疗、医学影像设备、体外诊断设备、高端医疗器械设备、高通量测序、基因组 DNA 序列、医学成像；高端装备制造，包括工业母机、工业机器人、智能装备、先进感知与测量、智能制造、智能网联汽车、3D 打印制造业；新材料，包括高端电子化品、第三代半导体材料、功能性有机发光材料、高性能储能、先进节能环保材料、生物医学材料、高分子材料、结构材料、功能材料、石墨烯、微纳米材料；绿色低碳，包括新能源汽车、先进核电、可再生能源、高效储能、氢能与燃料电池、智能电网、智慧能源、节能关键技术、环保技术装备。

30.3%和28.5%；高端装备制造产业呈"广州—东莞—深圳"带状延绵，主要集聚在广州（31.5%）、深圳（26.1%）和东莞（24.1%）；生物医药产业和新材料产业均呈现"单中心集聚"特点，60.1%的生物医药产业和54.2%的新材料产业集聚在广州。

与此同时，对2000~2015年企业存续数据以及2016~2021年新增存续数据分析，结果显示五大战略产业均向大湾区西北方向转移。以新一代信息技术为例，2016~2021年以来大湾区新增新一代信息技术企业重心从深莞边界往西北（珠江口）方向移动17千米，广州增速远超深圳（见表5-7）。

表5-7　2000~2021年大湾区内地9市新一代信息技术新增企业数量

单位：个

年份	深圳市	广州市	东莞市	佛山市	惠州市
2000~2015	68074	16124	14385	4582	3561
2016~2021	155236	158509	60641	19275	14643
年份	中山市	珠海市	江门市	肇庆市	
2000~2015	3513	2809	1436	649	
2016~2021	11483	11211	4429	2589	

以深圳产业拓展转移以及与周边产业集群发展水平为例。根据中国城市规划设计研究院深圳分院发布的《深圳都市圈一体化2021年度报告》，深圳与周边城市产业一体化水平仍然有限，仅深莞两市的产业融合发展态势明显，形成了45度的联系网络。深圳粤海、福田、南山、西乡、坂田街道聚集了较多先进制造业总部和头部企业，处于产业一体化的第一梯队。制造业和服务业企业分支机构集聚的东莞东城、南城街道、寮步镇与具有政策、区位、成本优势的自贸区（包括前海、南沙、横琴）、临界地区如大朗镇、虎门镇、长安镇等，处于第二梯队。

（四）科技研发投入不断加大

近年来，广东加大了对基础研究的支持力度，制定出台了《关于加强基础与应用基础研究的若干意见》等相关政策文件，构建了由基础研究重大专项、省自然科学基金、部省联合基金、省市联合基金、省企联合基金等组成的多方联动投入体系，凝聚了以中国散裂中子源、深圳国家基因库等重大科技基础设施和国家实验室、省实验室为引领的基础研究战略科技力量，吸引了不少两院院士人才团队扎根广东开展基础研究，成功举办了大湾区科学论坛，推动全省基础研究发展水平快速提升。2022 年全省高校进入基本科学指标数据库（ESI）全球前 1‰的学科为 12 个，前 1%的学科达 128 个，助力广东区域综合创新能力连续五年位居全国第一（拓晓瑞等，2022）。

根据《2021 年广东省科技经费投入公报》，2021 年珠三角 9 市研究与实验发展经费，即 R&D 经费支出为 3826.75 亿元，约是 2012 年（1161.21 亿元）的 3.3 倍；R&D 经费占 GDP（100585.25 亿元）的比重为 3.8%，比 2012 年（2.43%）提高 1.37 个百分点。R&D 经费支出超过百亿元的地市有 6 个，依次为深圳 1682.15 亿元、广州 881.72 亿元、东莞 434.45 亿元、佛山 342.36 亿元、惠州 168.97 亿元、珠海 113.73 亿元。研发投入强度超过 3%的地市依次为深圳 5.49%、东莞 4.00%、惠州 3.39%、广州 3.12%。

2021 年，香港本地研发投入达到 278.27 亿港元，占 GDP（28616.12 亿港元）的比重约为 0.97%。澳门全社会研发投入整体较小，目前统计并不完整，其中澳门科学技术发展基金 2021 年共支持 639 个项目，总金额约 3.5 亿澳门元。综合来看，粤港澳大湾区的研发投入强度已经高于美国（2.83%）、芬兰（2.76%）、法国（2.19%）、英国（1.73%）、新加坡（1.84%）、加拿大（1.56%）等发达国家。

此外，《2022 年广东省制造业 500 强企业研究报告》显示，2022 年广东省制造业 500 强中有研发投入的为 483 家，占制造业 500 强的 96.6%，比 2021 年（449 家）多 34 家。从研发投入强度的分布来看，1%～3%的占 10.4%，比 2021 年增加了 1 个百分点；3%～5%的占 59.8%，比 2021 年增加 5 个百分点；5%～10%的占 15.4%，与 2021 年基本持平；10%以上的占 4.0%，与 2021 年一致。制造业企业的高强度研发投入，是粤港澳大湾区建设国际科技创新中心的重要优势。

（五）基础研究能力持续提升

根据 2022 年 QS 世界大学排名，大湾区有 5 所高校（全部位于香港）排名进入世界百强，领先北京（2 所）和上海（2 所）。GII 数据显示，大湾区（主要是深港穗）发表的科学论文数量为 118600 篇，与东京湾区（143832 篇）和纽约湾区（137263 篇）差距不大，超过旧金山湾区（89974 篇）。学科方面，香港科技大学和香港大学的数学和工程科技、香港中文大学的数学计算机科学及信息系统等，均排名世界前列（见表 5-8）。广东有 6 个学科进入 ESI 全球前 1‰，分别是中山大学的化学和临床医学，华南理工大学的工程科学、材料科学、化学和农业科学。

表 5-8　香港五所大学及部分学科的世界排名（2022 年）

大学	大学总排名	学科排名				
		人文与艺术	工程与技术	生命科学与医学	自然科学	社科与管理学
香港大学	22	20	39	49	57	19
香港科技大学	34	221	24	374	54	33
香港中文大学	39	34	89	58	136	39
香港城市大学	54	131	92	—	201	69
香港理工大学	66	130	69	385	226	50

资料来源：2022 年 QS 世界大学学科排名。

（六）科技创新企业实力强大

科技部"高新技术企业认定工作网"数据显示，广东现有国家级高新技术企业突破 6 万家，比排名第二的江苏多出 2.3 万家。根据广东省政府发展研究中心的数据，截至 2021 年底，广东共有新型研发机构 277 家、科技企业孵化器 989 家、众创空间 986 家，规模以上工业企业建立研发机构比例达到 40%，国家级和省级企业技术中心分别为 101 家和 1407 家。国家技术创新示范企业 47 家，数量居全国前列。2020 年，大湾区（主要是内地城市）PCT 专利申请量为 28098 件，约为北京的 2.9 倍和上海的 5.4 倍。

《财富》公布的 2021 年世界 500 强企业榜单显示，有 99 家企业的总部坐落全球四大湾区，数量创历年新高。其中有 40 家位于东京湾区，在四大湾区中遥遥领先；25 家位于粤港澳大湾区，24 家分布在纽约湾区，10 家分布在旧金山湾区。粤港澳大湾区世界 500 强企业数量首次超过纽约湾区。

此外，根据胡润研究院于 2023 年 4 月发布的 2023 年全球独角兽榜，粤港澳大湾区共有 63 家企业登榜，接近印度整个国家的独角兽数量。数据还显示，粤港澳大湾区有 6 家千亿级独角兽，分别是广州的 Shein 和广汽埃安，深圳的微众银行与大疆，东莞的 Oppo 和 Vivo（见表 5-9）。

表 5-9　胡润研究院发布的 2023 年全球独角兽榜前 200 名中大湾区企业

单位：亿元

总排名	企业名称	价值	城市	行业
4	Shein	4500	广州	电子商务
6	微众银行	2300	深圳	金融科技
12	Oppo	1650	东莞	消费电子
13	Vivo	1600	东莞	消费电子
20	大疆	1250	深圳	机器人
28	广汽埃安	1000	广州	新能源汽车
30	货拉拉	900	深圳	物流
84	平安智慧城市	550	深圳	大数据
114	小马智行	450	广州	人工智能
128	Animoca Brands	405	香港	游戏
141	空中云汇	380	香港	金融科技
142	嘉立创	370	深圳	半导体
152	喜茶	345	深圳	食品饮料
152	文远知行	345	广州	人工智能
176	新瑞鹏	310	深圳	健康科技
195	欣旺达 EVB	290	深圳	新能源

资料来源："2023 年·胡润全球独角兽榜"，胡润百富官方网站，https://www.hurun.net/zh-CN/Rank/HsRankDetails？pagetype＝unicorn。

（七）科技创新平台载体众多

截至 2021 年底，大湾区共有 50 个国家重点实验室，其中，广东 30 个，香港 16 个，澳门 4 个。拥有 29 个国家工程技术研究中心，其中，广东 23 个，香港 6 个。此外，广东拥有 10 个省实验室、430 个省重点实验室以及国家超算广州中心、国家超算深圳中心、中国散裂中子源、南方光源研究测试平台等 11 个重大科技设施，深圳光明科学城、东莞中子科学城等正规划建设一批科技设施。与北京、上海、合肥三个综合性国家科学中心相比，大湾区重大科技设施的规划建设正迎头赶上。大湾区综合性国家科学中心先行启动区获得国家批复同意，重大科技基础设施实现跨越式发展，中国散裂中子源建成并投入运行，强流重离子加速器、新型地球物理综合科学考察船等一批国家重大科技基础设施开工建设。广东 2 所大学和 18 个学科入选国家"双一流"建设高校名单，进入 ESI 全球前 1% 的学科数量位居全国第四。广东省与科技部、教育部、工业和信息化部、中国科学院和中国工程院"三部两院一省"产学研合作向纵深发展。

此外，截至 2020 年，广东科技企业孵化器达 1036 家、众创空间达 1037 家、在孵企业超过 3.4 万家、累计毕业企业近 2 万家、培育上市（挂牌）企业 668 家，数量均居全国首位。这些平台主要集中在大湾区内地 9 个城市。

（八）新兴经济发展迅速

以数字经济为例，大湾区在 5G、人工智能等领域具有领先优势，5G 基站数和专利数量、国家级工业互联网跨行业领域平台数量等均居全国第一，华为、中兴的 5G 标准必要专利分别占全球总量的 15%、11.7%。中国信通院数据显示，2021 年广东数字经济规模达 5.9 万亿元，连续五年全国第一，所占 GDP 比重达 47.4%，远超全国平均水平（39.8%），数字经济竞争力超过京沪苏浙，排名第一。

（九）区域创新网络逐步形成

根据发明专利大数据分析可以看到，目前大湾区各市科技创新合作日益紧密，初步形成了区域创新网络。专利空间分布方面，2020 年，大湾区发明专利空间分布存在明显的集聚现象，高度集中在深圳（63.5 万件，占47.1%）和广州（28.3 万件，占 21.4%）。其中，深圳主要集中在南山区、福田区等区域，广州则高度聚集在天河—海珠及黄埔高新技术开发区，其他城市多为单中心或双中心。

专利行业分布方面，2020 年，大湾区战略性新兴产业专利主要集中在新一代信息技术产业（占 37%）、绿色低碳产业（占 19%）和新材料产业（占 16%）等三个行业。其中，深圳在新一代信息技术、高端装备制造、绿色低碳等产业创新能力方面拥有绝对数量优势，广州生物医药、数字创意产业优势较强，而新材料产业专利数量在各个城市分布相对均衡。

专利联系网络方面，大湾区发明专利联系网络以深圳为核心，佛山、广州为次核心，且主要为城市内部各区之间合作。截至 2020 年，大湾区城市之间主要的发明专利合作网络为深圳–东莞、深圳–珠海、深圳–广州、广州–佛山等，其他城市之间专利合作较弱（见表 5–10）。

表 5-10　大湾区发明专利合作城市前 7 名

单位：个，%

专利合作网络	所有专利	占比
深圳–深圳	58000	38.47
佛山–佛山	34276	22.73
广州–广州	24376	16.17
深圳–东莞	7001	4.64
珠海–珠海	3425	2.27
深圳–珠海	3070	2.03

资料来源：根据专利数据库，对发明专利合作者采用大数据抓取和分析整理所得。

2018 年 8 月，粤港澳大湾区建设领导小组会议提出建设广深港澳科技创新走廊，其中广深段 100 多千米，串起了广州琶洲、东莞松山湖、深圳南山等数十个创新关键节点（见表 5-11）。根据世界知识产权组织发布的《2022 年全球创新指数报告》，"深圳-香港-广州"科技集群居第二位。

表 5-11　广深港澳科技创新走廊部分创新成果（截至 2020 年）

项目	成果
高新技术企业存量	超 5.2 万家
入库科技型中小企业	超 3.7 万家
科技企业孵化器	超 1000 家
众创空间	超 900 家
国内高水平高校、科研院所等国家级创新资源设立高水平创新研究院	21 家
新型研发机构	202 家（占全省总数的比重超 80%）
全年合同成交额	超 3400 亿元（同比增长 52%）
全年技术交易额	超 2600 亿元（同比增长 35%）

资料来源：根据广东省科学技术厅网站、广东统计年鉴等整理。

（十）粤港澳科技创新合作成效明显

在粤港澳大湾区国际科技创新中心提出之前，粤港澳科技创新合作已经开展多年，并取得了系列成果。粤港澳科技创新合作越来越密切，阶段性发展特色鲜明，政府、高校及企业对合作的推动起着重要作用。总体来看，粤港科创合作平台较多，粤澳之间尚有进一步深化的空间。在横琴粤澳深度合作区持续深入推进之下，粤澳科创合作有望迎来新的加速发展期。

以 2004 年科技部与香港原工商及科技局签订的《内地与香港成立科技合作委员会协议》作为内地与港澳科技创新合作起点，粤港澳科创合作大致经历了起步发展期、快速发展期以及融合提速期三个阶段。

1. 起步发展期（2004~2010 年）

粤港澳科技合作始于 20 世纪 80 年代。80 年代到 90 年代初以"三来一补"为初期合作形式，主要采用技术引进、成果转让、合作发展、委托开发等方式。这类合作多为民间自发，产业档次低，合作层次零星，缺乏系统规划和组织。90 年代中期到 2004 年，粤港澳科技合作陷入逐步萎缩至相对停顿阶段，仅深港产学研基地等少数项目在进行。

2004 年科技部与香港原工商及科技局签订《内地与香港成立科技合作委员会协议》并成立科技合作委员会，2005 年内地与澳门签订《内地与澳门关于成立科技合作委员会的协议》，标志着内地与港澳科技创新合作机制体制初步建立。

2004 年，深港签订《关于加强深港合作的备忘录》八项合作协议（"1+8"协议），提出深港"建立科技合作协调机制，共同策划科技合作计划，促进两地技术平台、研究设施和科技资讯共享，相互加强知识产权保护，联合发展一些重大科技合作项目，共同培育科技创业投资市场体系"，"香港生产力促进局将提供产品开发、制造技术应用及技术转移等服务。双方鼓励两地高新技术企业间的合资合作和人才交流，利用深圳高新区和香港数码港两个园区现有资讯网络和资源建立直接资讯渠道、业务通道和人流通道，努力使两个园区都成为世界领先的数码园区"。

2004 年，为保障科技创新投入的可持续性和有效性，香港特区政府与广东省推出"粤港科技合作资助计划"，资助粤港两地实现高科技研究成果转化。2004~2010 年，粤港双方联合资助的科研项目超过 30 个，拨款额约为 2 亿元，支持超过 850 个科研项目。

2007 年，香港特区与深圳市签订了作为《内地与香港成立科技合作委员会协议》合作框架重点内容之一的《"深港创新圈"合作协议》，深港科技合作率先实现粤港澳地区跨境独立城市创新体系的交流合作。而后，深港两地实施的"深港创新圈"三年行动计划建设项目、联合招商引入杜邦太阳能光伏电项目等政策措施，实质性地推动了粤港科技服务合作发展和人才交流，利用深圳高新区和香港数码港两个园区现有资讯网络和资源使高校（科研机构）成为促进深港澳高校民间合作的重要驱动主体，形成"高校（科研机构）+政府"的主体驱动模式。

所谓高校（科研机构）主导，是指高校及科研机构依靠自身在科技领域的研发、教育等优势，陆续在深圳设立创新平台进行资源对接，与深圳企业或高校开展长期合作。

2. 快速发展期（2011～2015年）

在国家"十二五"规划期间，粤港澳科技合作迎来更大发展空间。多个粤港、粤澳科技创新合作的重要平台都在这一时期打造完成，如前海深港青年梦工场、香港大学深圳医院、香港中文大学（深圳）校区落成并招生。这一时期，在中央政府的推动下，港澳被纳入国家创新体系建设系统。伴随广东成熟科技企业进入港澳地区，粤港澳科技创新合作走向"混合驱动"发展模式。政府、高校、深圳成熟科创企业成为这一阶段的重要驱动主体，高校民间"双核驱动"形成，并逐步形成市场主导与政府主导并驾齐驱的局面。

2013年，科技部与香港商务及经济发展局续签《内地与香港成立科技合作委员会协议》。委员会内地委员由科技部、国务院港澳办、中央人民政府驻香港特别行政区联络办公室、有关科技管理部门、地方科技厅局等单位的代表组成，香港委员由创新及科技局、创新科技署以及香港各高校、生产力促进局等机构的代表组成。是继签署《内地与香港关于建立更紧密经贸关系的安排》（CEPA）以来，内地与香港签署的又一重要协议，对加强两地科技合作的统筹起到了重要的机制保障作用。在快速发展期，香港6家高校建设了16所国家重点实验室伙伴实验室。

广东成熟科技创新企业参与港澳合作。比如，深圳的华为、中兴、腾讯等发展成熟的科技企业通过在香港设立研究中心、与香港企业开展共同研发项目、与香港高校设立联合实验室等方式，利用香港科创优势，进一步加快企业转型升级。

3. 融合提速期（2016年至今）

2016年国家"十三五"规划提出"支持港澳在泛珠三角区域合作中发挥重要作用，推动粤港澳大湾区和跨省区重大合作平台建设"，大湾区建设上升成为国家战略。2019年2月，《大湾区纲要》发布，国际科技创新中心建设是大湾区建设的重中之重，粤港澳科技创新合作进入融合提速期。

粤港澳科技创新功能定位进一步明确。《大湾区纲要》明确提出建设"广州—深圳—香港—澳门"科技创新走廊，湾区科技创新合作的重要性和紧迫性进一步凸显。为配合港澳科技创新的功能定位和发展，国家进一步提升港澳在国家科创体系建设中的地位。2018 年，科技部与香港特区政府签订《内地与香港关于加强创新科技合作的安排》及《科学技术部与香港特别行政区政府创新及科技局关于开展联合资助研发项目的协议》。同年，香港 16 所国家重点实验室伙伴实验室正式改名为"国家重点实验室"。

2019 年，澳门特区政府与科技部签订《内地与澳门加强科技创新合作备忘录》，为之后澳门与内地在科技创新领域的合作定下清晰的目标和行动指南。双方将在深化科研合作、加强人才培养、加快科技成果转化及产业培育、推动澳门融入国家发展战略和加强科普交流合作五个方面展开更密切的合作。双方将共同推进内地与澳门科技创新的全面合作与协同发展，促进澳门经济适度多元发展，并助力大湾区国际科技创新中心的建设。2019 年 3 月，澳中致远投资发展有限公司与中山火炬高技术产业开发区管理委员会签署了《关于建设粤澳青年创新创业基地（中山）的合作框架协议》。

在内地与澳门科技合作委员会的推动下，两地科技管理部门和科技界同人共同努力，扎实推进两地科技创新合作与交流。与此同时，澳门的科技水平和科研能力得到长足进步，澳门产业的多元化和经济社会的可持续发展重要支撑作用日益显现。

第六章 粤港澳大湾区四大中心城市的科技创新实践

上一章梳理了大湾区作为一个整体所具备的建设国际科技创新中心的基础条件，本章将视角放到大湾区 11 个城市，梳理分析各个城市科技创新发展的实践情况。《大湾区纲要》明确提出，以香港、澳门、广州、深圳四大中心城市作为区域发展的核心引擎，继续发挥比较优势，做优做强，增强对周边区域发展的辐射带动作用。要深入实施创新驱动发展战略，深化粤港澳创新合作，构建开放型融合发展的区域协同创新共同体，集聚国际创新资源，优化创新制度和政策环境，着力提升科技成果转化能力，建设全球科技创新高地和新兴产业重要策源地。香港、澳门、广州、深圳是大湾区科技创新走廊的节点城市，对于粤港澳大湾区建设国际科技创新中心具有支撑性作用。① 此外，佛山、东莞、惠州、珠海、中山、江门、肇庆等 7 个节点城市近年来在科技创新方面也取得了显著成效。

一 香港的科技创新实践

国家"十四五"规划支持香港建设"八中心"，即国际金融中心、国际航运中心、国际贸易中心、国际创新科技中心、国际资产管理及风险管理中心、亚太区国际法律及解决争议服务中心、区域知识产权贸易中心、中外文化艺术交流中心，其中"国际创新科技中心"是传统几大中心之外最突出的战略目标。2022 年 12 月，香港特区政府发布《香港创科蓝图》，提出一个愿景、四大发展

---

① 本部分数据主要来自香港特区政府统计处、澳门统计暨普查局及大湾区内地 9 市人民政府及各部门官方网站，均使用 2022 年最新数据。如非 2022 年数据，则说明该数据暂未更新至 2022 年。

方向、八大重点策略和 42 条建议，是一份兼具战略性、系统性、突破性和可操作性的发展规划。《香港创科蓝图》提出要推动香港接通内地创新体系轨道，融入国家发展大局，是香港落实国家赋予的建设国际创新科技中心战略的重要举措，同时也是落实党的二十大报告提出的科技兴国、人才强国等战略部署的重要举措。本部分梳理香港科技创新发展的基础和优势，以及面临的主要挑战。

（一）香港科技创新发展的基础和优势

香港国际创新科技中心建设基础较好。回归后，特区政府继续支持创新科技发展（见附录三），在组织架构、公共服务、支持研发、基础设施等方面，都出台了不同的举措，也取得了诸多进展。同时，作为全球著名的国际化大都市，香港在综合创新能力、科技集群、基础研究、金融资本、法律制度、营商环境等方面具有独特优势，可以为香港建设国际创新中心提供支撑。

1. 综合创新能力排名领先

香港的总体创新能力和水平居于前列，这是香港建设国际创新科技中心的重要支撑。根据世界知识产权组织发布的《全球创新指数报告》，2013～2022 年香港创新能力排名依次为第 7、第 10、第 11、第 14、第 16、第 14、第 13、第 11、第 14 位，呈现"V"形走势，总体上保持在全球前 20，处于全球领先的地位。特别是在制度、市场成熟度、创意产出等细分指标中，香港独具优势。根据《2021 年全球创新指数报告》，香港的市场成熟度和创意产出分别位居世界第 1 和第 3，制度对创新的支持度排名第 11，优于排名第 12 的美国（见表 6-1）。

表 6-1　GII2021 年美国、中国香港、中国内地细项指标排名

国家/地区	总排名	各细项指标排名						
		制度	人力资本和研究	基础设施	市场成熟度	商业成熟度	知识产权和技术产出	创意产出
美国	3	12	11	23	2	2	3	12
中国香港	14	11	25	6	3	24	62	1
中国内地	12	61	21	24	16	13	4	14

资料来源：《2021 年全球创新指数报告》。

科技集群是世界知识产权组织专门用于评价一个地区创新集聚和创新协同合作水平的概念，如果相邻的两个或几个城市（地区）被合并成一个科技集群，表明这些城市的创新合作非常紧密，已经突破单个城市的限制，形成了区域性创新生态。自全球创新指数于 2017 年开始设置科技集群（最开始时用"创新集群"）分类以来，"深圳-香港"科技集群一直位列全球第二，仅次于"东京-横滨"。《2021 年全球创新指数报告》显示，"深圳-香港-广州"科技集群仍保持第二，北京位居第三（见表 6-2）。此外，深港经济体量在 2020 年合计近 5.2 万亿元人民币（约 7830 亿美元），超越瑞士成为全球排名第 18 位的经济体。

表 6-2　2021 年全球科技集群前十排名细项指标

单位：%

排名	集群名称	所属国家	2021 年			较 2020 年排名
			在 PCT 申请总量中的份额	在出版物总量中的份额	合计	
1	东京-横滨	日本	10.78	1.61	12.4	0
2	深圳-香港-广州	中国	7.79	1.51	9.3	0
3	北京	中国	2.62	2.95	5.57	1
4	首尔	韩国	3.93	1.61	5.54	-1
5	圣何塞-旧金山	美国	3.69	1.03	4.72	0
6	大阪-神户-京都	日本	2.88	0.72	3.6	0
7	波士顿-剑桥	美国	1.44	1.47	2.91	0
8	上海	中国	1.36	1.49	2.85	1
9	纽约	美国	1.11	1.54	2.66	-1
10	巴黎	法国	1.26	1.02	2.28	0

注：2015~2019 年，按照科技产出强度（人均 PCT 申请量和科学出版数）单项排名，英国剑桥凭借知名高校、剑桥科技园等资源，位居人均科技产出强度第一。"深圳-香港-广州"科技集群位列第 51，排名增幅为 6，有较大上升潜力和空间。

资料来源：据《2021 年全球创新指数报告》整理。

2. 基础研究能力突出

香港拥有一批国际一流水平的大学和学科。香港有 19 家可颁授学位的高等教育院校，其中 8 家由大学教育资助委员会拨付公款资助。2022 年 QS 世界大学排行榜中，香港大学排名第 22 位，香港科技大学排名第 27 位，香港中文大学和香港城市大学分别列第 43 位和第 48 位，香港理工大学列第 75 位。香港成为世界上唯一有 5 所世界百强大学的城市。香港高等院校优势学科众多，主要集中在工程与技术、计算机科学、生物科学、化学工程、化学、材料科学、数学、医学、物理与天文学领域。根据 2022 年 QS 世界大学学科排名，香港大学在人文与艺术、工程与技术、生命科学与医学、自然科学、社科与管理学等五大领域均排名前 100，香港科技大学、香港中文大学、香港城市大学和香港理工大学也有若干学科排名全球前 100（见表 6-3、表 6-4）。

表 6-3　香港五所大学及部分学科的世界排名

大学	大学总排名	学科排名				
		人文与艺术	工程与技术	生命科学与医学	自然科学	社科与管理学
香港大学	22	20	39	49	57	19
香港科技大学	34	221	24	374	54	33
香港中文大学	39	34	89	58	136	39
香港城市大学	54	131	92	—	201	69
香港理工大学	66	130	69	385	226	50

资料来源：2022 年 QS 世界大学排行榜，2022 年 QS 世界大学学科排名。

表 6-4　香港高校科研成果转化及应用

领域	研究成果	具体应用
生物科技	无创产前基因检测	香港中文大学化学病理学系教授卢煜明发现孕妇血液中存在胎儿 DNA，研发了唐氏综合征及其他遗传病的产前测试，其企业雅士能基因科技协助将技术推广至全球 90 个国家，惠及百万名孕妇
	手术机械人	香港中文大学机械与自动化工程学系教授欧国威于 2019 年将本校外科学系教授赵伟仁及自己的研究成果转化，成立康诺思腾科技，协助外科医生更准确及更轻松地进行微创手术

续表

领域	研究成果	具体应用
人工智能	人脸、图像及物件辨识	人工智能企业商汤科技于 2014 年成立，由香港中文大学信息工程系教授汤晓鸥及其博士生徐立共同将科研成果转化而成，现时占据中国电脑视觉应用市场份额的首位
	无人机及航拍系统	香港科技大学电子与计算器工程学博士生汪滔在毕业后，与同学创立无人机企业大疆创新，开发无人机及航拍系统，公司现时在全球民用与事业用无人机市场占有率达八成
新材料	超级双相钢	香港大学机械工程系副教授黄明欣及博士后研究员何斌斌于 2020 年开发了低成本超级双相钢，材料具备高抗断裂性和延展性，并获应用于香港的大桥建设
航天科技	航天用自动采样勺和密封容器	香港理工大学工业及系统工程系容启亮教授开发了航天用自动采样勺和密封容器，并应用于国家 2020 年的嫦娥五号任务，以收集和带回月球的表面土壤和岩石。研究团队亦在嫦娥六号任务开展前作技术优化

资料来源：《港深生物科技合作研究报告（2021）》以及香港中文大学、香港科技大学、香港大学、香港理工大学网站。

为进一步促进高校合作研究及技术转移，香港特区政府成立了"InnoHK 创新香港研发平台"，拨款支持顶尖香港高校项目联合国内外研究机构进驻香港科学园进行科研。Health@ InnoHK 和 AIR@ InnoHK 各有 14 间研发实验室，由 7 所本地院校和研发机构，以及 30 多所来自 11 个经济体的世界级大学和科研机构合作成立，科研人员约 2000 人，将成为本港创新科技生态圈的重要组成部分（见表 6-5）。

表 6-5　InnoHK 研发学科和创新中心

InnoHK	研发学科	创新中心
医疗科技 Health@ lnnoHK	神经肌肉骨骼再生	神经肌肉骨骼再生医学中心
	微生物菌群	香港微生物菌群创新中心
	生物医学	中国科学院香港创新研究院再生医学与健康创新中心
	干细胞	干细胞转化研究中心
	病毒学	病毒与疫苗研究中心
	肿瘤学	肿瘤及免疫学研究中心

续表

InnoHK	研发学科	创新中心
医疗科技 Health@ lnnoHK	心血管疾病	香港心脑血管健康工程研究中心
	阿尔茨海默病	香港神经退行性病中心
	生物医学	先进生物医学仪器中心
	传染性疾病	免疫与感染研究中心
	分子诊断	创新诊断科技中心
	合成化学	合成化学与分子生物学中心
	中医药	中药创新研发中心
	眼睛健康	眼视觉研究中心
AIR@ InnoHK	人工智能及机器人	中国科学院香港创新研究院人工智能及机器人研发中心
	材料	香港量子人工智能实验中心
	人工智能	人工智能金融科技实验室
	人工智能	智能晶片与系统研发中心
	公共卫生	医卫大数据深析实验室
	建筑	香港智能建造研发中心
	再工业化	香港工业人工智能及机器人研发中心
	先进制造业	产品可靠性暨系统安全研发中心
	设计	人工智能设计研究所
	数据分析	智能多维数据分析研究中心
	机械	医疗机械人创新技术中心
	人工智能	博智感知交互研究中心
	服装	创新制衣技术研发中心
	物流	香港物流机械人研究中心

资料来源：香港科技园旗下 InnoHK 网站，https：//www.innohk.gov.hk/zh-cn/。

3. 国家级重大科研平台较多

截至目前，香港共有 16 间由科技部批准的国家重点实验室，分布在香港大学（5 间）、香港中文大学（4 间）、香港科技大学（2 间）、香港理工大学（2 间）、香港城市大学（2 间）和香港浸会大学（1 间）。香港应用科技研究院、香港理工大学、香港城市大学、香港科技大学与内地合作成立了6 个国家工程技术研究中心香港分中心。此外，科技部于 2018 年依托香港商汤集团建设了"智能视觉国家新一代人工智能开放创新平台"。2019 年，中国科学院香港创新研究院人工智能与机器人创新中心于香港特区政府创新科技署正式获批。香港高校与内地企业如华为、华大基因、大疆等建立联合实验室，阿里巴巴集团启动 10 亿港元的"香港创业者基金"，红杉资本牵头成立"香港×科技创业平台"等。香港大学在肝炎疫苗、白血病、癌症治疗领域，香港科技大学在无人机、通信网络、大数据领域，香港理工大学在航空服务系统、导航系统领域，香港浸会大学在中医药、干细胞研究等领域，均取得了领先世界的成就（见表 6-6、表 6-7、表 6-8）。

表 6-6　香港国家重点实验室名单

申请单位	国家重点实验室	科技部批准年份
香港大学	新发传染性疾病国家重点实验室	2005
香港大学	脑与认知科学国家重点实验室	2005
香港大学	肝病研究国家重点实验室	2010
香港大学	生物医药技术国家重点实验室	2013
香港大学	合成化学国家重点实验室	2010
香港中文大学	华南肿瘤学国家重点实验室	2006
香港中文大学	农业生物技术国家重点实验室	2008
香港中文大学	消化疾病研究国家重点实验室	2013
香港中文大学	植物化学与西部植物资源持续利用国家重点实验室	2009
香港科技大学	分子神经科学国家重点实验室	2009
香港科技大学	先进显示与光电子技术国家重点实验室	2013
香港理工大学	超精密加工技术国家重点实验室	2009
香港理工大学	手性科学国家重点实验室	2010
香港城市大学	毫米波国家重点实验室	2008
香港城市大学	海洋污染国家重点实验室	2009
香港浸会大学	环境与生物分析国家重点实验室	2013

资料来源：香港创新科技署网站，https：//www.itc.gov.hk/gb/doc/collaboration/list_ of_ SKLs_ and_ CNERCs（HK）_ sc.pdf。

表 6-7　国家工程技术研究中心香港分中心

申请单位	国家工程技术研究中心香港分中心	成立年份
香港应用科技研究院	国家专用集成电路系统工程技术研究中心香港分中心	2012
香港科技大学	国家人体组织功能重建工程技术研究中心香港分中心	2015

续表

申请单位	国家工程技术研究中心香港分中心	成立年份
香港科技大学	国家重金属污染防治工程技术研究中心香港分中心	2015
香港城市大学	国家贵金属材料工程技术研究中心香港分中心	2015
香港理工大学	国家钢结构工程技术研究中心香港分中心	2015
香港理工大学	国家轨道交通电气化与自动化工程技术研究中心香港分中心	2015

资料来源：香港创新科技署网站，https：//www.itc.gov.hk/gb/doc/collaboration/list_of_SKLs_and_CNERCs（HK）_sc.pdf。

表 6-8　香港优势产业处于世界领先地位概览

优势产业	创新能力	行业发展
生物医药	香港大学生物科技(55)、香港中文大学医学专业(78)	香港有 200 余家生物科技和健康及医疗行业的初创企业
新材料	香港理工大学在先进纺织物料、新材料合成和精准定位技术处于世界前沿；香港纳米及先进材料研发院在材料研发及应用方面优势明显，在 2021 年日内瓦国际发明展中获得 14 枚相关奖牌，其中 5 枚金牌是最高荣誉评判的特别嘉许	新材料从启动研发到实现需要大量资本投入，香港在推动该行业发展具有丰富的企业融资渠道和良好的融资环境
人工智能	香港 3 所大学位列计算机科学与信息系统科技专业的前 50；工程技术专业有五所大学位列前 100。香港科技大学人工智能前沿科研达至世界级水准	2021 年，香港 18 家独角兽公司中，人工智能及机器人公司占据 6 席
金融科技	在综合金融业务与科技复合型人才、国际金融法律法规方面经验丰富	香港约有 500 家金融科技初创公司，为香港众多初创公司行业数量第一。香港拥有 48 家全球前百名金融科技公司

注：表中所用排名，均为 2021~2022 年 QS 世界大学学科排名。
资料来源：根据普华永道《深港融合共促两地发展》综合整理。

4. 对国际科研资源保持较大吸引力

香港与全球各大经济体有良好的科研合作关系，并以其扎实的基础研究能力、普通法制度体系、自由港环境等，对国际科研机构、科技企业、科研人才、创投资本保持着较大的吸引力。这是香港的独特优势所在。比如，2010 年康奈尔大学和香港城市大学开设了第一个兽医课程，以弥补香港在兽医培训领域的匮乏，并于 2017 年成立了动物医学及生命科学院，合作创办了亚洲唯一一个六年制兽医学位。2016 年瑞典著名医科大学卡罗琳医学院在香港科学园设立了首个海外科研基地"刘鸣炜复修医学中心"，联合香港的大学开展与干细胞和再生医学相关的三大领域重要研究。2017 年美国麻省理工学院全球首个创新科技中心"MIT Hong Kong Innovation Node"在香港正式成立。优质国际科研机构落户香港，强化了香港作为国际科研机构"第一站"的功能。

5. 完备的知识产权制度和优越的法治环境

香港具有完备的知识产权制度和优越的法治环境。香港形成了以保护专利、版权、外观设计和商标为主的知识产权制度，拥有强大的执法队伍。香港知识产权署、香港生产力促进局及一些打击侵犯知识产权的专项行动，对政府保护知识产权起到了巨大的推动作用。在"世界正义工程"每年发布的法治水平指数中，香港在全部 113 个国家和地区中排名前 20。优越的法治环境成为创新科技的重要保障，优良的法律制度和独立的司法机构构建了具有全球声誉的法律体系，国际标准的知识产权保护制度、机构及专业人士能够提供相关行业全面的专业服务，香港是亚洲重要的知识产权交易中心之一。

6. 国际自由营商环境

香港具有世界一流的营商环境，据世界银行最新发布的《全球营商环境报告 2020》，香港在全球所有经济体中名列第三，仅次于新西兰和新加坡。在税收政策、法律环境、商业友好型环境、基础设施、资本流通、自由流通的资讯及完善的资讯基础建设、国际资源网络及对外合作经验等关键指标领域保持领先，对于知识型、创业型企业具有极大的吸引力。同时，香港作为国际化大都市，一流的生活环境、医疗保险、教育质量等附属支撑环境在吸引国际企业及人才方面具有很大的竞争力。

7. 北部都会区打造创科新空间

创新科技产业是北部都会区产业发展重点，该区有望打造香港"金融+科创"新发展格局。尤其是新田科技城的规划建设，为香港创科发展提供了新的空间载体。《北部都会区发展策略》规划增加约 150 公顷的创科用地，提出规划发展占地 11 平方千米的香港硅谷——新田科技城，设立"生命健康创新科研中心"等重大科研平台。

其中发展部分和保育部分各占一半，预计可提供 4.55 万~4.75 万个住宅单位，形成由研发、生产及投融资服务完整组成的创科产业生态系统，与居住及社区服务结合，成为类似美国硅谷的创科人才能够汇聚在此工作及生活的综合社区。新田科技城有望成为港深未来科技创新体系融合、产学研多方力量汇集的聚焦点。长期来看，北部都会区将与深圳南部各区实现无缝衔接，科技创新资源充分交融，为香港建设国际创新科技中心提供更大引擎动力。

（二）香港科技创新平台/园区发展情况

1. 香港科学园

（1）成立的背景。进入 21 世纪后，香港特区政府为应用研究及发展活动提供了多项科技基础设施，而位于白石角的香港科学园正是这策略中的旗舰项目。香港科学园占地 22 公顷，分 3 期发展，以落实政府把香港发展为区内创新科技中心的使命。香港科学园借提供合适的楼宇，供以科技为本的企业租用进行研发工作，从而创造一个有利的环境，栽培世界级的企业群体。香港科学园的主要对象，是在电子、资讯科技及电信、生物科技、精密工程及新成立的绿色科技（包括可再生能源及环保技术）等行业内的公司。

香港科学园第 1 期于 2004 年 10 月落成。第 2 期除一幢大楼外，其余工程已于 2008 年完成。第 3 期现正处于规划阶段。科学园提供先进的实验室和共享设施，有助减少研发公司进行产品设计及开发的资本投资，令新产品能以较低的成本迅速打入市场。科学园的设施包括集成电路设计中心、集成电路开发支援中心、知识产权服务中心、材料分析实验室、无线通信测试中心、固态照明实验室及香港 RFID 中心，以及新成立的生物科技支援实验室及太阳能技术支援中心。

香港科学园由香港科技园公司建设运营。香港科技园公司（以下简称科技园公司）于 2001 年 5 月成立，是一家按照《香港科技园公司条例》成立的法定机构，致力为以科技为本的公司及活动提供一站式的基础支援服务。科技园公司负责运作和管理多项设施，为符合资格的申请人提供营运场所，这些设施包括科学园，位于大埔、元朗和将军澳的 3 个创新园（以前称"工业村"），以及位于九龙塘的创新中心。科技园公司在科学园设有技术支援中心，并于科学园和创新中心推行培育计划，以提供各类支援服务和设施。

科技园公司由董事局负责管理。董事局主席由行政长官委任，其他成员则由财政司司长委任，并由商务及经济发展局常任秘书长（通信及科技）出任董事局的当然成员。科技园公司管理层以行政总裁为首。《香港科技园公司条例》第 565 章规定科技园公司须按照审慎的商业原则处理其业务。科技园公司在 2001 年 5 月 7 日成立时，其法定资本为 18.36 亿港元。财务委员会于 2001 年 7 月 6 日批准由资本投资基金拨出 24.35 亿元向科技园公司注资，并由该基金借出 10.43 亿元与该公司，以发展科学园第 2 期。

（2）取得的成就。自 2002 年起，香港科学园成功培育了众多享誉盛名的企业，建立了坚实的伙伴关系，创造了欣欣向荣的科技社区。拥有 19000 余名成员，1300 多家创新科技企业，13000 多名研发人员，22 个园内企业起源地的国家和地区，970 多个成功从培育计划毕业的企业，930 多家企业获支援，Lalamove 和 SmartMore 2 家独角兽企业，7 家上市公司（自 2018 年起），80% 从培育计划毕业且仍在营运中的企业，园区公司自 2018 年起筹得的资金超过 805 亿港元，拥有 300 多个公共和私营合作伙伴，斩获 350 多个奖项。

（3）大埔创新园。占地 75 公顷，主要客户为食品制造、媒体服务及时尚产品公司，并涵盖本地及国际知名品牌。距离大埔中心区约 1.5 千米。重点项目包括：GMP 中心，创新园内一座翻新建筑，专注于医药产品的创新制造；精密制造中心，将创新园内一座建筑进行翻新，打造为精密产品的生产基地；医疗用品制造中心，翻新后的医疗用品制造中心，专为医疗用品、医疗相关设备、材料、配件、健康相关产品及其他精密仪器的生产而设。

（4）元朗创新园。占地 67 公顷，涵盖的产业广泛，包括医药、生物医学等。元朗创新园邻近深圳湾口岸和落马洲管制站，通过 3 号干线和屯门公路连接葵涌货柜码头，使元朗创新园适合各式商业机构，尤其是注重物流的制造行业。重点项目包括：微电子中心，拥有灵活设计的无尘车间和化学品特别处理设施，以支持新一代微电子产品的开发和试产，将于 2024 年建成使用。

（5）将军澳创新园。将军澳创新园位于将军澳新市镇东南面，占地 75 公顷，距离港铁康城站 2 千米，并可透过将军澳隧道连接东九龙。将军澳创新园是香港国际通信光缆的登陆点，特设海傍用地，特别适合有泊位需要的海运工业或项目，例如重工业、商用制造业和资讯及通信科技相关服务。重点项目包括：数据技术中心（DataHub），致力于将数据资产转化为商业价值，建立竞争优势，加速数码化转型；先进制造业中心，香港科技园的旗舰项目，为企业提供灵活和智能的生产设施，以满足消费者千变万化的需求。

（6）创新中心。香港科技园创新中心位于九龙塘，离科学园沙田园区约 20 分钟车程。创新中心是香港科学园创科生态圈的重要一环，推动金融科技新时代下的崭新配套设施建设。创新中心向初创及不同企业提供便捷舒适的创科环境，为培育计划的参加者及毕业生特设三个共享协作空间。创新中心是创新意念的酝酿之地，致力于培育年青一代的创新者及初创企业。

（7）港深创新及科技园。位于落马洲河套地区，港深创新及科技园是促进香港与内地资源共享的跨边境桥梁。全面发展后的创科园可提供 120 万平方米的总楼面面积，是香港历来最大的创科平台。目前已展开创科园第一批次发展，共 8 座楼宇，预期可于 2024～2027 年分阶段落成。

2. 数码港

（1）成立背景。时任财政司司长在发表 1999～2000 年度的政府财政预算案时，公布香港特区政府将会与一家私营机构，即盈科拓展集团（以下简称"盈科"）在薄扶林的钢线湾合作进行数码港发展计划。该计划包括数码港部分及附属的住宅发展部分，预计于 2002 年中至 2004 年中分期完成。数码港部分旨在吸引一流的资讯科技及资讯服务公司和专业人才汇聚香港，而住宅发展部分则会带来收入，推动计划的进行。

之后，香港特区政府成立了 3 家由财政司司长法团拥有的有限公司（以下简称"财政司司长法团公司"），负责推进该计划。财政司司长法团公司于 2000 年 5 月 17 日与资讯港有限公司（Cyber-Port Limited）订立数码港计划协议（以下简称"计划协议"），资讯港有限公司是盈科下属作为数码港发展商而成立的公司，负责数码港部分及住宅发展部分的建筑工程。数码港的发展权已于 2000 年 6 月 8 日批给发展商。

根据计划协议，数码港发展商不会因数码港部分及住宅发展部分的土地获得任何权利、业权或权益。发展商须将建成的数码港部分交还其中一家财政司司长法团公司，以及把住宅发展部分的单位在市场公开发售。数码港部分的租金收入及任何其他收入，只会拨归该 3 家财政司司长法团公司。事务委员会察悉，根据计划协议，售卖住宅单位所得收入盈余，将根据政府和数码港发展商在该计划中各自的出资额摊分。

数码港为一个创新数码社群，由香港特别行政区政府全资拥有的香港数码港管理有限公司管理。数码港的愿景是成为数码科技枢纽，为香港创造新的经济动力。数码港致力培训科技人才、鼓励年轻人创业、扶植初创企业，创造蓬勃的创科生态圈；透过与本地及国际战略伙伴合作，促进科技产业发展；加快公私营机构采用数码港科技，推动新经济及传统经济融合。

（2）取得成就。数码港通过全面的创业培育计划，扶植处于不同发展阶段的初创企业。通过"数码港·大学合作伙伴计划"，逾 45 名来自香港 8 所大学的入选学生参加了剑桥大学贾吉商学院举办的网上创业训练营。数码港亦鼓励创新青年跨境交流。例如，"大湾区青年创业计划"汇聚来自香港、澳门及广东的青年人才以数码科技合作创新创业。自计划推出以来，167 支队伍被录取并获得"数码港创意微型基金"共 1670 万港元的资助，其中 25 支队伍入选"数码港培育计划"（以下简称"培育计划"）。

2022 年，培育计划录取 130 家初创企业，数码港培育初创企业累计超过 1000 家。"数码港创意微型基金"亦向 97 个团队资助 970 万港元，以支持创新概念及早期初创企业的发展。"海外及内地市场推广计划"所批准的资助额已达 100 万港元，协助初创企业扩充内地及海外业务；其中，该计划所资助的"香港数码娱乐及游戏企业北欧市场扩展计划"让杰出的企业得以破除外游限制，远赴北欧国家拜访游戏公司，了解北欧市场的最新商机。

"数码港加速器支援计划"支持初创企业参加 26 个加速器计划,并提供逾 280 万港元的财务资助。

截至 2022 年 3 月 31 日,"数码港投资创业基金"已向 23 个数码港初创项目投资超过 1 亿 6800 万港元,并吸引 14 亿 6600 万港元的共同投资,引资比例达到 1∶8,可见数码港初创企业的高增长潜力备受投资者青睐。

2022 年,数码港两个新的"独角兽"企业诞生,即 Animoca Brands 和众安国际,业务涵盖区块链和金融科技。此外,数码港培育的首家独角兽企业 GOGOX 于 2022 年 6 月在香港交易所成功上市。

目前,数码港汇聚了超过 1900 家初创企业和科技公司,其中 398 家金融科技企业,6 家独角兽企业(Animeca Brands、GOGOX、Klook、TNG、WeLab、ZA),两家持牌虚拟银行(WeLab Bank、ZA Bank)。初创企业融资总额超过 339 亿港元,共获得 1159 个行业奖项和 441 项知识产权。

3. 生产力促进局

(1)成立背景。香港生产力促进局(以下简称"生产力局")是于 1967 年成立的法定机构,致力以世界级的先进技术和创新服务,驱动香港企业提升卓越生产力。生产力局作为工业 4.0 和企业 4.0 促进者,致力加速香港新型工业化发展,全面促进香港成为国际创新科技中心及智慧城市;并提供全方位的创新方案,以提升企业生产力和业务效率、减省营运成本,令企业在本地市场和海外市场中保持竞争优势。生产力局积极与香港本地工商界及世界级研发机构合作,开发应用技术方案,为产业创优增值。透过产品创新和技术转移,成功让研发成果商品化,制造商机。多年来,生产力局的世界级研发成果得到广泛肯定,屡获本地及海外奖项殊荣。

生产力局亦致力为中小企业和初创企业提供实时与适切的支持,并提供各类未来技能发展课程,让企业及学界掌握最新数字化及创科教育技术,以加强人才培训,提升香港竞争力。

(2)企业管治。生产力局是受《香港生产力促进局条例》(香港法律第 1116 章)管辖的法定组织,致力维持良好企业管治,以履行公众使命及满足社会期望。生产力局高度重视问责性、透明度、公平及道德操守,以此作为企业管治架构的基石。

生产力局实行理事会管理架构，现任理事会主席由陈祖恒议员自 2022 年 8 月起担任。生产力局下设有智慧城市部、汽车科技研发中心、智能制造部、机器人及人工智能部等研发中心，研发人员近 800 人，并在内地设立了办事处（见图 6-1）。

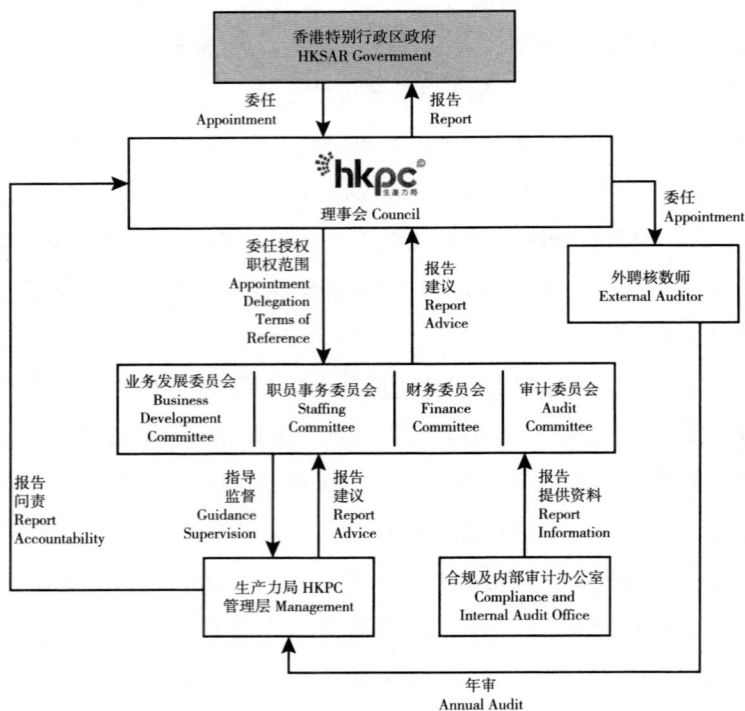

图 6-1　香港生产力促进局管治架构

资料来源：香港生产力促进局网站，https：//www.hkpc.org/zh－CN/about-us/corporate-governance/corporate-governance-council-membership。

（3）取得成就。生产力局目前正推行 652 个综合服务项目，2022 年年内综合服务收入达 6 亿 6600 万港元，工业 4.0 的相关服务收入增长 36%；超过 90% 的技术项目已应用于工业项目，全年收入同比增长 13%。中小企业支援方面，服务超过 14000 家中小企业，90% 采购自本地企业，当中约

75%购自中小企业。2022年获批申请涉及的总政府资助额约21亿港元，已发放的资助额超过16亿港元。

（三）香港科技创新发展面临的主要挑战

1. 缺乏创新科技发展中长期规划

制定科技创新发展中长期规划，包括细分领域的中长期规划，是全球经济体的普遍做法，比如我国的科技创新五年规划、人工智能"十四五"规划、数字经济"十四五"规划，美国的《无尽前沿法案》《国家人工智能战略》，德国的"国家生物经济战略""人工智能战略""研究和创新框架计划"，新加坡五年一次的"国家科学技术计划"等。制定科技创新发展中长期规划，有利于更好把握科技发展趋势，前瞻性、系统性进行布局。

一直以来，香港缺乏制定中长期发展规划的传统。香港特区行政长官施政主要通过每年的施政报告加以落实，一年一次。短期问题通过短期措施就可以解决，但中长期问题具有综合性、复杂性、长远性特点，需要政府有中长期的规划。缺乏科技创新中长期发展规划，一方面导致政府在支持创新科技发展时缺乏框架思维；另一方面香港不能有效落实和对接国家科技创新发展中长期规划，影响国家发展规划在香港落地。

2. 缺乏创新科技发展统筹机构

香港不仅缺乏创新科技发展中长期规划，还缺乏统筹创新科技发展的机构。内地以科技部牵头统筹我国科技创新发展，而美国、新加坡等均设立了科技创新发展专责部门。美国成立了科技政策办公室，为总统及政府高层就重大政策和计划提供科技上的分析判断。新加坡在"国家科学技术计划"指导下，设立科学顾问委员会，旨在确定重要研究领域以及基础研究的国际趋势，新加坡国家研究基金会每五年会就国家科研制定全国性策略。

缺乏创新科技发展统筹机构，容易导致科研资源分散、科研成果产出效率较低，难以扩大科技创新发展规模，提高其质量。一是研发基金资助缺乏统筹。现有的机制分散在创新及科技督导委员会，创新、科技及再工业委员会等机构中的研发基金资助涉及多个部门，较为零散，缺乏统筹规划。二是高校科研资助效率低。香港接受政府资助并且具有学士学位授予权的高校主要是教育资助委员会（以下简称"教资会"）资助，包括香港大学、香港科技大学在内的 8 所院校。教资会资助形式以行政管理为主导，目前教资会拨予各院校的经费包括经常补助金和非经常补助金，此外还有居所资助计划补助金和配对补助金等。各类补助金评估体系采用统一标准，缺乏对各个高校差异性、学科适应性的规定。各大学对科研基金运用效率低，存在同质化竞争、研究人才流失等现象。

香港特区政府于 2006 年建立了五个研发中心：汽车科技研发中心、香港应用科技研究院、香港纺织及成衣研发中心、物流及供应链多元技术研发中心、纳米及先进材料研发院。五个研发中心的经费主要来自创新科技署，平均占总项目资金的七成。香港特区审计署资料显示，项目资助平均受理时间（研发中心及创新科技署合并计算）需要 158~222 天。

3. 企业研发投入占比低

香港不仅总体研发投入强度偏低，更为严重的是缺少企业研发投入。香港特区政府统计处数据显示，香港科技企业研发投入在全社会研发投入中的占比仅维持在40%左右，与深圳"6 个90%"（90%的创新企业是本土企业，90%以上的研发机构设立在企业，90%以上的研发人员集中在企业，90%以上的研发资金来源于企业，90%以上的职务发明专利出自企业以及 90%以上的重大科技项目由龙头企业承担）完全不同。粤港澳大湾区中，香港企业研发投入的占比也远低于其他各市（见表 6-9、图 6-2）。

表 6-9　香港全社会研发投入分布

单位：%

年份	企业	高校	政府机构	总计
2017	35	41	4	80
2018	39	44	4	86
2019	41	47	5	93
2020	41	53	5	99

资料来源：香港特区政府统计处。

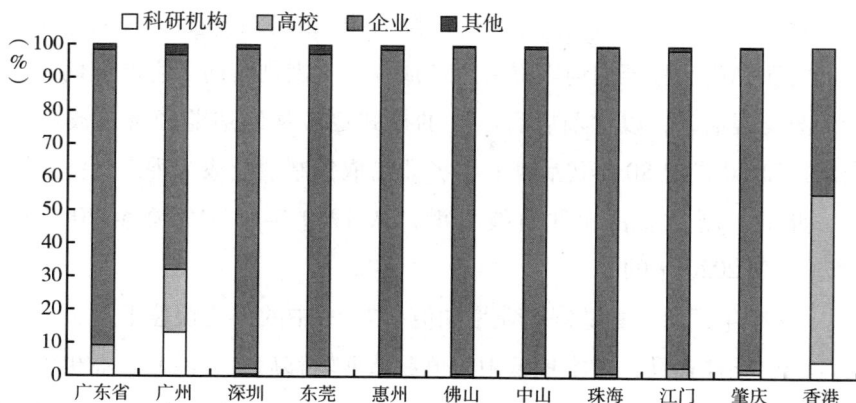

图6-2　粤港澳大湾区城市企业研发投入占比情况

资料来源：广东省统计年鉴、香港特区政府统计处、粤开证券。

4.缺乏先进制造业的支撑

制造业是科技创新得以持续和不断突破的基础，可以称作科技创新的"土壤"，这一点从德国、美国、日本的先进制造业和科技创新发展历史中可以窥见。"亚洲四小龙"时代之后，香港通过"前店后厂"模式，将制造业转移至大湾区内地城市，金融、贸易物流、专业服务等现代服务业发展迅速，近年来服务业占比持续保持在92%左右，制造业占比极低，先进制造业发展更为滞后。

（1）增加值占GDP的1%左右。香港的产业发展经历了"工业化—去工业化—再工业化—新型工业化"的历程。制造业于20世纪50年代起步，纺织制衣、塑胶、玩具、小五金等制造业相继涌现，取代转口贸易业初步成为香港经济的支柱产业。20世纪60年代制造业进一步发展，一方面，传统制造业，如在纺织业上，香港成为远东地区的纺织制衣工业中心；另一方面，新兴制造业，如电子、玩具、塑料等制造业也开始兴起。至20世纪70年代初期到达顶峰，占GDP比重达到31%。至此，香港制造业已完全取代转口贸易业成为香港经济的支柱。20世纪80年代以后，由于原材料、土地、劳动力等价格大幅上涨，香港的制造业发展面临挑战，进入转型阶段，

107

即服务业迅速发展，制造业逐渐萎缩。随着内地的改革开放，香港厂商纷纷将生产工序先后北移至内地以降低生产成本，本港则转向了生产前期和后期的管理与支援活动，以"前店后厂"的模式逐步从制造业经济过渡至服务型经济。至20世纪80年代后期，服务业已取代制造业成为香港经济发展的支柱。此后，制造业占比便直线下滑，从1970年的31%降至2000年的4.8%，再到2020年的1%。

从1990年开始，香港制造业增加值在GDP中的占比快速下降。由于缺乏必要的引导和辅助，在本地低附加值制造业转移后，香港制造业也没有抓住机会，实现升级。企业数量和从业人员数量都大幅度下降。2005年制造业单位有12643家，从业人员14.52万人，到2021年已分别降至6641家，7.98万人，降幅均超过45%（见图6-3）。

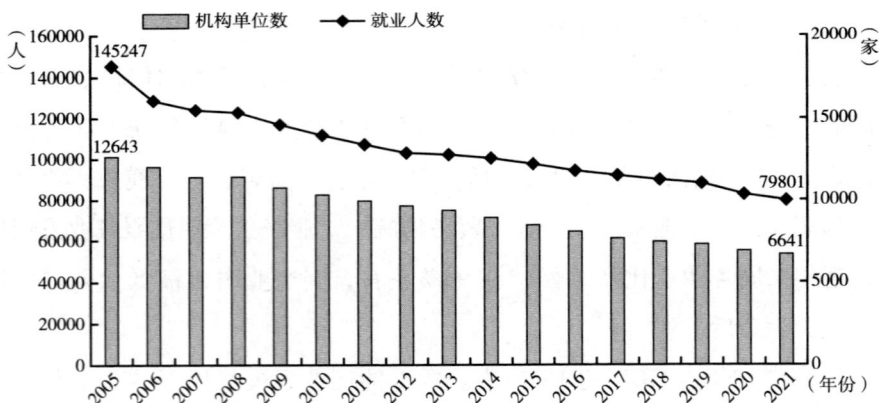

图6-3　香港制造业机构单位数及就业人数

资料来源：香港特区政府统计处。

（2）先进制造业发展滞后。2021年香港制造业的细分行业数据中，行业增加值排前三位的分别是食品、饮品及烟草制品（36.13%）、机械及设备的维修及安装（18.78%）与化学产品及药品（11.87%）。从细分行业结构来看，香港当前的制造业主要集中在传统领域，例如食品饮品、纺织制品、纸制品、基本金属制品、化学橡胶制品等，这些行业具有相对较低的技术含量和附加值，相对于高科技制造业而言，创新能力和竞争力也较为有限。相比之下，新加坡的制造业一直在不断升级，在电子、计算机、半导体、生物医药等高端领域取得了世界领先的地位。新加坡政府重视教育投入和招商引资，在工业园区建立了先进制造中心，吸引了众多跨国公司和本土企业在新加坡进行研发和生产。香港虽然也有科技园和数码港等平台支持再工业化，但成效有限，本土高端制造企业屈指可数（见表6-10）。

表 6-10　香港制造业分行业发展现状（2021 年）

类别	机构数目（家）	就业人数（人）	盈余总额（百万港元）	行业增加值（百万港元）	行业增加值占比（%）
纸制品、印刷及已储录数据媒体的复制	1636	11198	856	3404	10.02
食品、饮品及烟草制品	1085	30058	6279	12271	36.13
其他杂项制造行业	1038	5747	618	2116	6.23
机械及设备的维修及安装	957	12958	1498	6378	18.78
纺织制品及成衣	574	4050	388	1146	3.37
基本金属及金属制品（机械及设备除外）	399	2502	278	1145	3.37
橡胶、塑料及非金属矿产制品	331	3325	755	1644	4.84
化学产品及药品	276	5599	2863	4030	11.87
其他机械设备	187	1361	877	520	1.53
电器、电子及光学制品	158	3002	489	1308	3.85
所有制造行业	6641	79801	14900	33961	100.00

资料来源：香港特区政府统计处。

缺少先进制造业支撑，引发的系列问题主要有以下三个方面。一是香港 R&D 研究人员[1]总量不足。《2020 年全球创新指数报告》数据显示，香港每百万人中 R&D 研究人员有 4027 人，在发达经济体组别中表现较差，远低于丹麦、韩国、瑞典、芬兰等经济体（见图6-4）。

根据特区政府劳工及福利局发布的《2021 年人力资源推算报告》，香港创科产业的人力需求在未来数年内将按年增长 4.3%，增速居各行业之首。

---

① R&D 研究人员是指单位内部从事基础研究、应用研究和试验发展三类活动的人员。

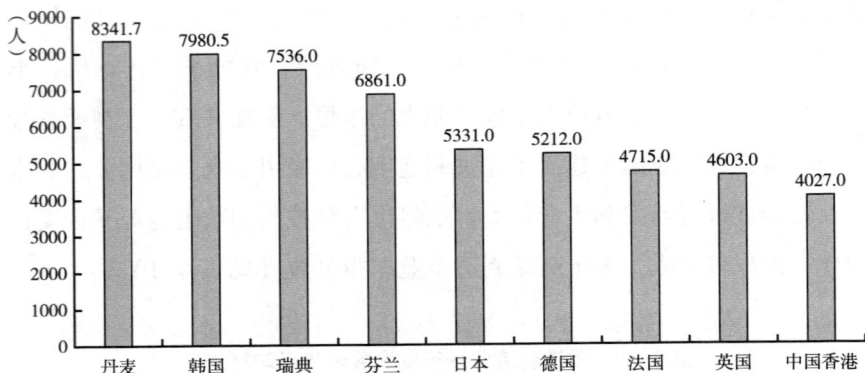

图 6-4　选定发达经济体每百万人中 R&D 研究人员数量

资料来源：《2020 年全球创新指数报告》。

预计到 2027 年，香港创科相关行业人力资源需求将达到 5.76 万人（香港特区政府劳工及福利局，2019），人才缺口亟须补齐。2020 年，香港科研人员数量共 36106 人，而新加坡有 74841 人，是香港的 2 倍多。首尔拥有 127102 人，东京拥有 128862 人。① 2018 年 6 月，特区政府推出"科技人才入境计划"，但截至 2021 年，"科技人才入境计划"共批出 613 个配额；入境事务处则根据相关配额共批出 60 个签证/进入许可申请。② 2021 年全年，"科技人才入境计划"仅吸纳 36 人。

二是研发人员集中在高校，企业研发人员少。截至 2020 年，香港每百万人中研发人数达到 36106 人，其中高等教育吸纳研发人员 21715 人。但根据观察，在近 10 年中科研人才的数量增长相对缓慢，且增幅主要集中在高校。这反映了香港主要研发由高校主导，与美国的研发人员结构差异很大，与内地的结构相似（见图 6-5）。

三是科技人才与本土产业发展适配度低。据香港特区政府统计处，2020 年，香港金融服务业增加值占本地生产总值的 23.4%，香港经济金

① 数据来源：《国际科学、技术和创新的数据和见解——全球 20 个城市的比较研究报告》。
② 数据来源：香港创新科技署网站，https：//data. gov. hk/sc - data/dataset/hk - itc - techtas - techtas-quotas-allotted，https：//www. immd. gov. hk/hks/facts/visa-control. html。

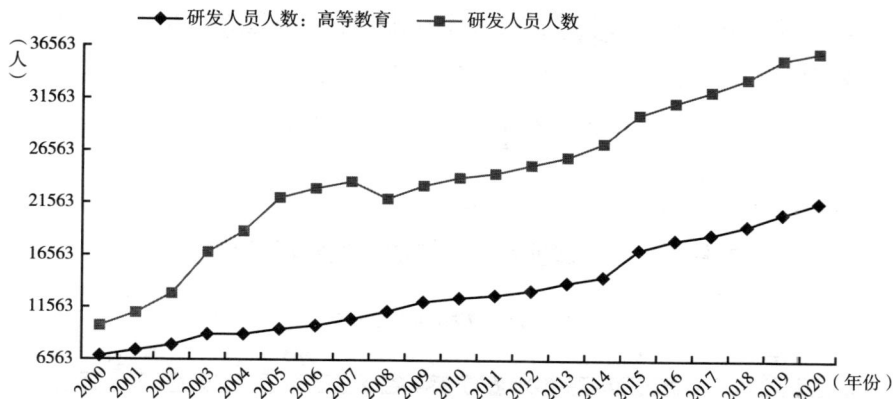

图6-5　2000~2020年香港每百万人研发人数变化

资料来源：香港特区政府统计处。

融化日趋明显。金融覆盖了香港不同的经济领域，"虹吸效应"较为明显，而创新及科技产业仅占本地生产总值的1%（2020年），吸纳就业人数共计45310人，占总就业人数的1.2%，远远低于金融业、旅游业以及服务业吸纳的生产总值和就业人口吸纳数。在特区政府选定行业中，对本地生产总值贡献仅高于检测及认证产业、环保产业，吸纳就业方面仅高于检测及认证产业。这说明香港科技产业发展土壤不够肥沃，与科技创新人才发展适配度低，就业吸纳量有限（见表6-11）。

表6-11　香港选定产业的增加值及就业人数（2020年）

选定产业	生产增加值（亿港元）	占本地生产总值的比例（%）	吸纳就业人数（人）	占就业人数的比例（%）
文化及创意产业	1155.66	4.5	228600	6.2
医疗产业	473.03	1.8	103140	2.8
教育产业	349.48	1.4	88450	2.4
创新及科技产业	243.83	1.0	45310	1.2
检测及认证产业	67.14	0.3	15110	0.4
环保产业	99.69	0.4	47390	1.3
航空运输	372.82	1.5	57230	1.6

数据来源：香港特区政府统计处。

近年来，新加坡成为全球科技人才青睐的地方的重要原因之一是在全球引入高端制造和科技含量较高的高精尖制造商，比如美国葛兰素史克、德国药厂 BioNTech、法国制药公司赛诺菲等高端生物科技公司。

专栏 6-1　新加坡生物医药制造业集群项目研究

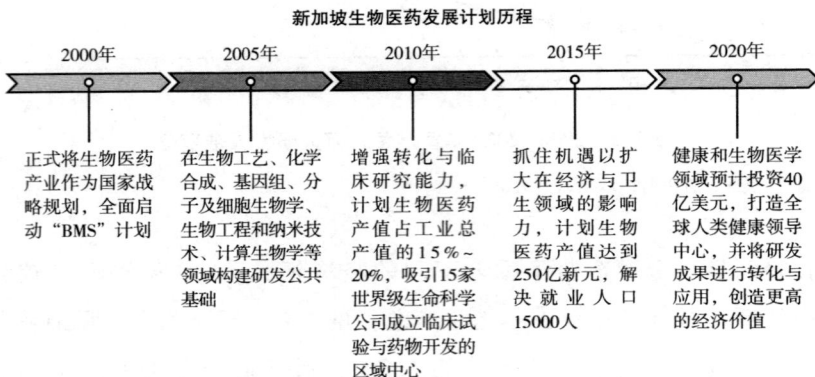

新加坡生物医药发展计划历程

2000年	2005年	2010年	2015年	2020年
正式将生物医药产业作为国家战略规划，全面启动"BMS"计划	在生物工艺、化学合成、基因组、分子及细胞生物学、生物工程和纳米技术、计算生物学等领域构建研发公共基础	增强转化与临床研究能力，计划生物医药产值占工业总产值的15%~20%，吸引15家世界级生命科学公司成立临床试验与药物开发的区域中心	抓住机遇以扩大在经济与卫生领域的影响力，计划生物医药产值达到250亿新元，解决就业人口15000人	健康和生物医学领域预计投资40亿美元，打造全球人类健康领导中心，并将研发成果进行转化与应用，创造更高的经济价值

（1）新加坡发展：新加坡经济发展局发布的数据显示，2019年，新加坡生物医药产业总产值达到 363 亿美元，新加坡在生物医药领域共有300 多家企业，50 多间制造工厂，50 多家研究机构，行业相关从业人员人数超过 24000 人，庞大的市场体量和高精尖的人才队伍使其国际竞争力呈阶梯式提升，逐步成为全球生物医药价值链的重要环节。

（2）明确顶层设计，智能机构分工：新加坡逐步将生物医药业作为战略产业，并详细制定了"BMS"计划，该计划主要涉及三个职能机构，分别是生物医学科学小组（EDB）、第一生物资本（BOS）和生物医学研究委员会（BMRC）。其中 EDB 负责工业发展，BOS 负责对创新型公司进行战略性投资，而 BMRC 负责协调和资助公共部门与学术研究，并支持科学家的培训。

（3）形成以"大士制造"为产业基础、"启奥研发"为创新源头的产业集聚格局。大士生物医药园的核心定位是生物制剂和医疗设备，主要供生物医药企业建设生产厂房；启奥生命科学园地处新加坡心脏地带，离新加坡主城区只有20分钟车程，交通十分便利。园区自2000年开始筹备，具体细分产业定位在生物医药研究与生产、医疗器械研发与制造、疾病研究等领域，涉及产业环节涵盖高端技术研发以及科学试验。

资料来源：《产业研究：世界生物医药之国——新加坡》，狮城新闻，https：//www.shicheng.news/v/oNGvX；《洞察｜新加坡生物医药产业发展研究》，健康界，https://www.cn-healthcare.com/articlewm/20200508/content-1110919.html。

5. 缺乏创投资本偏好和规模资金支撑

香港作为国际金融中心，在资本规模、资本流动、融资成本、融资渠道和融资方式方面具有较强的竞争力。但香港资本却不倾向于投资创新科技领域，导致其科创发展一直存在研发规模小、资金不足、结构单一等问题。究其根本原因，与香港资本市场主流的商业文化倡导短、平、快的盈利模式有关。科技创新产业化过程周期长，投资回报周期长且风险系数高，前期投入比例大，与香港的投资文化相悖。

一方面，香港风险投资欠活跃。香港科技创新的VC资本多来自海外，本地市场缺乏活跃的天使投资。即便有投资者将资本投入香港，更多也是流入金融与房地产市场领域，而非注重创新发展投资。根据Pitchbook数据公司发布的报告，2015年，香港科技行业风险投资额为2.66亿美元，仅为新加坡的1/3。另一方面，初创企业融资困难。香港贸易发展局经贸研究于2020年对香港初创生态系统进行深度调研，结果显示：整个本地初创圈中，只有少数初创企业能够于创业初期成功从私人市场募集资金，包括孵化器或加速器（15%）、再投资（10%）、天使投资（7%）、众筹（4%）和风险投资（3%）。平均而言，创业者的个人储蓄占每家初创企业的创业资金的59%。

而新加坡的风险投资行业，比起欧洲和美国的风险投资行业来说公司较

新，规模较小。但政府帮助这些公司在新加坡设立区域总部，目前新加坡有
100 多家风险投资公司。① 新加坡的风险投资者不仅提供资金，而且还指引
初创企业。许多企业家都委托风险投资专家，以获得资助和专业管理人才，
因此，大部分风险投资者愿意投资高增长行业（如纳米技术、生物技术或
信息技术）之类的高端新公司（见表6-12）。

表 6-12　新加坡风险投资分析

类型	包括从有限合伙的独立风险投资者,到由公司支持的风险投资公司。由于税收优惠政策吸引人,加上其他政府奖励,许多有资金实力的政府委员会、大企业和大企业家都在新加坡设立风险投资基金
专注领域	服务业、制造业和高科技行业。最近,大量的风险投资投向医药、生物技术、遗传工程、复制等高回酬行业
成本收益	平均而言,风险投资者愿意冒险的数额,是公司净利的五倍之多。主要来说,风险投资只持续两年到五年。风险投资者倾向投资于在不久的将来有望升值到数百万的企业。风险投资者要求在投资期内的回酬不低于25%~30%
投资考察因素	是否有大的商业愿景以抵御市场竞争(如科学或知识产权方面的突破),是否有一流的团队、创新商业模式,以及完美的商业计划/概念所带来的市场/经济回报

资料来源：《新加坡公司的私募股权融资指南》，3E Accounting，https：//www.3ecpa.com.sg/
zi-yuan/rong-zi-yu-jin-tie/si-mu-gu-quan-rong-zi/？lang=zh-hans。

二　澳门的科技创新实践

澳门作为微小经济体，科技创新产业尚未形成规模。目前，澳门创新资
源主要集中在高校、国家级重点实验室以及科技合作平台等。澳门高校在中
医药、集成电路等领域的基础研究能力突出，需要在广深港澳科技创新走廊
建设中着重发挥、充分利用。

---

① 参见《新加坡公司的私募股权融资》，3E Accounting，https：//www.3ecpa.com.sg/zi-yuan/
rong-zi-yu-jin-tie/si-mu-gu-quan-rong-zi/？lang=zh-hans。

（一）澳门科技创新发展基础

1.高等教育及学科资源

澳门科技创新的优势主要集中在澳门大学、澳门科技大学、澳门理工学院等高校。据 2022 年 QS 世界大学排名，澳门大学为第 322 名，比 2019 年首次进入前 500 强（排名 443）有较大提升。在科技创新方面，澳门大学近年在微电子领域中科研成果丰硕。2017 年，澳大仿真与混合信号超大规模集成电路国家重点实验室共 6 篇论文被 ISSCC 收录，在亚洲地区，与韩国科学技术院并列第一，全球名列前三，显示澳大日渐提高的科研实力和学术影响力。

澳门科技大学已成为澳门规模最大的综合型大学，澳科大积极建立科技平台，大量引进科研人才，发表高质量的学术论文，近年来致力推动校企合作，拓展"产学研"合作空间，推动创新科技发展。澳科大的医学院、中医药学院、药学院、中药质量研究国家重点实验室发挥协同作用成为生物医药的科研前沿力量，推动校企合作的发展。澳科大的优秀应用成果涌现，并开始进入市场。如安信通科技（澳门）有限公司是澳门科技大学近年来致力推动科研成果产业化而推动组建的产业化实体，主要围绕资讯系统的身份识别与安全核证开展产品研发。

澳门理工学院是一所多学科、应用型的高等院校。理工学院的科研实力逐步增强，近年来分别就英语、博彩及资讯科技三大范畴，成立了统筹教学科研的院级委员会，以科研促进教学实践，解决社会热点问题，促进社会经济发展。学院设立的科技创新方面的机构包括：理工新濠博彩及娱乐资讯技术研发中心、理工-伦敦大学玛丽皇后学院资讯系统研究中心、理工-BMM 博彩技术检测中心等。

值得注意的是，澳门私立高校如澳门科技大学、澳门城市大学等，这些学校的招生名额一般不受限制，而内地大学由于教育部对学额的严格控制，招生规模有限。借助澳门高校富足的科技创新专业学位的名额以及深圳高校人才培养与科研成果转化活跃的优势，也是双方科技创新合作的极好路径。

2. 国家重点实验室资源

现阶段，澳门已经有四个国家重点实验室，其中，中药质量研究国家重点实验室、模拟与混合信号超大规模集成电路国家重点实验室、智慧城市物联网国家重点实验室均依托澳门大学建立，月球与行星科学国家重点实验室依托澳门科技大学设立（见表6-13）。

表6-13　澳门四个国家重点实验室

申请单位	国家重点实验室	科技部批准年份
澳门大学	中药质量研究国家重点实验室	2002
澳门大学	模拟与混合信号超大规模集成电路国家重点实验室	2011
澳门大学	智慧城市物联网国家重点实验室	2018
澳门科技大学	月球与行星科学国家重点实验室	2018

资料来源：根据澳门大学和澳门科技大学网站整理。

四个国家重点实验室成为澳门参与广深港澳科技创新走廊建设的重要载体。其中，中药质量研究国家重点实验室由澳门大学与澳门科技大学共同组建，北京大学天然药物与仿生药物国家重点实验室为其伙伴实验室。该实验室已成为具有国际先进水平的中药质量和创新药物研究基地，有效对接澳门和广东中医药领域的科技研发力量，充分发挥两地的人才、技术和地域优势，在中医药学科建设、产品研发和人才培养等领域展开合作。此外，澳门大学的模拟与混合信号超大规模集成电路国家重点实验室是华南地区唯一的微电子国家重点实验室。

3. 科技合作平台资源

粤澳合作中医药科技产业园是澳门最重要的科技合作平台之一，为入园的中医药企业提供低成本的公共研发、弹性化生产、认证审批等一站式服务，公共服务平台逐步完善，2018年，产业园累计注册企业94家，包括澳门企业25家，涉及中医药、保健品、医疗器械、医疗服务等领域，已经成为扶持澳门成长型中医药等健康医药领域企业发展的重要平台。

澳门具备成为国际技术转移平台的基本条件，其一，澳门自由港政策有利于技术要素流动。葡萄牙、巴西、欧盟等其他国家和地区的先进技术能够第一时间进入澳门，并以澳门为平台向周边国家和地区转移。其二，澳门采取国际通用特别是欧盟的技术标准，自主研发技术也对标国际标准。

（二）澳门科技创新发展面临的挑战

澳门科技创新发展面临的主要挑战是产业基础薄弱，产业结构单一，导致科技创新缺乏土壤，无法形成创新效应。比如，中医药、特色金融、高新科技产业等是澳门经济适度多元发展的重要选项，这些领域虽然具有一定优势，但还存在诸多问题，如会展、中医药、文化等产业增加值较小，未形成规模。以中医药为例，2020年产业增加值约占增加值总额的0.17%，在新兴产业增加值中占比较小（见表6-14）。

表6-14　以当年生产者价格按生产法计算的新兴产业增加值所占比重

单位：%

行业	2016年	2017年	2018年	2019年	2020年
新兴产业	8.05	7.93	8.01	8.23	13.86
金融业	6.81	6.47	6.55	6.81	12.46
会展产业	0.55	0.79	0.79	0.67	0.15
文化产业	0.62	0.60	0.59	0.68	1.08
中医药产业	0.07	0.08	0.07	0.07	0.17

资料来源：澳门统计暨普查局。

此外，特色金融产业结构单一，市场规模偏小。澳门缺乏证券、金融期货、商品期货交易所等现代意义上的非银行类金融市场，金融工具品种稀缺。2019年底，澳门金融业总资产为2.15万亿澳门元，银行存贷款规模为2.2万亿澳门元，银行贷款1.07万亿澳门元，规模较小（澳门统计暨普查局，2020）。同时，澳门科技创新人才较为短缺，难以支撑经济适度多元发展框架下科技创新快速发展。澳门劳动力人才向博彩业倾斜，人才结构单一，科技人才较少，2019 年，澳门技术员及辅助专业人员仅有 6.6 万人，对内地科技人员的依赖较大。此外，虽然澳门在微电子、太空科学等领域的基础研究能力较强，但是基础研究与应用研究之间存在断点，成果转化率较低。

三 广州的科技创新实践

2019 年 2 月发布的《大湾区纲要》明确提出，广州要充分发挥国家中心城市和综合性门户城市的引领作用，全面增强国际商贸中心、综合交通枢纽功能，培育提升科技教育文化中心功能，着力建设国际大都市。近年来，广州市深入实施创新驱动发展战略，积极建设国家创新中心城市和国际科技创新枢纽，加快建设科技创新强市，共建粤港澳大湾区国际科技创新中心和大湾区综合性国家科学中心，推动科技创新从产业主导模式发展到"以科学引领产业"的新阶段，科技创新水平跻身全国前列，在全球创新版图中的位势进一步提升。"深圳-香港-广州"科技集群连续多年居全球第 2 位。广州在 2022 年"自然指数-科研城市"中排名第十位，首次进入前十，从 2015 年时的第 42 位、2020 年时的第 14 位一路跃升。在上榜的中国城市中排名第 4 位，仅次于北京、上海和南京，显示出强大的基础研究能力和科技创新影响力。

（一）广州科技创新发展基础与优势

2021 年，广州 R&D 经费为 881.72 亿元，是 2011 年（238.06 亿元）的 3.7 倍，占 GDP 的 3.12%，比 2011 年（1.92%）提高 1.20 个百分点。"十三五"期间（2015~2020 年），R&D 经费占 GDP 的比重从 2.10% 提升至 3.10%，五年增幅居全国主要城市首位。

1. 基础研究实力不断提升

2015~2020 年，广州累计获国家级科技奖励 104 项、省级科技奖励 734

项，居全省第一。移动通信、海洋科技、新材料、新能源等前沿领域实现重大突破，"特高压±800kV 直流输电工程"实现世界首创，海域天然气水合物试采创造"产气总量""日均产气量"两项世界纪录，研发全球首台 31 英寸喷墨打印可卷绕柔性显示样机，建成全球首座 AI 智慧地铁示范站，L4 级（高度自动驾驶）自动驾驶技术全国领先。连花清瘟胶囊、磷酸氯喹、新冠肺炎人工智能辅助诊断系统、防控医用智能机器人等高质量成果和技术为新冠疫情防控提供强大科技支撑。截至 2020 年底，每万人发明专利拥有量达 38.1 件，PCT（专利合作条约）国际专利受理量达 1785 件，较 2015 年均实现翻番。

2. 科创平台载体建设不断加速

广州持续汇聚国家战略科技力量，布局建设"一区三城"，构建以广州实验室和粤港澳大湾区国家技术创新中心为引领，以人类细胞谱系大科学研究设施和冷泉生态系统研究装置两个重大科技基础设施为骨干，以国家新型显示技术创新中心、4 家省实验室、十余家高水平创新研究院等重大创新平台为基础的"2+2+N"科技创新平台体系。截至 2022 年底，全市县级及以上国有研究与开发机构、科技情报和文献机构 188 家；国家重点实验室 21 家，省级重点实验室 256 家，市级重点实验室 195 家；国家级孵化器 41 家，培育单位 55 家（含粤港澳单位 3 家）；全市累计有认定的高新技术企业 11435 家；国家级大学科技园 3 个，省级大学科技园 5 个；省级新型研发机构数量达 78 家，占全省（277 家）的 28.2%，连续 7 年居全省首位。

3. 科技创新企业实力不断壮大

企业创新主体地位显著提升，2015 年以来高新技术企业数量从 1919 家增至 2020 年的 1.2 万家，营收百亿、十亿、亿元以上高企数量分别增长 150%、175% 和 204%。广州的国家科技型中小企业备案入库三年累计数超 3 万家，居全国第一。实现 5 亿元以上大型工业企业研发机构全覆盖，高新技术产品产值占规模以上工业总产值的比重达 51%。建设科技企业孵化器 405 家、众创空间 294 家（国家级 41 家、54 家），总孵化面积超过 1000 万平方米。截至 2022 年底，广州共有广东省高新技术企业 12243 家，占全省高企总数（45884 家）的 26.7%。2022 年新增全球独角兽企业 9 家，增量位居全国各大城市第一。

4. 全球科创要素资源加速集聚

实施"广聚英才计划"，在穗工作的两院院士达 115 名，钟南山院士荣获"共和国勋章"，徐涛院士、赵宇亮院士、施一公院士、王晓东院士等顶尖科学家纷纷来穗创新创业，累计认定外籍高端人才 3234 人，发放人才绿卡 7600 余张。聚集全省 80% 的高校、97% 的国家级重点学科，拥有中山大学、华南理工大学两所世界一流大学建设高校和 18 个"双一流"建设学科，华南理工大学广州国际校区、香港科技大学（广州）、中国科学院大学广州学院相继落户。与乌克兰、新加坡、英国等国家的科技合作不断深化，国家级、省级国际科技合作基地达 67 家。

5. 创新创业生态持续迸发新活力

广州持续实施促进科技成果转移转化行动，打通科技成果转化环节，2020 年技术合同成交额达 2256 亿元，是 2015 年的 8 倍多，居全国第二。依托中国创新创业大赛探索实施"以赛代评""以投代评"机制，50 亿元规模的市科技成果产业化引导基金投入运营，市科技型中小企业信贷风险损失补偿资金池撬动 23 家合作银行为 4000 多家企业发放贷款超过 300 亿元，"创、投、贷、融"科技金融生态圈日趋形成。举办《财富》全球科技论坛、"小蛮腰"科技大会、世界 5G 大会、中国海外人才交流大会、中国创新创业成果交易会、全国科普讲解大赛等高水平会议活动。

6. 科技体制改革率先步入快车道

推动科技管理向创新治理转变，修订《广州市科技创新条例》《广州市科学技术普及条例》，完善科技创新"1+9"政策体系，制定科技创新强市建设三年行动计划、"广州科创 12 条"等一系列全局性、前瞻性的政策文件，实施合作共建新型研发机构经费使用"负面清单"、科研项目经费使用"包干制"管理等"放管服"改革试点。全面加快粤港澳大湾区规则对接和要素跨境流动，市级科技计划面向港澳开放，率先实现财政科研资金跨境拨付香港，在全省率先落实粤港澳大湾区个人所得税优惠政策。

（二）广州重大科技创新平台/园区建设情况

1. 南沙科学城

（1）基本情况。南沙科学城位于广州市南沙新区，坐落于粤港澳大湾区的几何中心位置，规划面积 99 平方千米，是广州市和中国科学院共同谋划、共同建设的科创资源集聚高地，将建设成为粤港澳大湾区综合性国家科学中心主要承载区。计划面向深海、深地、深空，聚焦海洋、能源、空天、信息、生物等领域，集聚全球高端创新资源，建设世界级重大科技基础设施集群和一批前沿交叉研究平台。

（2）空间布局。南沙科学城按照"一体两翼三支点"空间布局思路规划建设，按照"一核三圈"虚拟空间布局思路构建粤港澳大湾区全球合作创新网络。

"一体"是指科学城主体功能区域，包括大湾区明珠科学与创新园、全球海洋科学与工程创新中心核心区、重大科技基础设施集聚区、明珠湾高端科学和金融服务区、南沙枢纽粤港澳创新创业深度合作区。

"两翼"是指庆盛产教融合数字创新示范区和广深联动未来产业创新示范区。"三支点"是指万顷沙战略性新兴产业发展区、黄阁战略性新兴产业发展区和龙穴岛海洋科技产业发展区。

"一核三圈"是指以南沙科学城为核心构建广州协同创新圈、粤港澳合作创新圈和全球合作创新圈。广州协同创新圈旨在以政策推动中新广州知识城、广州科学城、广州人工智能与数字经济试验区等与南沙综合性国家科学中心主要承载区建设相融合。粤港澳合作创新圈旨在以体制机制创新推进粤港澳三地协同创新发展，形成粤港澳联动发展的良好格局。全球合作创新圈旨在构建以南沙科学城为中心的全球创新网络，加速集聚全球创新要素，成就全球创新者的梦想，构筑粤港澳大湾区全球开放创新高地。

（3）目标定位。《广州市科技创新"十四五"规划》提出，南沙科学城的定位为"大湾区综合性国家科学中心主要承载区"。立足建设百年科学城、国际一流科学城，聚焦海洋、空天、能源、环境、信息等科学领域组织科技攻关，打造全球海洋科学与工程创新中心、粤港澳大湾区创新发展全球开放合作枢纽、战略产业策源地和经济社会数字转型示范区。以明珠科学园为核心区，集聚中国科学院高端创新资源，部署冷泉生态系统研究装置、极端海洋动态过程多尺度自主观测科考设施、智能化动态宽域高超声速风洞等一批重大科技基础设施，建成空间布局相对集中、科研资源共建共享、学科领域交叉融合、科研人才高度集聚的科教融合新区。

（4）发展情况。南沙科学城近年来在科研机构入驻、科技创新产业合作和人才环境建设方面取得了显著的成就。首先，南沙科学城核心区明珠科学园首批研究院所——广东智能无人系统研究院和广东空天科技研究院投入运行，推动科教融合资源驱动平台向南沙集聚。科技创新产业合作方面，南沙区在重大科技基础设施、科研仪器设备和科技成果的共建共享方面积极推进。与香港科技大学签署的合作协议在六个方面建立了深化合作，广州超算南沙分中心已为港澳及海外200多个科研团队提供服务，向南方海洋科学和工程省实验室香港分部拨付了1.2亿元的科研经费，跨境科技要素的流通取得了新突破。人才环境建设方面，南沙科学城致力于营造良好的人才环境，并已获批为国际化的人才特区。针对来穗青年实施"五乐计划"，积极支持港澳青年在南沙的发展。港澳青年在南沙就业创业可获得高额奖补，三年内最高可达到51.5万元或450万元。此外，南沙还建成了创想湾等一批青年创业基地，吸引了400多个青年创业团队入驻。同时，实施人才安居政策，筹集了超千套人才公寓，高端人才可以免租金，骨干和储备人才可以享受50%的租金优惠。南沙专门设置了港澳青年的房源，并规划建设了港澳国际化市区，旨在解除港澳青年到内地生活的后顾之忧。

2. 中新广州知识城

（1）基本情况。中新广州知识城地处广州市区东北部（黄埔区北部），内嵌于粤港澳大湾区的湾顶地理空间，北面与白云区钟落潭镇、从化区太平镇接壤，东面与增城区中新镇相接，西面为帽峰山，距离广州城市中心区约35千米、广州新白云国际机场25千米，离最近的出海口约120千米。蜿蜒南北20余千米的谷地，地势平缓，水系纵横交错。九龙大道作为主动脉穿城而过，串联起城市各发展段落，形成了典型的"鱼骨状"城市发展格局。历经十余年蝶变，空间版图从8.08平方千米（知识城起步区面积）发展到232平方千米，接近黄埔区面积（484.17平方千米）的一半。

（2）空间布局。2020年10月，《广东省人民政府关于印发中新广州知识城总体发展规划（2020—2035年）的通知》提出，打造"一核一轴四组团"的总体空间布局，发挥示范引领和辐射带动作用，协同周边区域实现高质量发展。

"一核"：知识创造与科技创新核。位于知识城中部，重点发展总部经济、科教服务、知识产权、新一代信息技术服务、文化创意、科技和金融服务、商贸新零售、电子商务等知识交易市场体系和现代服务业体系。

"一轴"：知识辐射传播轴。沿开放大道构建功能高度复合的创新发展轴线，依托轨道站点和重要功能节点，连接"一核四组团"，形成不同特色的创新型产业区域。

"四组团"：新一代信息技术产业组团、高端装备制造与新能源汽车产业组团、生命科学与生物医药产业组团、新材料新能源及集成电路产业组团。

（3）目标定位。《广州市科技创新"十四五"规划》提出，中新广州知识城的定位为"具有全球影响力的国家知识中心"。全面实施中新广州知识城总体发展规划，大力发展全球顶尖的生物制药、集成电路、新能源汽车、纳米科技产业，建设中新国际科技创新合作示范区、国际知识驱动创新的战略高地。深化国家知识产权综合改革试验，加快自贸试验区创新制度在知识城复制推广，打造与港澳营商环境对接、经济发展协同的合作体系，创建粤港澳大湾区制度创新先行区。建设新一代信息技术、集成电路、数字经济、生物医药、新能源、新材料及智能芯片和粤港澳大湾区科技创新综合孵化园等价值创新园，做强中新国际联合研究院，建好中新国际智慧产业园、腾飞科技园和中国纳米谷。支持开展粤港澳知识产权保险、交易、贸易活动，做大做强广州知识产权交易中心。支持规划建设2平方千米科教创新区，汇聚顶尖科教资源，积极引进14所科研院所，打造粤港澳大湾区科技创新枢纽核心节点。

（4）发展情况。中新知识城作为国家级双边合作项目，多年来积极深化与新加坡在科技创新、高端制造业、知识产权保护和人才培养等领域的合作。经过十多年的发展，中新知识城已成为广州改革创新的领头羊和城市建设的典范。截至 2022 年 3 月，中新知识城累计注册市场主体超过 2 万家，注册资本超过 4800 亿元，并促成了 60 多个中新合作的重点项目。

中新知识城的知识密集度不断提升，目前已有 80 家国家高新技术企业和 194 家通过国家标准审核认证的企业知识产权管理规范企业。中新知识城的溢出效应越来越明显，已成为引领广州科创发展的核心区，吸引了越来越多的科技创新企业聚集。在 2022 年的广州重点项目名单中，中新知识城涉及的重点项目达到 63 个，占黄埔全区重点项目的 44%，总投资额约为 3100 亿元。这些项目包括兴森科技 FCBGA 封装基板生产和研发基地、康方中新知识城科技产业园、达安基因中新知识城工厂等。

在"知"产品牌助推下，中新知识城"三集群两高地"的发展格局全面提升。中新知识城已经建成全球顶尖的生物制药产业集群、集成电路产业化集群、新能源汽车产业集群（见表 6-15）。同时，中新知识城还成为全国唯一实现知识产权统一管理的高地，并积极打造中国纳米科技创新能力最强的产业化高地。目前，中新知识城内集聚了众多专业服务机构，其中包括国家专利审查协作广东中心、中国（广东）知识产权保护中心、广东省知识产权服务业集聚中心等，总计超过 300 家。

表 6-15　中新知识城三大集群

三大集群	具体内容
生物制药产业集群	建设 3.3 平方千米的国际生物医药价值创新园，由王晓东、施一公等院士领衔，以百济神州、诺诚健华、GE-龙沙、康方生物等为代表，引进创新制药项目 40 多个
集成电路产业化集群	湾区半导体产业园，以粤港澳大湾区唯一一家量产 12 英寸晶圆的生产商粤芯为龙头，打造国家集成电路产业第三极核心承载区
新能源汽车产业集群	打造 3.5 平方千米智能制造园，以小鹏汽车、百度阿波罗智能网联汽车为代表，努力建设智能制造现代工程技术创新中心

资料来源：广东省人民政府港澳事务办公室网站，http://hmo.gd.gov.cn/fmzyhsjsfjd/content/post_ 3834519. html。

3. 广州科学城

（1）基本情况。广州科学城园区成立于 1998 年，位于广州市黄埔区，南望珠江，西靠广州城市中心珠江新城，地处广州知识密集区。以科学技术的开发应用为动力，以高科技制造业为主导，配套发展高科技第三产业。经过持续发展，科学城园区从 3.7 平方千米的产业园区发展到规划中的 144.65 平方千米，扩大约 39 倍，常住人口也从 5500 人，到如今将近 10 万人。作为全国首批"双创"示范基地之一，广州科学城是珠三角自主创新示范区的核心区域，也是广州建设国际科技创新枢纽的重要平台，同时也是黄埔区、广州开发区支持粤港澳大湾区建设"四区四中心"的核心地带。

（2）空间布局。广州科学城着力打造活力迸发的科技创新核，建设协同发展的创新产业区、创新服务区和创新拓展区，构建产研融合的科技创新集聚轴和先进制造业提升轴，形成"一核三区两轴"区域创新发展新格局。

（3）目标定位。《广州市科技创新"十四五"规划》提出，广州科学城的定位为具有国际影响力的"中国智造中心"、粤港澳大湾区国际科技创新中心重要引擎、"中小企业能办大事"先行示范区、国家制造业高质量发展引领区。聚焦生命科学、信息科学等重点领域，加快建设粤港澳大湾区国家技术创新中心，推进布局和建设太赫兹国家科学中心等重大科技基础设施、重要科研机构和前沿科学交叉研究平台。深化穗港澳在创业孵化、科技金融、成果转化等领域的合作，推动与港澳在资金跨境流动、人才通关自由、港澳居民投资便利、三地跨境数据融合、公共服务供给等方面开展制度创新，打造与国际规则衔接的营商环境最佳实验地，构建最具创新活力的孵化育成体系，打造国家级科技成果转化基金集聚区。

（4）发展情况。科学城在过去的 20 年中取得了飞跃式的发展，已逐渐成为"代表广州未来"的现代化活力新城。一是企业总部集聚。沿着科学大道与开创大道，雪松控股、多益网络、香雪制药、南方电网、广州农商银行、广州宝能金融中心、合景泰富华南总部、科学城总部经济区等一批总部企业以及总部经济园区，共同构成了一条总部经济走廊带。统计数据显示，黄埔区80%以上的上市公司、60%以上的科技公司都位于科学城及周边片区。在黄埔190多家世界500强企业项目中，科学城就占了170多家。创新活力强劲。科学城吸引了全市超过1/4的高层次人才和1/3的科研机构，是引领高新技术产业发展的示范区。同时，科学城在专利授权方面取得了显著成就，跃居全市第一。此外，科学城对新一代信息技术、人工智能和生物医药三大产业集群也已经布局多年，实力雄厚。以生物医药为例，科学城侧重于中试和孵化，发挥国家级高新区核心园区优势，集聚了香雪制药、达安基因等众多生物产业龙头企业以及万孚生物等一批生物技术创新企业，正在建设世界顶尖的生物医药科技成果转化中心。

4. 琶洲人工智能与数字经济试验区（含广州大学城）

（1）基本情况。广州人工智能与数字经济试验区位于广州中心城区，选择人工智能与数字经济发展基础较好的琶洲、广州大学城、广州国际金融城、鱼珠等连片区域，总面积约81平方千米。其中，珠江南岸产业创新集聚区，即琶洲核心片区（含广州大学城）约48平方千米；珠江北岸产业融合发展区，包括广州国际金融城片区（约8平方千米）、鱼珠片区（约25平方千米）。

（2）空间布局。围绕打造成为人工智能与数字经济技术创新策源地、集聚发展示范区、开放合作重点区、制度改革试验田的战略定位，沿珠江东部（珠江前航道广州大道到南海神庙段）选择人工智能与数字经济发展基础较好和应用场景广泛的连片区域，构建广州试验区"一江两岸三片区"空间格局。

珠江南岸人工智能与数字经济产业创新集聚区，即琶洲核心片区（含广州大学城）。发挥人工智能与数字经济广东省实验室（广州）等重大创新研发平台以及中山大学、华南理工大学等高校科研和人才资源，依托龙头企业，重点发展工业互联网、大数据、人工智能、新一代信息技术等数字技术产业，形成一批人工智能与数字经济领域的原始应用创新示范。

珠江北岸人工智能与数字经济产业融合发展区,包括广州国际金融城片区和鱼珠片区。广州国际金融城片区大力发展数字金融、数字贸易、数字创意以及各种消费新业态、新模式。鱼珠片区打造以区块链为特色的中国软件名城示范区,发挥黄埔港优势,推动航运、贸易与数字经济融合发展。

(3) 目标定位。《广州市科技创新"十四五"规划》提出,广州人工智能与数字经济试验区的定位为"粤港澳大湾区数字经济高质量发展示范区"。以支撑国家新一代人工智能创新发展试验区和国家人工智能创新应用先导区建设为重点,推动基础理论与前沿技术研究、应用场景建设、产业发展、社会治理和实验等工作。琶洲核心区(含广州大学城)重点发展人工智能、大数据、云计算等数字技术产业,发展总部企业和产学研平台,促进产学研用协同创新,形成一批人工智能与数字经济领域应用创新示范,建成世界一流的数字经济集聚区。

广州国际金融城片区发挥金融、贸易等现代服务业资源优势和新一代信息技术赋能作用,大力发展数字金融、数字贸易、数字创意以及各种消费新业态、新模式,推动现代服务业出新出彩,建成粤港澳金融合作示范区和金融科技先行示范区。

鱼珠片区发展5G通信及集成电路核心零部件、AI+软件、信创+区块链、数字贸易等产业,发展数字化工厂和无人工厂。布局工业互联网标识解析顶级节点等新型国际化信息基础设施,形成国家高端智能装备产业基地、工业互联网示范基地、高端服务业产业基地、信创产业基地和基础软件战略基地,打造以区块链为特色的中国软件名城示范区。

(4) 发展情况。自2020年1月以来,广东省推进粤港澳大湾区建设领导小组印发《广州人工智能与数字经济试验区建设总体方案》。广州市发挥建设主体作用,强化统筹协调,优化资源配置,在省有关单位支持下,围绕人工智能与数字经济技术创新策源地、集聚发展示范区、开放合作重点区、制度改革试验田的战略定位进行了一系列工作,推动广州试验区高标准建设。数据显示,2021年广州试验区内登记注册企业超8万家,同比增加约

1.2 万家，数字经济核心产业企业超 1 万家，其中高新技术企业 460 家。2022 年第一季度，广州试验区纳入统计的 1680 家"四上"企业实现营业收入 1205.38 亿元、同比增长 11.8%；其中，656 家规模以上服务业企业实现营业收入 296.08 亿元，同比增长 17.8%，营业利润 41.88 亿元，同比增长 16.1%。

广州试验区在企业集聚方面取得了显著成果。通过开展产业链"固链、强链、补链、稳链"行动，广州试验区成功促成了一系列重要项目的签约和落地，包括京东科技等 108 个项目的签约和启明星辰、百度等 104 个项目的落地，总投资额超过 1035.5 亿元，为广州带来了一批代表性的人工智能与数字经济企业，如无人驾驶独角兽 AutoX、百度阿波罗智能驾驶项目、中关村青创汇等。在人工智能和数字经济产业行业龙头方面，通过采取市区联动、资源共享、协同招商的方式，琶洲核心区引入了阿里巴巴、腾讯、唯品会、科大讯飞等众多领军企业，大学城片区形成了数字家庭、集成电路、健康产业等国家级科技企业孵化器，金融城片区吸引了平安银行等 11 家金融企业总部，鱼珠片区则成为国家级的"区块链发展先行示范区"。

广州试验区在行业数字化智能化方面成果颇丰。建设了基于区块链技术的"信任广州"数字化平台，赋能营商环境、网络监管、政务办公、电子商务等领域。同时，还建设了面向纺织服装、美妆日化等五大产业集群的数字化转型平台，其中纺织服装领域的致景科技建立了纺织服装纵向一体化的数字服务平台，已经服务了全国近 70% 的布料一手供应商，覆盖全国将近 30% 的织造产能。

（三）广州科技创新发展存在的问题与面临的挑战

1. 研发投入强度有待提升

较高的研发投入强度是创新能力提高的重要保障。近年来，广州市 R&D 经费持续增长，但与全国同类城市相比，广州市研发投入强度仍有提升空间。2022 年广州市研发投入强度为 3.12%，低于北京（6%）、深圳（5.49%）、上海（4.2%）和杭州（3.6%）等城市水平。尽管 2019 年广州市财政科技支出在全国排名第四,① 但是与前 3 名城市相比,不足北京、上海的 2/3,不足深圳的 1/2。广州人均科普经费指标从 2015 年的 10.94 元/人降到 2019 年的 8.68 元/人,下降幅度达到 20.66%。可见,无论是全社会研发投入还是政府财政对研发的投入,广州都需要提升。

2. 创新主体的能力和水平有待提升

从企业创新投入来看,企业 R&D 经费支出占主营收入的比重从 2015 年的 1.26% 提升到 2017 年的 1.43%,2018 年下降到 1.22%。2023 年 3 月,由中国科学技术发展战略研究院、广州生产力促进中心、广州市科学技术发展研究中心联合发布的《广州城市创新指数报告(2022)》显示,2021 年广州企业 R&D 经费支出占营业收入的比重升至 1.58%,虽有提升但在企业创新的二级指标中得分最低,表明未来广州企业在研发投入方面仍然有较大的提升空间。分析指出,这与广州市企业及产业偏向外向型有关,外部贸易环境变化带来企业经营波动,企业研发热情有所下降。但从企业长远发展来看,仍需重视研发活动,加大研发投入力度,提升创新能力。

从创新产出来看,专利产出是科技创新成果的重要体现,2021 年广州市发明专利申请量约近 19 万件,其中发明专利授权 2.4 万件。每万人发明专利拥有量为 49.7 件,是全国平均水平(19.6 件)的 2.5 倍,是全省平均水平(34.9 件)的 1.4 倍。但与北京(185 件/万人)、深圳(112 件/万人)、南京(95.42 件/万人)等均有较大差距,表明广州企业、高校等主体的创新能力和水平仍需进一步提升。

3. 科技创新生态有待完善

良好的创新生态体系能够充分释放全社会创新创业潜能,深入推进大众创业、万众创新,而孵化育成体系建设是创新创业生态体系建设的重要一环。比如,2019 年广州市拥有国家、省级科技企业孵化器 67 家,较 2018 年数量持平;科技企业孵化器的面积总量为 189.90 万平方千米,低于 2018 年的 199.65

---

① 选择 2019 年数据作为分析依据,是为了剔除新冠疫情对科研活动造成的影响。

万平方千米，远低于 2015 年的 253.38 万平方千米。2019 年，广州市的科技企业孵化器共孵化企业 10756 家。面向未来国际科技创新中心的定位，广州市需要进一步完善企业孵化育成体系，培养更多具有创新活力的市场微观主体。

再如，广州蓝皮书《广州创新型城市发展报告（2020）》分析指出，广州本地投融资市场不够发达，科技型中小企业面临融资难、融资贵问题。科技型中小企业由于自身积累资本不足，做大做强十分依赖融资支持。相比于北京、上海、深圳、杭州，广州股权投资、风险投资、天使投资、债券市场等融资市场还不够发达。从已在中国证券投资基金业协会备案的私募投资机构数量来看，广州现有私募投资机构 846 家，相比于上海 4730 家、深圳 4570 家、北京 4355 家、杭州 1555 家，广州不能很好地满足本地科技型创业企业的融资需求，许多企业要到外地才能找到合适的投资。部分企业反映，目前获得信贷支持较难，用于企业发展的信贷资金存在短债长用等问题。有些孵化器反映，并不知晓政府存在科技信贷风险补偿资金池等政策，希望能够加大宣传力度。

四　深圳的科技创新实践

科技创新已经成为深圳的一面旗帜，是引领深圳发展的第一动力。早在 2018 年全国两会时，习近平总书记就指出："深圳高新技术产业发展成为全国的一面旗帜，要发挥示范带动作用。"这是对深圳科技创新的充分肯定和殷切期望。2019 年 2 月发布的《大湾区纲要》明确提出，深圳要发挥作为经济特区、全国性经济中心城市和国家创新型城市的引领作用，加快建成现代化国际化城市，努力成为具有世界影响力的创新创意之都。2019 年 8 月，《中共中央　国务院关于支持深圳建设中国特色社会主义先行示范区的意见》发布，明确提出"以深圳为主阵地建设综合性国家科学中心，在粤港澳大湾区国际科技创新中心建设中发挥关键作用"。2021 年 10 月，《广东省科技创新"十四五"规划》提出以深圳为主阵地，以光明科学城、松山湖科学城、南沙科学城等为主要承载区打造综合性国家科学中心。深圳的科技创新发展在国家和区域范围内均具有重要支撑性作用，是国家实现高水平科技自立自强战略的重要支点。

（一）深圳科技创新发展基础与优势

2022 年，深圳全社会研发投入占 GDP 的比重为 5.49%，较 2012 年提升近 2 个百分点，排名全国前列（见图 6-6）。基础研究投入占全社会研发投入的比重为 7.25%，其中企业研发投入占全社会研发投入的比重为 94.0%。深圳高新区综合排名全国第二。PCT 国际专利申请量稳居全国城市首位。新增国家高新技术企业 2043 家，总量 2.3 万家。企业创新主体地位更加巩固，形成以"四个 90%"（90% 以上研发人员集中在企业、90% 以上研发资金来源于企业、90% 以上研发机构设立在企业、90% 以上职务发明专利来自企业）的特点更鲜明。

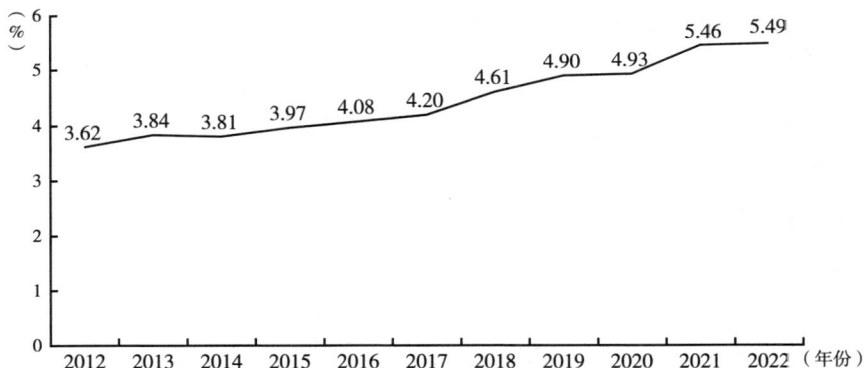

图 6-6　深圳全社会研发投入占 GDP 的比重的变化（2012～2022 年）

资料来源：深圳历年统计年鉴，http://www.sz.gov.cn/cn/xxgk/zfxxgj/tjsj/tjnj/。

1. 专利申请量和授权量持续位居全国前列

2012～2022 年，深圳全社会研发投入由 493 亿元提升至 1682 亿元，年均增长 13.06%，占地区生产总值的比重由 2012 年的 3.62% 提升到 2022 年的 5.49%，居世界前列。基础研究投入占全社会研发投入的 7.25%，企业研发投入占全社会研发投入的 94.0%。

在持续的研发投入下，深圳专利申请量和授权量持续位居全国前列。深圳专利授权量从 2012 年的 4.87 万件增加到 2021 年的 27.92 万件，增长了约 4.7 倍，年均增长 21.4%。2021 年，每万人发明专利拥有量达 112 件，约为全国平均水平（19.63 件）的 5.7 倍；有效发明专利五年以上维持率 78.52%，十年以上维持率 29.44%；获中国专利金奖 4 项、中国外观设计金奖 1 项，占全国总数的 12.5%；获广东省专利金奖 11 项，杰出发明人 4 名，获奖数量居全省前列。

深圳 PCT 国际专利申请量从 2012 年的 0.80 万件增加到 2021 年的 1.74 万件，年均增长 9%（见图 6-7）。2021 年，深圳 PCT 国际专利申请量占全国申请总量（不含国外企业和个人在中国的申请）的 25.52%，连续 18 年居全国大中城市首位。根据 2023 年 2 月 15 日中国科学技术信息研究所发布的国家创新型城市创新能力系列报告，深圳在国家创新型城市综合竞争力排名全国第一，完成了深圳在此榜单上的四连冠。

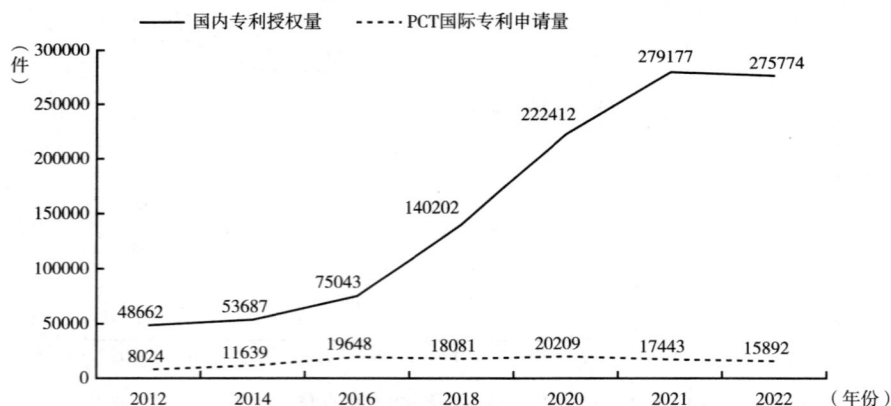

图 6-7　2012~2022 年深圳专利情况

资料来源：科技部《国家创新型城市创新能力监测报告 2022》、中国科学技术信息研究所《国家创新型城市创新能力评价报告 2022》以及深圳历年统计年鉴。

2. 科技创新载体建设加速推进

截至 2022 年底，深圳市累计建设国家、省、市级重点实验室、工程技术研究中心、工程实验室、工程研究中心、企业技术研究中心等创新载体

3223 家，比 2012 年增加 2507 个，约为 2012 年的 4.5 倍，年均增长 16.23%（见图 6-8）。其中，国家级创新载体 129 个，省级创新载体 1292 个，分别比 2012 年增加 95 个和 1232 个。

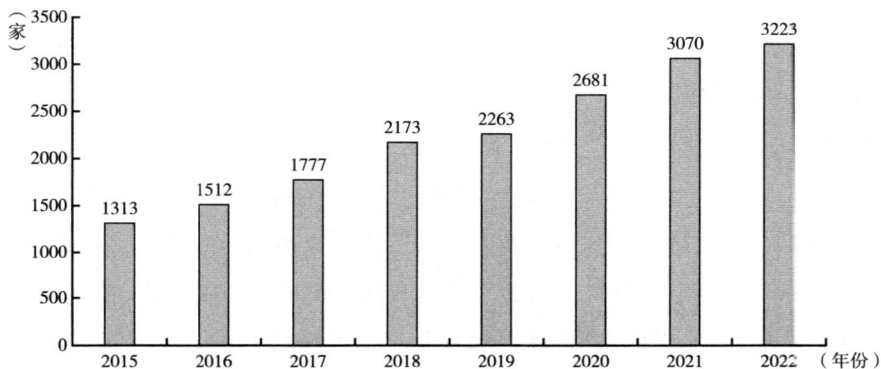

图 6-8 深圳市创新载体数量

资料来源：深圳历年统计年鉴，http://www.sz.gov.cn/cn/xxgk/zfxxgj/tjsj/tjnj/。

十年来，深圳市持续推进以科技创新为核心的全面创新，高标准推进大湾区综合性国家科学中心等重大科技平台建设。大湾区综合性国家科学中心主阵地、国家实验室落地深圳，光明科学城、河套深港科技创新合作区、西丽湖国际科教城等重大平台纷纷落地。2022 年，国家超级计算深圳中心二期开工建设，河套合作区高端科创资源加快集聚，香港科学园深圳分园建成，世界无线局域网应用发展联盟成立，粤港澳大湾区（广东）量子科学中心等 26 个重大科研项目落户河套；一批国家级产业创新平台落地，获批建设细胞产业关键共性技术国家工程研究中心，获批共建国家超高清视频创新中心，获批 4 家国家企业技术中心、累计达 37 家；一批以企业为主体的成果转化基地加快建设，工程生物产业创新中心、脑科学技术产业创新中心等产业创新中心建成运营，新增市级以上孵化器、众创空间 34 家。

3. 国内外高端科研资源不断集聚

人才方面，深圳市入选国家科技人才评价改革试点，2022 年新增全职院士 17 人，总数达 91 人，高层次人才累计超 2.2 万人。比如，深圳先进院和深理工引进全职院士 11 人、国家重点人才计划 103 人，非华裔人才 26 人，与 150 余家企业成立联合实验室，着力破解核心技术"卡脖子"难题。深圳先进院人才队伍规模已超过 4700 人，海归人才超 900 人，累计承担各项经费超百亿元，申请专利 10874 件。

深港澳科技合作方面，携手香港发布"联合政策包"，在河套实质推进和落地高端科研项目逾 150 个，香港大学牵头在河套成立深圳市港大新型科技创新中心，香港科学园深圳分园完成装修改造，拟入驻香港科创机构及企业近 20 家。先后印发《关于推进前海科技发展体制机制改革创新的若干措施》《深圳市前海深港现代服务业合作区管理局支持科技创新实施办法（试行）》《深圳前海深港现代服务业合作区粤港澳合作新型研发机构支持和管理办法（试行）》，实施深港澳科技计划项目，累计 1.1 亿元财政科研资金跨境香港投入科研活动。

其他国际合作方面，深圳与新加坡企业发展局签署备忘录，设立深圳-新加坡产业创新合作计划。支持创新主体自主设计和实施国际科技合作项目 74 个，合作国别涉及美国、日本、英国、以色列等 22 个国家。引导 10 家海外创新中心提升运营绩效，新引进海外项目 60 余个。深圳华大生命科学研究院牵头发起"人类时空组学"大科学计划，相关创新经验获国家发展改革委向全国推广。

4. 关键核心技术攻关不断取得突破

近年来，深圳坚持实施"一技一策"核心技术攻关机制，针对关键核心技术自主性不强等突出问题，出台《深圳市技术攻关专项管理办法》，全方位、立体式实施技术攻关面上项目、重点项目、重大项目、"悬赏"项目、战略性重大项目梯度攻关计划，精准突破"大卡""中卡""小卡"技术难题。改革重大科技项目立项和组织管理方式。围绕提升产业竞争力，保障经济安全的战略需求，精准发力，主动布局，聚焦核心电子器件、高端通用芯片、基础软件产品等，实行"揭榜挂帅"项目遴选制度择优选定攻关团队，"赛马式"制度平行资助不同技术路线的项目，"项目经理人+技术顾问"管理制度对项目实施全生命周期管理，

"里程碑式"考核制度对项目关键节点约定的任务目标进行考核，力保产业链关键核心环节自主可控。

5. 人才管理和服务体系持续优化

完善科技人才管理制度，加快集聚国内外优秀科技人才。促进科技人才在高等院校、科研机构和企业之间合理流动，支持和鼓励事业单位科研人员按规定离岗创业和在职创业，允许科研人员从事兼职工作、高校教师开展多点教学、医师开展多点执业并获得报酬。出台《深圳市优秀科技创新人才培养项目实施操作规程》，规范项目实施和日常管理。委托第三方专业机构通过联系对接、实地调研、材料核实、专项审计、专家论证等方式，为创新人才（团队）提供全链条跟踪服务。优化高层次人才团队立项和管理。立足服务导向和靶向人才，围绕产业链"补链""强链"，突出对重点产业链关键环节团队进行支持，开展高水平创新团队的引进申报和立项工作，协助做好省珠江人才计划、广东特支计划项目立项。首次实施优秀科技创新人才培养计划。按照数学、物理、化学、材料、医学等 8 个学科领域，布局基础学科领域创新人才培养，构建人才成长全周期支持机制。首批计划立项 101 个博士启动项目，40 个优秀青年项目，20 个杰出青年项目。继续优化外国人来华工作管理和服务，疫情期间，累计出台 10 余项外国人来深工作便利措施，搭建外国人综合服务管理平台，首次在招商街道设立外国人来华工作许可工作站。建立以创新价值、能力、贡献为导向的科技人才评价体系，对市场发挥主导作用竞争领域，以人才市场价值、经济贡献为主要评价标准，对政府主导投入的非竞争领域，由以"帽"取人向以岗择人转变，让用人主体自主评聘高精尖缺人才。

6. 全面融入全球创新网络

深圳已经布局建设 10 家深圳市海外创新中心，仅 2020 年就下发补贴资金 1731 万元，构建"源头技术—孵化加速—二次开发—项目投资—产业资源—市场对接—政府支持"的国际科技创新合作生态圈。组织实施国际科技合作项目。2020 年累计资助国际合作项目 45 个，资助金额 1770 万元，资助国际交流活动项目 8 个，资助金额 385 万元。与以色列创新署联合启动"深圳-以色列科技项目联合资助计划"。搭建科技交流与合作平台。成功举办第六届深圳国际创客周，全面展现深圳创新创业活力与成果，汇聚 500 多位国内外企业家、行业专家、高校代表、创客参会，吸引超 2 万人次到场参加活动；以线上线下相结合方式举办中国国际人才交流大会，拓宽引才平台，增加国际人才储备，推动构建平等合作、互利共赢的创新共同体。

（二）深圳重大科技创新平台/园区建设情况

1. 河套深港科技创新合作区

2023 年 8 月 8 日，国务院发布《河套深港科技创新合作区深圳园区发展规划》，标志着继横琴、前海、南沙之后，粤港澳大湾区第四个国家级平台的总体方案落地实施。河套深港科技创新合作区面积约 3.89 平方千米，由位于香港的 0.87 平方千米的河套 A 区即港深创新及科技园、位于深圳的 1.67 平方千米的皇岗口岸片区和 1.35 平方千米的福田保税区组成。2017 年 1 月深港政府签署《关于港深推进落马洲河套地区共同发展的合作备忘录》后，合作区规划建设正式启动，从开发进度看，合作区深圳园区规划建设的进度要快于合作区香港园区。具体如下。

（1）科创资源加速集聚。在香港园区尚未启用的情况下，深圳园区已经聚集了相当的科技创新资源，一方面原因是合作区为科研机构提供了空间等方面的基础性保障，另一方面原因是科研机构看好合作区的政策红利和未来发展潜力。

一是统筹"租购改建"，提供优质科研空间保障。深圳园区充分利用福田保税区现有仓储物流物业，"租、购、改、建"四策并用，为科创资源入驻提供优质科研空间。先期 37 万平方米空间投入使用，相当于香港科学园建筑体量，2020 年又新整备 10 万平方米科研空间；深港开放创新中心、深港科创综合服务中心已开工建设，于 2023 年新增 30 万平方米科创及配套空间；福田保税区内 289 数字半岛、国资国企创新中心等一批科研新空间正"滚动式"加速改造；皇岗口岸货检功能取消后，将逐步释放货检区约 50 万平方米土地。深圳园区科创空间未来两年内将超过百万平方米，到 2035 年预计将超过 300 万平方米。

二是聚焦"三大领域"，逾百个高端科研项目落地。深圳园区聚焦发展生命科学、信息科学和材料科学三大领域，目前实质落地的高端科研项目已达 138 个，其中生命科学领域包括南开大学-牛津大学联合研究院、香港大学格物智康病原研究所、香港大学深圳医院国际临床试验及转化医学研究中心、晶泰科技等；信息科学领域包括粤港澳大数据研究院、商汤科技人工智能研究院、平安科技人工智能创新中心等；材料科学领域包括香港城市大学先进航空材料预应力工程与纳米技术研发项目等；其他领域包括瑞士 BRUSA 项目、西门子能源项目、深圳市合众清洁能源研究院等。

三是打造"三大集群"，集聚国际国内重大科研设施。深圳园区已对接和引入由香港大学、香港中文大学、香港科技大学、香港城市大学、香港理工大学 5 所高校牵头的高端科研项目，致力于打造香港高校优势学科重点实验室集群；与南开大学、牛津大学、瑞士 BRUSA、德国西门子、联影医疗等国内外著名高校、知名企业合作，致力于打造国际一流创新研究中心集群；引入金砖国家未来网络研究院中国分院、未来网络试验设施国家重大科技基础设施、国家药品监督管理局药品审评检查大湾区分中心、国家药品监督管理局医疗器械技术审评检查大湾区分中心、粤港澳大湾区数字经济研究院（福田）、国际量子研究院等国家重大项目和平台落户，致力于打造国家重大科研平台集群。

四是搭建"两大平台"，构建产学研用融合创新体系。一方面是产业承载平台。目前深港国际科技园、深港协同创新中心、国际量子研究院、国际生物医药产业园一期二期等定位清晰明确，科技资源及高端人才集聚效应逐步显现。深港国际科技园聚焦国际尖端科技资源，打造国际高端项目汇集和人才集聚的中心；深港协同创新中心聚焦新兴产业，打造创新创业和展示交流的综合中心；国际量子研究院聚焦量子研究的国际学术前沿，打造国际一流量子科技研究中心；国际生物医药产业园一期、二期聚焦提升生物医药原始创新能力，打造现代化国际生物医药研发服务和创新成果的转化中心。这些产业平台是合作区项目的主要承载体，其建设模式是努力实现"三个集中"：同一研究领域项目建设集中，实验设备共享平台集中，科技团队与研发人员集中（见表 6-16）。

表 6-16　深圳园区产业承载平台及入驻项目

平台名称	平台简介/入驻项目
深港协同创新中心	总建筑面积约 20 万平方米，配备超一流的智能化硬件设施，发挥海内外高端、优质重大科研项目载体和平台的作用。已入驻重点科研平台和项目包括金砖国家未来网络研究院（中国分院）、粤港澳大湾区气象预警中心、粤港澳大湾区大数据研究院、香港生产力促进局深圳创新创业合作项目、悉尼科技大学创新研究院、粤港澳大湾区人工智能研究院（福田）、腾讯云启产业计划等
国际量子研究中心	总建筑面积约 3.3 万平方米，聚焦量子科技前沿，打造国际一流量子科技研究平台，由福田区政府与南方科技大学共同建设。已入驻项目有广东省量子科学与工程创新研究院、深圳市量子科学与工程研究院、湾区量子联盟基地、深港量子科学与工程创新研究院、香港大学交叉量子科技高等研究所等
深港开放创新中心	总建筑面积约 20 万平方米，打造集科技研发、实验室、配套服务于一体的深港智慧科创中心
深港科创综合服务中心	总建筑面积约 10 万平方米，将通过拆除重建方式进行城市更新开发，形成集商务办公、科技展示、商务服务于一体的深港服务综合体
深港国际科技园	总建筑面积约 23 万平方米，目前入驻的重点科研平台和项目有南开大学-牛津大学联合研究院、香港大学病毒学研究所、香港城市大学-国际先进结构材料与增材制造创新研究院、香港城市大学国际电子显微镜基础设施、香港大学-清能院联合研究中心、香港中文大学-深港智慧医疗机器人开放创新平台、香港中文大学（深圳）大湾区生物医药创新研发中心、香港理工大学-粤港澳大湾区创新药物研发暨转化医学研发中心等
国际生物医药产业园	建筑面积约 3 万平方米，由工业厂房改造成科研大楼。产业园定位为现代化国际临床研究和培训中心、生物医药研发服务中心、医学医药企业孵化中心。现已引入香港科技大学-健康老龄化实验室（脑科学湿实验室）、博济生物医药研发公共服务平台及配套孵化器、中山大学附属第八医药实验室及公共服务平台、保信亚太生物科技（深圳）有限公司等项目

资料来源：根据河套深港科技创新合作区深圳园区、福田区河套深港科技创新合作区建设发展事务署网站资料整理。

另一方面是创业孵化平台。合作区深圳园区落户了一批深港青年、国内团队创新创业活动的孵化平台。重点引进及孵化高潜质科技创新企业，聚焦医疗科技、大数据及人工智能、机器人、新材料、微电子、金融科技等领域，发挥粤港澳综合优势，创新体制机制，促进要素流通。已有中以国际创新中心、粤港澳青年创新创业工场（福田）、孔雀谷深港科创育成基地、香港青年福田创新创业社区、UNI 香港青年创业空间、香港科技大学蓝海湾孵化港等孵化项目入驻，形成创业孵化平台生态集群，带动合作区科研成果产业转化，促进粤港澳大湾区高新技术产业的快速发展。

（2）深港协同初见成效。香港园区规划建设进度明确，由香港科技园公司全资子公司——港深创新及科技园有限公司负责建设、管理、维护和运营等工作。香港园区分两期发展，第一期第一批次8座楼宇可在2024年至2027年分阶段落成，最早在2023年第一栋楼可建成使用。因此未来五年，合作区深港协同的主要平台是深圳园区，香港方面已经充分认识到这一现实情况，因此强化深港协同发展有内在需求和动力。

一是两地协同发展积极性日益增强。近年来香港科研机构、企业和人才陆续进入深圳园区发展，香港特区政府的积极性也逐步增强。2020年8月26日，香港特区政府行政长官林郑月娥考察深圳园区，表示要将合作区作为一个园区看待，强化深港协同，共同吸引国际创新资源，共促科创发展。2020年11月25日，林郑月娥在《行政长官2020年施政报告》中提出，要实现"一国两制"下位处"一河两岸"的"一区两园"。林郑月娥还表示两地政府正研究在香港园区首批楼宇落成前，由香港科技园公司承租及管理深圳福田科创园区的部分地方，让有兴趣开展大湾区业务的机构和企业先落户深圳科创园区。2021年2月13日，林郑月娥率队考察香港园区建设进展，表示深港在科技创新上联手，将为大湾区发展国际科技创新中心提供重要动力。总体上，香港推进两地协同、共同发展的积极性日益增强。

二是双方组建联合工作专班推进落实。目前，河套深港科技创新合作区联合专责小组已经举行八次会议，在支持深圳园区发展规划出台、签署"一区两园"合作安排、制订实施"联合政策包"、港方在深圳园区设立独立运营单元、联手招才引智、设立大湾区培训学院、深港5G联合路演、联合组建专家咨询委员会、一号通道改造、两个园区交流学习等10个方面达成共识。根据联合专责小组第七次会议精神，福田区合作区建设指挥部与香港创新及科技局组建了"联合政策包"工作组、港方运营单元工作组和联合推广工作组3个联合工作专班，每周保持对接沟通，积极推动共识落实。"联合政策包"工作组近期已形成《河套深港科技创新合作区联合改策包》

初稿，按程序征求市委组织部等 13 个市级相关部门意见，积极推动"联合政策包"的发布工作。港方运营单元工作组已组建联合工作机制进行多次对接，深方为港方提供联合办公区域，作为港方开展前期工作的联络点，目前联合办公区已开展装修。联合推广工作组近期积极推动举办深港联合路演大会（5G 行业），共同推介科技创新项目。

三是共同推进跨境基础设施建设。港方支持深方组织实施跨境货运"东进东出、西进西出"和皇岗口岸片区重建。深港就新皇岗口岸"一地两检"通关模式达成共识，并同意未来就"合作查验、一次放行"等查验模式创新、香港北环线的接入做进一步研究，共同推进。

（3）服务配套稳步提升。一是政务服务全面升级。深圳园区已经建成"e 站通"综合服务中心，打造一站式园区政务服务。"e 站通"综合服务中心是深圳目前唯一能够一站式办理海关和地方政府服务事项的大厅，也是深圳唯一能够实现深港跨境"一件事一次办"的大厅，为园区企业、香港及国际人才提供"一门式、一窗式、一网式"360 项政务政策咨询、创新创业交流等服务。

二是互联网服务逐步开放。深圳园区深入推进国际互联网访问跨境数据流动试点工作，目前已试用 100 个试点线路，探索信息、技术的跨境高效流动。互联网服务逐步开放，为入驻的国际国内科研人才提供更加便利的科研软环境。

三是生活配套设施持续完善。目前，深圳园区周边 50 公顷棚改旧改项目已经启动，可为合作区提供人才房超 5000 套。加上深圳园区及周边已有的居住、学习、购物等设施，合作区生活配套设施持续完善，有利于提升对科研机构和人才的吸引力。

2. 光明科学城

深圳光明科学城规划范围北起深莞边界，东部和南部以光明区辖区为界，西部以龙大高速和东长路为界，规划总面积 99 平方千米。其中，建设用地约 31 平方千米，非建设用地约 68 平方千米。

（1）空间布局。根据 2020 年 6 月发布的《光明科学城空间规划纲要》，光明科学城总体呈现"一心两区，绿环萦绕"的空间布局，打造"北林、中城、南谷"的城市风貌，即北部为装置集聚区（12.7平方千米），包括大科学装置集群、科教融合集群和科技创新集群，营造傍山拥湖、绿荫环绕的"科学山林"；中部为光明中心区（10.5平方千米），形成科学公园、光明都市田园旅游区与垂直城市错落有致的"乐活城区"；南部为产业转化区（15平方千米），塑造富有生态内涵和科技文化氛围的"共享智谷"。

（2）发展目标。光明科学城作为大湾区综合性国家科学中心先行启动区，立足全球视野，服务国家战略，充分发挥粤港澳大湾区国际化、市场化程度高的优势，依托世界级重大科技基础设施集群，以信息、生命、新材料领域关键共性技术、前沿引领技术、颠覆性技术创新为主攻方向，协同推进科技创新、产业创新、体制机制创新、运营模式创新和开放共享创新，打造世界级大型开放原始创新策源地、粤港澳大湾区国际科技创新中心核心枢纽、综合性国家科学中心核心承载区、引领高质量发展的中试验证和成果转化基地、深化科技创新体制机制改革前沿阵地。

——开放创新之城：充分发挥大科学装置、高等院校、科研机构、研发企业等创新要素高度集聚的优势，形成开放、共享、创新的先锋文化。供给多样化创新空间、交流平台和服务设施，激发科技创新活力，推动科技创新与城市发展的深度融合。

——人文宜居之城：依托光明中心区建设，挖掘文化内涵，构建综合性、国际化、特色型的优质公共服务体系。为多元人群提供既全面均衡又具有高品质、差异化特色的公共服务，形成5分钟、10分钟、15分钟生活圈，建成产城融合、乐居宜业的高品质现代化城区。

——绿色智慧之城：坚持生态文明和可持续发展理念，加强智慧城市体系建设。充分利用山水林田湖资源，塑造高品质生态环境，形成山水绕城、城在林中的风貌特色，建成绿色生态示范城区和可持续发展示范区。借助信息基础设施、数字城市建设，打造深度感知、实时监测、科学决策的智慧城市标杆。

（3）建设成效。近年来，在国家部委和省市支持下，光明科学城建设加速推进，取得系列重要成果。一是在"从0到1"基础科研建设成绩斐然。大科学装置和重点实验室等科技基础设施建设稳步推进，并对港澳开放，成立深港澳科技成果转移转化基地，吸引14个优质港澳项目及5家企业入驻。深圳湾实验室成为呼吸领域国家实验室深圳基地，入驻科研团队80余个、科研人员800余人。深圳市工程生物产业创新中心投入运营，构建全国首个"楼上创新、楼下创业"综合体，已经建成的合成生物产业园入驻20余家企业。二是科技创新成果显著。积极参与国际科技竞争与合作，率先申请发起"生物与信息融合（BT与IT融合）"国际大科学计划，在国内率先发布支持合成生物创新链产业链融合发展若干措施。全区市级以上创新平台达119个，承担国家级、省级科技战略任务96项，PCT国际专利申请量达到739件，各类创新主体获得国家、省级专利奖8项。

3. 西丽湖国际科教城

（1）基本情况。西丽湖国际科教城位于深圳市南山区北部，规划面积69.8平方千米，以"山、湖、河、海"生态格局为基础，构建"一心、两轴、三区、六大创新集群"的空间布局，形成山水城林镶嵌、动静相辅相依、疏密错落有致、传统与现代融合的"山水掩映缘牙塔，蓝绿交织活力城"。这里高等教育资源密集，科技成果转化能力完备，创新创业氛围浓厚，高新技术企业云集，生态环境优美，科技、教育、产业、金融等创新要素融合紧密，将建设成为大湾区高质量发展核心动力源，打造世界级融合创新策源地。

（2）发展目标。西丽湖国际科教城聚焦产教融合，致力于打造拥有"世界眼光、国际标准、深圳特色"的粤港澳大湾区创新智核。2020年12月，科技部、教育部、广东省政府联合出台《深圳西丽湖国际科教城建设方案》，将西丽湖国际科教城打造成为"国家实验室创新生态样板"、粤港澳大湾区创新驱动发展的核心动力源。

（3）发展成果显著。一是重大实验室集群已初具规模。鹏城实验室建设成效显著。鹏城实验室石壁龙园区规划总体用地约2039亩，一期工程正式立项启动；建成"鹏城云脑""鹏城靶场""鹏城云网""鹏城生态"等四大科学基础设施，其中鹏城云脑Ⅱ经国际权威测试，性能达到世界领先水平，IO500 和 AIPerf500 成绩稳居世界排行榜榜首，承担了一批国家重大科研项目，与全国 150 余家院校和科研机构开展了深度合作，构建了产学研协同创新体系。

协同创新实验室集群建设快速推进。已建设国家、省、市级创新载体 458 个，其中国家级载体 26 个，协同创新实验室集群网络初步形成。省部共建肿瘤化学基因组学国家重点实验室、移动网络和移动多媒体技术国家重点实验室已启动建设，引进帕特森 RISC-V 国际开源实验室等多家诺贝尔奖科学家实验室，聚焦精准医疗、科学、工程计算与设计软件、金融科技与数字经济四大方向，建设首批国家应用数学中心，推动企业与高校、科研院所开展协同创新，组建工程研究中心和校企联合实验室。

二是高等院校发展迅速。大力培育一流研究型大学。在"2021QS 世界大学排名"中，南方科技大学位居内地高校第 14 名，深圳大学位居内地高校第 33 名，凸显了深圳高校建设的"深圳速度"，哈尔滨工业大学（深圳）在校生规模近 8000 人，蝉联广东省理科统考一批次录取分第一名，清华大学深圳国际研究生院布局建设能源材料、信息科技、医药健康、海洋工程、未来人居、环境生态和创新管理"6+1"个主题领域和交叉学科群，国际研究生院校区一期工程稳步推进，深圳职业技术学院入选中国特色高水平高职学校建设单位（A 档），成为技术技能人才培养高地。

三是创新服务平台日趋完善。加快建立中试转化中心。深圳大学技术转化中心作为科技部第五批"国家技术转移示范机构"，共办理学校知识产权转化 176 项，其中专利转让 159 项、授权许可 12 项、作价入股 5 项，累计转化收入 3756 万元；支持深圳清华大学研究院建设生物医药、集成电路、智能制造领域的中试工程化服务平台，促进科技成果产业化并服务中小企业；联合 18 家高校、科研单位、创新企业和专业服务机构共同发起西丽湖国际科教城技术转移与成果转化联盟，通过联盟集聚创新链和产业链上的关键成员，解决技术开发、技术转移、中试转化等环节的关键问题，通过信息交互、资源共享、协同创新等推动更多原始创新成果顺利转化。

积极建设技术转移和验证中心。南方科技大学技术转移中心以转让、许可、作价投资 3 种方式转化科技成果的合同金额超过 3.3 亿元，在全国高校中名列前茅；清华大学深圳国际研究生院技术转移中心于 2019 年由清华大学深圳研究生院技术转移办与清华–伯克利深圳学院技术转移办合并而成，2020 年完成技术转移项目 5 项，其中作价投资 3 项，合同金额达 8680 万元；深圳大学成立全市首家高校创新验证中心，通过提供验证资金、配套种子基金、专家咨询服务、创业人才培养、孵化空间等途径，对创新验证项目进行个性化支持，建设粤港澳大湾区集成电路设计创新公共服务平台，提供 IC 设计原型评估验证、版图布局、功能仿真和时序仿真等软硬件服务和专业技术指导。

（三）深圳科技创新发展面临的主要挑战

1. 基础研究投入强度亟待提高

从创新链环节看，深圳目前研发投入主要集中在试验发展环节，多为应用创新和集成创新，以解决工程、应用问题为主，在数学、物理、化学等基础研究领域较为薄弱，造成产业上游前瞻性、原创性、引领性成果较少（见图 6-9）。

基础研究和应用基础研究是提升源头创新能力和科技竞争力的关键与突破口。全球城市一般都承载着国家科技创新使命，拥有大量科技资源，具备较强的基础研究能力，基础研究投入在研发投入中所占比例一般为 15%～25%。例如，纽约在 21 世纪初的时候，基础研究投入占研发投入的比重就达到了 18% 左右，伦敦的基础研究投入比重达到了 25%，作为新兴地区的新加坡，其基础研究投入也占到了 20% 左右。2022 年深圳市基础研究经费投入 122 亿元，比上年增加 49.13 亿元，大幅增长 67.4%，占全社会研发投入的比重仅为 7.25%，虽首次超过全省（6.9%）和全国（6.5%）平均水平，[①] 但与国内外先进城市仍存在差距（如北京为 15%，2018 年数据）。

---

① 数据来源：深圳市统计局、国家统计局。

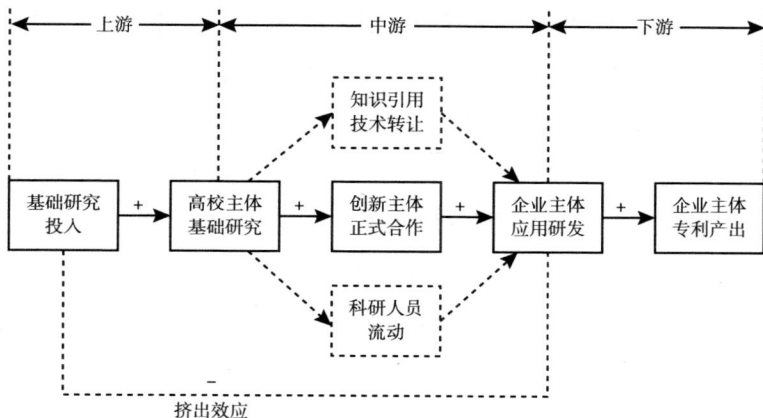

图 6-9　基础研究投入的传播与转化

资料来源：叶菁菁等《基础研究投入的创新转化——基于国家自然科学基金资助的证据》，《经济学》（季刊）2021 年第 6 期。

　　深圳以特区立法的形式规定了不低于 30% 的市级科研经费必须投向基础研究和应用基础研究。[①] 但深圳在相关资金投入管理方面还存在统筹规划不够、资金管理不够、工作力量不足等问题，影响了本市基础研究和应用基础研究的资金效能和项目组织质量，不便于对其进行精细化管理。[②]

　　2. 基础研究能力和水平亟待提升

　　根据《自然》杂志发布的 2022 年"自然指数-科研城市"，科研城市（都市圈）前 100 榜单中，深圳排名第 28，论文数量为 1457 篇。排在深圳之前的中国城市为北京、上海、南京、广州等。北京的论文数是深圳的 5 倍。

　　3. 尖端科研人才队伍建设亟待加强

　　虽然深圳实施了一系列政策吸引国内外人才，但是由于缺少重大科学研究平台和载体，新兴产业发展对应用型人才需求扩大，高端人才偏少难以满

---

① 2020 年 11 月 1 日施行的《深圳经济特区科技创新条例》，在全国率先以立法形式规定"市人民政府投入基础研究和应用基础研究的资金应当不低于市级科技研发资金的百分之三十"，并规定"市人民政府设立市自然科学基金，资助开展基础研究和应用基础研究，培养科技人才"，保证财政持续稳定支持基础研究和应用基础研究。

② 深圳市 2022 年优秀政协提案，市政协科教卫体委员会、市科学技术协会《关于加强基础研究与应用基础研究资金管理的提案》。

足科技创新需求。在深圳 1.53 万名高层次人才中，以院士、高层次专家为代表的"高、精、尖"人才仅占 3.3%，其中全职院士 46 人，仅为北京的 1/16、上海的 1/4；在深工作的高层次专家为 461 人，仅为北京的 1/4、上海的 1/2。深圳 A 类外国高端人才仅有 3314 人，低于北京（3610 人），远不及上海（17811 人）（汪云兴、何渊源，2021）。

　　总体的人才储备方向，深圳与北京、上海等城市相比，短板也很明显。北京拥有 35 所"双一流"建设高校，两院院士数超过全国总数的 50%，科技创新领军人才数、正高职称专家数等居全国第一。上海的人才基础规模位列第二，其两院院士数和科技创新领军人才数均仅次于北京。其余城市的人才基础规模与北京、上海存在较大差距，有较大提升空间，城市人才基础规模差异大。特别是深圳基础研究方面较为薄弱，本土人才的培养严重滞后。深圳人才集团联合清华大学技术创新研究中心研究发布的《中国创新人才指数 2022》（China Innovative Talents Index 2022）报告显示，深圳以总分 81.89 位列全国第三，仅次于北京和上海，但在综合得分方面以及细分指标人才规模（78.62）、人才结构（82.93）、人才效能（86.46）、人才环境（78.91）方面仍存在较大差距，如人才规模排名落后于广州（见图 6-10）。

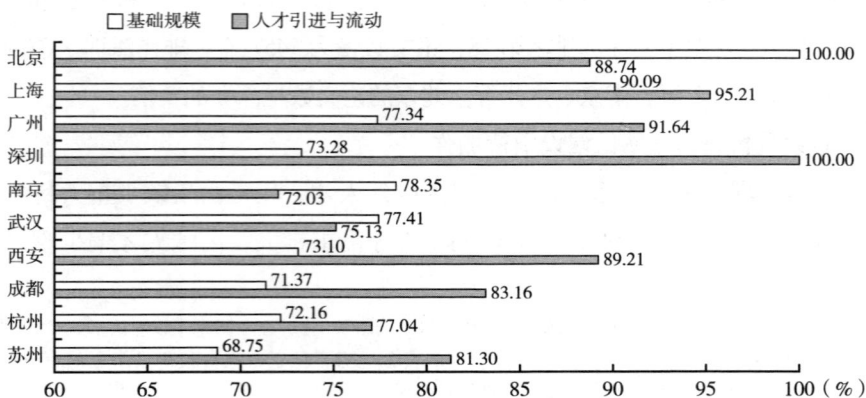

图 6-10　我国人才规模前 10 强城市发展状况（2022）

资料来源：《中国创新人才指数 2022》城市综合排名，https://cit-index.com/report.html。

4. 重大科研载体和平台亟待建设

目前全国通过验收的国家实验室共有 12 家，其中北京 4 家，上海 3 家，兰州、合肥、青岛、广州和深圳各 1 家。此外，深圳目前有国家重点实验室 8 家，是北京（116 家）的 7%、上海（44 家）的 18%、广州（20 家）的 40%。据 2019 年自然指数排名，TOP50 的全球科研机构中，北京 5 家、纽约 3 家、伦敦 3 家、东京都 2 家、新加坡 2 家，而深圳没有科研机构入榜。全市高校仅有 14 所，无"双一流"建设高校，而北、上、广分别有高校 89 所、68 所、80 所，"双一流"建设高校 8 所、4 所、2 所。

缺乏重大科研载体和平台，导致深圳在基础研究领域短板明显。数据显示，2021 年深圳 SCI（科学引文索引）高被引论文 511 篇，占全球第 19 位，与北京（1989 篇）、纽约－纽瓦克（1345 篇）、伦敦（1304 篇）、上海（1043 篇）差距较大。

第七章 粤港澳大湾区节点城市的
科技创新实践

本章梳理分析佛山、东莞、惠州、珠海、中山、江门、肇庆等7个大湾区城市的科技创新发展情况。①

一 佛山的科技创新实践

佛山近年来区域创新体系日益完善，成功创建国家创新型城市。企业创新能力不断提升，科技企业孵化育成体系深化完善。制造业核心技术竞争力快速提高，创新人才队伍不断壮大，高水平创新平台建设取得阶段性成果。

（一）区域创新体系日益完善

一是企业创新能力不断提升。大力实施高新技术企业培育和树标提质行动，推进规模以上工业企业研发机构建设，科技型企业规模不断壮大。截至2021年，佛山市共有国家高新技术企业8700家，约是2015年的12倍；建有省重点实验室30家，位居全省第二；省工程技术研究中心812家，位居全省第三，是2015年的3倍。二是高水平创新平台建设取得阶段性成果。季华实验室获批建设首批省实验室，综合效率居全省前列；佛山仙湖实验室以氢能应用为主攻方向，建设新能源产业综合研

---

① 本章基本按照2022年GDP排名的次序来梳理各城市科技创新发展实践。本章涉及的图表、数据等资料，如无特殊说明，均来自各市统计公报、年度工作报告、科学技术（科技创新）"十四五"规划等政府公开文件。

发平台。佛山（华南）新材料研究院、广东中科半导体微纳制造技术研究院、香港科技大学佛山智能制造研究院等一批面向未来产业的创新平台加速建设。全市拥有省实验室 2 个、粤港澳联合实验室 1 个、省级新型研发机构 24 家。三是科技企业孵化育成体系深化完善。通过实施科技企业孵化器倍增计划，加大科技孵化育成体系建设财政投入，全链条孵化服务体系逐步建立。截至 2021 年，全市建有科技企业孵化器 115 家，众创空间 86 家，其中国家级孵化器 23 家，广东省科技企业孵化载体 21 家，国家级众创空间 22 家，孵化总面积超过 260 万平方米，在孵企业超过 3200 家。佛山科学技术学院大学科技园被科技部认定为第十一批国家大学科技园。

（二）产业创新取得显著成效

围绕打造高质量发展动力源，佛山市大力推进以"互联网+智造"等为代表的技术在产业领域的深入应用，实现产业结构整体演进呈高端化发展趋势。一是制造业核心技术竞争力快速增强。聚焦运用优势资源，探索实施"揭榜挂帅"与核心技术攻关榜，广招贤士攻克"卡脖子"技术难关，支持各类创新主体开展制约产业发展的核心技术攻关。积极承担国家和省重大科技专项等工作。2021 年，佛山市专利授权量为 96487件，居全省第三位；发明专利授权量为 8306 件，PCT 国际专利申请量为 924 件，有效发明专利量为 34566 件，每万人有效发明专利拥有量为 36.39 件。

二是高新区新兴产业不断聚集。佛山国家高新区以"一区五园"的运营模式，坚持招商引资和招才引智并重，打造全市创新型经济发展高地。2021 年，佛山国家高新区实现地区生产总值 1846.29 亿元，占全市的 15.2%，工业总产值达到 4792.67 亿元。以智能家居、高端装备、新材料、电子核心、生物医药与健康为核心的先进制造业产业集群显示度不断提升。

三是传统行业焕发创新活力。推动传统产业转型升级与新兴产业培育，加快推动制造业产业向高端跃升，全市产业结构持续优化。禅城区陶瓷总部经济基本确立，陶瓷机械行业从弱到强，位于南庄镇的建陶小镇入选全国首批特色小镇典型案例。南海区加快"两高四新"现代传统产业体系发展步伐，做大做强以医卫用行业为龙头的新材料产业集群，改造提升家具等传统产业。顺德区家电产业集群已达千亿级，白色家电向智能化、数字化加速升级。高明区重点围绕先进装备制造等六大主导产业，加快推进产业基础高级化、产业链现代化。三水区培育形成国内最大的通信天线产业集群、华南地区最大食品饮料产业基地，带动全区产业结构不断优化升级。广东金融高新区重塑全省金融产业版图，为佛山发展高端服务业奠定良好基础。得益于坚持走制造业高质量发展的路径，全市先进制造业产业规模迅速壮大。2022年，全市先进制造业增加值达2770.8亿元，占规模以上工业增加值的50.6%，比2015年提高15个百分点。

（三）创新能力实现较大突破

近年来，佛山以国家创新型城市建设为目标，持续加大科技创新投入，区域创新能力大幅跃升。一方面是科技创新投入强度持续增加。通过落实研发费用加计扣除、科技与金融结合等创新政策，撬动全社会加大科技创新投入。2022年，R&D经费达365.71亿元，是2015年的1.9倍，R&D经费占GDP的比重达2.88%，比2015年提高0.36个百分点。另一方面是创新能力跻身国内地级市前列。重视通过提供科技条件及金融服务等发挥对创新的引导作用，突出科技创新对城市经济结构调整和绿色发展的驱动作用。根据《中国城市科技创新发展报告》，佛山市科技创新发展指数居地级及以上城市的第25位，在除省会城市以外的地级市中居第8位；在广东省主要城市中，创新服务居第4位，创新绩效居第6位。

（四）科研人才队伍建设跃上新台阶

一是加大力度引进高端人才。截至2021年，全市累计引进省创新创业团队 11 个，市科技创新团队 203 个。二是优化人才团队新资助办法。新立项青年拔尖人才团队 19 个。三是对创新创业团队实施全周期监管服务。推动 27 家团队企业与投融资机构对接，达成意向投资额超 2 亿元；南海区采用"无偿扶持＋股权投资"的混合模式，解决科技初创企业资金紧缺问题。希荻微成功上市科创板，成为市科技创新团队首家上市企业。

（五）重点技术领域布局不断完善

佛山市围绕重点培育发展的装备制造、智能家居、汽车及新能源、军民融合及电子信息、智能制造装备及机器人、新材料、健康食品、生物医药及大健康等产业，"加长板、补短板"，持续攻克一批关键核心技术，打好产业基础高级化和产业链现代化攻坚战，引导产业由聚集发展向集群发展全面提升，增强产业链、供应链的稳定性和竞争力（见表 7-1）。

表 7-1　佛山市"十四五"重点技术领域布局

产业领域		重点技术领域
核心产业	装备制造	重点发展信息显示装备、高效切削刀具技术、精密及超精密加工工艺、复杂型面和难加工材料加工成型工艺、关键金属构件高效增材制造工艺、显示装备技术、大型成套装备集成技术、高端专用装备制造技术、压电式喷墨打印头制造技术
	智能家居	重点发展智能功率模块技术、空调用高效换热器技术、洗衣机用高性能传感器技术、空气净化器高效过滤部件技术、个人家庭用清扫机器人技术、陶瓷新型干法制粉技术、陶瓷节能型胚体烧结技术、陶瓷精加工技术、家居产品智能化控制技术、金属制品先进成型技术、金属制品高效表面处理技术、高性能金属型材精深加工技术、智能及健康照明技术
支柱产业	汽车及新能源	重点发展高效氢能制备技术、高密度储氢技术、综合能源供给站技术、高性能电池技术、高效传动系统技术、高效电控系统技术、整车轻量化技术、车用燃料电池技术、智能化自动驾驶技术以及汽车电机、压缩机、微电机技术等
	军民融合及电子信息	重点发展芯片封装测试技术、家电芯片技术、高端元器件制造技术、新型显示器制造技术、通信天线设备制造技术、雷达及配套设备制造技术、可穿戴智能设备制造技术

续表

产业领域		重点技术领域
新兴产业	智能制造装备及机器人	重点发展智能识别技术、机器人用伺服电机技术、高精密减速器技术、工业机器人制造技术、机器人系统集成技术、新型传感器技术、机器人控制器技术
	新材料	重点发展特殊用途合金材料生产技术、功能性新材料技术、先进功能陶瓷材料生产技术、化合物半导体材料生产技术、药物载体材料制造技术、可降解生物医用材料制造技术、新能源复合材料制造技术、高性能环境功能材料技术、光刻胶生产技术
	健康食品	重点发展适合亚热带农产品、预制食品，以及方便食品的制汁、干制、发酵、速冻等产地初加工的绿色和节能加工新技术，加快发展岭南主要农产品、调味品、食品等的污染风险因素检测与控制技术
	生物医药及大健康	重点发展新型中药制药技术、新型生物制药技术、现代化学药技术、先进医疗器械制造技术、先进康复辅具制造技术、病原体快速检测设备制造技术、便携式健康监测器械制造技术、医疗机器人制造技术、远程医疗技术、兽用生物医药技术、生物发酵食品相关技术。推动中药配方颗粒产业智能化、标准化、国际化发展
	跨行业共性技术	瞄准数字经济，重点发展工业操作系统、核心工业软件系统、智能化数控系统技术、生产过程智能化改造技术、工业互联网应用技术、生产过程绿色化技术、先进（含在线）测量和检测技术、数字化协同设计及3D/4D全制造流程仿真技术、虚拟工厂创建和应用技术

资料来源：《佛山市科学技术发展"十四五"规划》。

二 东莞的科技创新实践

近年来，东莞聚焦"科技创新+先进制造"总定位，打造国家创新型城市，优化完善全链条科技创新生态体系，强化科技创新赋能高质量发展。2022年全市研发投入强度提升至4%，跃居全省第二；国家高新技术企业突破9000家，位居全国地级市第二、全省地级市第一，东莞科技创新综合竞争力跃升至全国第20位。

（一）科技综合实力迈上新台阶

松山湖科学城纳入大湾区综合性国家科学中心先行启动区建设范围，东莞科技创新跃升至"国家队"水平。全面推进国家创新型城市建设，科技综合实力显著增强，主要科技指标稳步提升。2022 年，东莞全社会研发投入达 434. 45 亿元，占 GDP 的比重从 2015 年的 2. 22% 大幅提升至 4%，达到主要发达国家水平，稳居全省第二，仅次于深圳（5. 49%），大幅超过全省平均强度 3. 22%，也明显高于其他地市（惠州 3. 39%、广州 3. 12%，佛山 2. 82%，珠海 2. 93%）。每万人口发明专利拥有量达 51. 3 件，是全国平均水平（9. 4 件）的 5. 5 倍。

（二）全链条创新体系不断完善

东莞构建了以"源头创新—技术创新—成果转化—企业培育"为核心的全链条创新体系，科技创新能级显著提升。源头创新体系取得突破性进展，全国唯一的散裂中子源大科学装置建成并向世界开放，松山湖材料实验室"基于材料基因工程研制出高温块体金属玻璃"项目研究成果入选"2019 年度中国科学十大进展"，实现历史性突破。技术创新体系不断完善，省级新型研发机构达 33 家，省级工程技术研究中心达 439 家。孵化育成体系持续优化，全市科技企业孵化器达 118 家（国家级达 25 家，全省地级市第一），众创空间达 73 家（国家级 24 家）。企业培育体系成效突出，国家高新技术企业数量突破了 9000 家，是 2015 年的 9. 12 倍，实现了大突破。

（三）科技引领高质量发展成效明显

科技创新对产业转型升级的引领支撑作用显著增强。2020 年，全市先进制造业、高技术制造业实现增加值占规模以上工业企业增加值的比重分别达 50. 9%、37. 9%；规模以上高新技术企业实现工业总产值 1. 19 万亿元，占全市规模以上工业总产值的比重达 55. 01%，成为工业增长的主要力量；63 家瞪羚企业与百强创新型企业实现营业收入同比增长 40. 9%，增速高于全市规模以上工业企业增速 36. 8 个百分点，创造了全市高新技术企业 9. 18% 的营业收入与 13. 23% 的净利润。2022 年，全市地均 GDP 达到 4. 55 亿元/平方千米，经济产出密度在全国主要城市中位居第三，充分体现了科技创新支撑产业高质量发展的成效。

（四）创新生态环境持续优化

企业创新主体地位不断增强，R&D 经费来源于企业的比例达 94%，由企业牵头或参与的省级及以上重大科技项目占全市的 80%。科技创新政策体系不断完善，启动市级科技计划体系改革，建立了适应发展新形势、新需求的科技政策体系。坚持以人为本，持续构建多层次的人才引进培育体系。截至 2020 年，全市有双聘院士 16 名、省领军人才 14 名、"广东特支计划"入选者 19 名、国务院政府特殊津贴专家 33 名，省创新科研团队数量居全省地级市第一。推行研究生来莞 "企业导师+高校导师" 双导师培养模式，共有来自 139 所国内外高校的 2003 名研究生来莞培养（实践），吸引了 436 家企业参加研究生联合培养（实践），毕业留莞率达 33.2%。科技与金融结合深入推进，多元化科技金融供给体系建立，上市高新技术企业占全市境内上市企业数量的比重达 78%。

（五）松山湖科学城

与深圳光明科学城一样，松山湖科学城作为大湾区综合性国家科学中心先行启动区，是广深港澳科技创新走廊的中心节点，也是粤港澳大湾区创新资源最密集、自然资源最优越的地区。松山湖科学城位于东莞、深圳两大城市交界处，规划范围包括松山湖高新区大部分区域，以及大朗镇、大岭山镇、黄江镇部分区域，核心区规划面积 90.52 平方千米（含水域）。另外，设有协调区规划面积 41.65 平方千米。

早在 2001 年，松山湖科技产业园区就开始启动建设，2010 年升格为国家高新技术产业开发区；2020 年 7 月，松山湖科学城被批准为大湾区综合性国家科学中心先行启动区。2021 年 10 月，《松山湖科学城发展总体规划（2021—2035 年）》正式发布，标志着广东东莞松山湖科学城建设已经形成了一套清晰的 "施工图" 和 "路线图"。

（1）总体空间布局。顺应松山湖科学城山湖分隔的自然特征，遵循 "社区化、组团式、多中心" 的城市空间组织模式，发挥大科学装置集聚优势，以创新通道为轴，融入科教、科研、生活、生态，推进大湾区综合性国家科学中心先行启动区双城联动，形成"一轴、一区、两心、四组团"的空间布局。

一轴，即科技创新中轴。作为广深港澳科技创新走廊的重要组成部分，串联东莞松山湖科学城和深圳光明科学城。有机串联松山湖城市配套服务中心（松山湖中心城区）和科技创新服务中心（科学城中央创新区），完善"基础研究—应用研究—成果转化—产业化"全链条功能。

一区，即大科学装置集聚区。松山湖科学城南部环巍峨山区域规划布局基础研究和应用研究功能，未来依山而聚集重大科学装置、大科研机构、研究型大学、大企业等创新要素，打造创新要素集聚、科研活动活跃的科研集聚区，与光明科学城装置集聚区共同形成环巍峨山大科学装置集群。

两心，即城市配套服务中心（松山湖中心城区）和科技创新服务中心（科学城中央创新区）。前者围绕东莞轨道1号松山湖站TOD片区及松山湖行政服务中心，融合科技与文艺氛围，组织丰富多彩的城市生活体系，打造面向松山湖功能区的行政文化艺术中心。后者依托大装置集聚区向北的创新中轴，面向世界的大科学家、大企业家和高端科研人才，整合科技创新服务、顶级研发、公共空间、商业文化等功能，打造面向大湾区的科学交往服务中心。

四组团。中心科教研创组团：围绕松山湖中心城区，以高校产学研创、科技与文艺融合、城市综合服务为主要功能布局。中央科技创新组团：围绕松山湖科学城中央创新区，以区域性科学服务、装置基础科研、企业研发中心、中试转化基地为主要功能布局。西部门户产研组团：以新兴产业的总部研发、小试中试、商务服务为主导功能，集聚一批一流企业总部与商务服务业，树立枢纽门户形象。东部合作示范组团：依托黄江南部片区紧邻光明科学城地理优势，建设松山湖科学城-光明科学城合作示范基地，承接两地科学城科技成果转化和产业化项目。

（2）科技创新生态体系不断完善。拥有全国唯一、全球第四座脉冲散裂中子源；建成了首批四家省实验室之一——松山湖材料实验室；与北大、清华、复旦、华科以及中国科学院研究所等共建了30家新型研发机构；现

155

有东莞理工学院、广东医科大学、广东科技学院、东莞职业技术学院等 4 所大学，香港城市大学（东莞）和大湾区大学（松山湖校区）正在建设，建成后松山湖共有 6 所大学。创新主体活跃，拥有国家高新技术企业 635 家；全年研发投入占 GDP 的比重为 12.3%，财政科技支出占财政总支出的比重为 20%；建成全市创新创业新标杆——松山湖国际创新创业社区；依托散裂中子源，成功研制国内首台自主研发加速器硼中子俘获治疗（BNCT）实验装置；累计获国家授权专利 3.88 万件，PCT 国际专利申请量为 1663 件。科技人才集聚态势明显，集聚双聘院士 19 名、各类国家级人才 84 名，常年汇集 50 多位院士专家和 400 多位国内外知名科学家开展科学研究。科学氛围浓厚，"粤港澳大湾区科技创新论坛"永久落户，连续四年举办粤港澳院士峰会、华为开发者大会，成功举办松山湖科学会议、复合材料科技峰会等有全国影响力的科技活动。

（3）先进制造业初步形成集聚"成群"。以华为为核心的新一代电子信息产业集群达超千亿产值规模，依托三大市级战略性新兴产业基地，松山湖前瞻布局了智能制造、新材料、生物医药、新能源等战略性新兴产业，初步构建形成了以战略性新兴产业企业和科技型企业为主体的先进制造业集群。拥有 1 家产值超千亿企业、6 家超百亿企业、23 家超十亿企业，7 家上市企业、38 家上市后备企业，21 家专精特新企业。先进制造业增加值和高技术制造业增加值分别占园区规模以上工业增加值的 38.8% 和 86.5%。2021 年松山湖高新区生产总值达 689.23 亿元，规模以上工业总产值为 3398.36 亿元，税收为 155.97 亿元。2022 年 1～9 月地区生产总值为 523.54 亿元，同比增长 6.8%；规模以上工业总产值为 2455.61 亿元。

（4）重点产业发展成势。近年来，松山湖瞄准战略性新兴产业发展机遇，坚持产业高端发展方向，持续巩固新一代信息技术产业，重点拓展生物产业，大力推进机器人与智能装备产业，积极培育新材料产业，加快发展现代服务业，着力打造多元融合、多极支撑的现代化产业体系，推动产业发展向更高层次迈进。2021 年，园区共有企业 12120 家，其中，"四上企业"共 449 家，国内 A 股上市企业 5 家，市级上市后备企业 41 家，营业收入超亿元的企业 160 家，其中超千亿元企业 1 家，超百亿元企业 6 家，超十亿元企业 23 家，松山湖已成为全市先进制造业的集聚区（见表 7-2）。

表 7-2　松山湖重点产业发展情况

主要产业	发展情况
新一代信息技术产业	2021 年，松山湖规模以上新一代信息技术工业企业 85 家，占规模以上企业总数的 40.7%。园区新一代信息技术产业已成为千亿规模的支柱产业，通信设备和智能终端等领域更是位居国内领先地位、达到世界先进水平，形成了以信息通信技术产业为核心，从设备生产、硬件制造、系统集成、软件开发到应用服务的完整产业链。重点企业包括：华为终端、华贝电子、生益科技、记忆科技、新能源科技等
机器人与智能装备制造产业	2021 年，松山湖规模以上机器人与智能装备制造业工业企业 46 家。园区机器人与智能装备制造产业主要是以围绕电子信息产业应用为主的装备制造企业，涉及智能制造装备、服务业机器人、机器人本体制造，以及研发设计和系统集成等领域，形成了以机器人系统集成商、核心零部件企业和智能装备企业为主体的机器人产业集群。拥有松山湖国际机器人研究院和广东省智能机器人研究院两大机器人学院。其中，松山湖国际机器人研究院通过联结全球的高校、研究院所、上下游供应链等资源，搭建了完整的机器人生态体系，先后被评为"广东省新型研发机构""全国创业孵化示范基地""国家级科技企业孵化器"。重点企业包括：云鲸、优利德科技、李群自动化、高标电子、正业科技等。其中，李群自动化等企业在相关产品的研发设计方面在同行中处于领先水平，相关研发和产学研合作机制完善，成果丰富
新材料产业	2021 年，松山湖规模以上新材料工业企业 14 家。依托中国散裂中子源、松山湖材料实验室的先天优势，基于松山湖电子信息、生物医药及新能源等产业发展带来的技术需求，松山湖新材料产业广泛应用于电子信息、国防军工、生物医药、建筑建材、化学化工、新能源等各个领域，具备基础条件雄厚、应用场景广泛、应用市场巨大等特点。其中，松山湖材料实验室已引进 25 个高水平团队，分三批次打造创新样板工厂项目，包括新材料超快激光极端精细加工技术研发及产业化、第三代半导体材料和器件、仿生控冰冷冻保存材料等一批前沿"硬科技"产业化项目。重点企业包括：杰斯比、海丽化学、宏锦新材料、方大新材料、润盛科技、住矿电子浆料等
生物产业	2021 年，松山湖规模以上生物工业企业 20 家。园区生物产业主要集中于生物医药产业、生物医学工程、医疗器械产业，聚集了东莞市 80% 的生物产业企业，产业生态日益成熟，形成了创新药及高端仿制药、医疗器械、体外诊断、干细胞与再生医学等多个产业链的聚集和共同发展。聚集菲鹏、东阳光、三生制药、万孚生物、开立医疗、安科医疗等生物产业企业 400 余家生物项目，覆盖生物医药、医疗器械等不同领域。园区内两岸生物技术产业合作基地也荣获商务部组织颁发的"中国生物医药最具潜力园区""中国生物医药最具特色园区"两项大奖。同时，建设一批生物产业的公共平台配套，促进了区域内企业资源共享和创新创业成本降低。重点企业包括：菲鹏生物、东阳光药业、红珊瑚药业、三生制药、博迈医疗、现代牙科、博奥木华等

主要产业	发展情况
现代服务业	2021年,松山湖规模以上现代服务业企业116家,其中,规模以上软件和信息服务业企业34家。园区现代服务业主要发展软件和信息服务业、文化创意、科技服务、产品研发、检测检验服务、工业设计等领域。其中,软件和信息服务业领域集聚企业超过1000家,集聚行业人才超过27000人。重点企业包括:虹勤通讯、易宝软件、中软国际、软通动力、金蝶云科技等

资料来源：东莞松山湖高新技术产业开发区管理委员会网站，http://ssl.dg.gov.cn/zjyq/yqgk/cyfz/。

三 惠州的科技创新实践

（一）科技创新投入持续加大

2022年，惠州R&D经费占比提高到3.4%，比2015年（2.03%）提升1.37个百分点。规模以上工业企业研发投入占R&D经费的比重超过91%，先进制造业显示出强劲发展势头。"十三五"期间，惠州市财政一般预算科技支出累计达139.5亿元，带动全社会R&D经费逐年递增，由2015年的63.8亿元增加到2020年的126.5亿元，之后迅速增长至2022年的183.6亿元，两年增长45%（见表7-3）。

表7-3 2015~2022年惠州R&D经费情况

单位：亿元，%

年份	R&D经费	R&D投入强度	财政科技投入
2015	63.8	2.03	19.8
2016	69.9	2.05	21.8
2017	84.0	2.19	25.9
2018	94.2	2.30	22.2
2019	109.4	2.62	25.2

年份	R&D 经费	R&D 投入强度	财政科支投入
2020	126.5	3.00	24.6
2021	154.0	3.39	—
2022	183.6	3.40	—

资料来源：广东统计年鉴、惠州统计年鉴、惠州统计公报。

（二）科技创新平台载体建设加速

中国科学院加速器驱动嬗变研究装置、强流重离子加速器装置已开工建设，总部区建设进展顺利。同位素研发平台和高能量密度研究平台获省支持，开展前期工作。先进能源科学与技术省实验室成功获批，进入全面建设阶段并引进科研团队开展科研项目攻关。稔平半岛能源科技岛取得新进展，中国科学院近物所、过程所积极谋划更多高端科技资源向惠州集聚、落地。两大科学装置总部暨中国科学院近物所惠州研究部正式启用，东江实验室总部区投入使用，建设重大科研平台 11 个，形成具有自主知识产权的国际国内领先技术成果 25 项。新增省重点实验室 1 家、省工程技术研究中心 27 家，亿纬锂能总部研发中心落成。拥有省级新型研发机构 13 家，比 2015 年增加 9 家。中大惠州研究院、新一代工业互联网研究院、广工大物联网研究院、南方智能制造研究院等一批新型研发机构科技创新服务水平持续提升。

（三）科技创新企业发展迅速

高新技术企业数量从 2015 年的 225 家增加到 2020 年的 1628 家，之后迅速增加至 2022 年的 2850 家，两年增长 75%。科技型中小企业增至 2729 家，增速居珠三角第一。国家专精特新"小巨人"企业增至 36 家。获评制造业单项冠军产品 2 个，实现零的突破。新增 6 个省制造业数字化转型标杆示范项目，累计推动 1292 家规模以上工业企业数字化转型，带动 4858 家工业企业"上云用云"，企业"向创新要发展"的积极性主动性不断增强。

2022 年，全市专利授权 27613 件，比上年增长 7.8%，其中发明专利授权 2092 件，PCT 国际专利申请 303 件，有效发明专利量 12216 件，万人发明专利拥有量 20.14 件。先进制造业和高技术制造业增加值占规模以上工业增加值的比重分别达 65.9% 和 39.1%，分别比全省高 10.8 个、9.2 个百分点。超高清视频和智能家电集群入选国家先进制造业集群，TCL 实业入选国家首批"数字领航"企业。

（四）科技创新人才队伍不断壮大

近年来，惠州市组织实施"梧桐引凤工程""天鹅惠聚工程"等十大工程，重点集聚培养经济社会发展急需的高层次和高技能人才。着力打造"惠州双创突出贡献奖""惠州人才需求年度发布会""人才服务直通车"等十大品牌，通过设立突出贡献奖激励人才创新创业，树立人才标杆，营造良好的创新创业氛围；举办发布会、人才交流会等扩宽引才聚才渠道，实现了人才与市场需求的"无缝对接"，推进精准引才。

截至 2021 年，惠州引进科技领军人才 150 名，引进高水平创新创业团队 71 个、省"珠江人才计划"团队 6 个，国家级人才 90 多名、"长江学者"及国家杰出青年科学基金获得者 10 名、"广东特支计划"专家 13 名，博士 1472 名、硕士 15167 名，充分发挥领军人才"领头羊"的作用，领军人才吸引相关人才的雏形初步显现。

（五）科技创新生态系统不断完善

一是科技孵化育成体系逐渐成形。"十三五"以来，惠州市大力实施"科技企业孵化器倍增计划"，建成科技企业孵化器 44 家，其中国家级 7 家、省级 6 家，累计孵化企业超 1600 家、孵化高新技术企业超 177 家；建成众创空间 31 家，其中国家级众创空间 10 家；大学科技园建设取得零的突破，惠州城市职业学院成功获批认定为省级大学科技园；仲恺高新区形成以电子信息为特色、大亚湾区以精细化工为特色、惠城区以互联网为特色的三大孵化链条。

二是科技公共服务体系日趋完善。积极搭建科技创新公共服务平台，以惠州仲恺科技服务大厅、惠南园科创服务中心、大亚湾区科创园等为主的技术市场逐渐形成，为企业科技创新提供金融、科技、检验检测认证、技术转移、人才引育等多项服务。

三是科技金融体系进一步健全。截至 2020 年，全市备案私募基金管理机构有 23 家，备案的各类私募基金共 107 只，基金总规模近 300 亿元。加强与广东股权交易中心合作，设立广东股权交易中心惠州分公司。通过举办"惠州市科技创新型企业对接科创板上市专场培训会"和"探路科创板"培训会，对企业进一步加强上市培训。惠州成功入选国家知识产权强市建设试点城市。

（六）两大科学装置建设持续推进

1. 强流重离子加速器（HIAF）

建设一台具有国际领先水平的具备产生极端远离稳定线核素能力的强流重离子加速器装置，建设可提供国际上峰值流强最高低能重离子束流、最高能量达 4.25 吉电子伏每核子脉冲重离子束流和国际上测量精度最高的原子核质量测量谱仪。HIAF 采用超导离子直线加速器和环形同步加速器相结合的最先进技术，为研究原子核存在极限、核结构新现象和新规律、宇宙中重元素起源等重大科学问题提供重要支撑和技术保障。同时，加快启动 HIAF 二期工程，加速建设直线注入器 iLinac 升级、超导同步增强器、8 字形离子储存环和相关配套设施，建成国际上束流强度和束流功率等指标全面领先的强流重离子加速器装置和放射性束流装置。

2. 加速器驱动嬗变研究装置（CiADS）

建设全球首个实现高功率耦合运行的兆瓦级加速器驱动嬗变研究装置，其全超导加速器驱动系统热功率达 10 兆瓦，包含束流功率约 2.5 兆瓦，次临界反应堆芯/包层热功率约 7.5 兆瓦，可实现单次大于 24 小时满功率耦合运行。加速器驱动次临界反应堆系统（ADS）利用散裂中子嬗变核废料，大幅降低核废料放射性寿命，具有安全性高和嬗变能力强等特点，是安全处理核废料的最佳手段之一。CiADS 装置建成后，将满足我国长寿命高放核反应堆废料安全、妥善处理处置的研究需求，为我国核能可持续发展提供技术支撑，为未来商用加速器驱动先进核能系统探索和验证可行、优化的技术路线。

四 珠海的科技创新实践

近年来，珠海市坚持将创新驱动发展作为核心战略和总抓手，全面深化创新改革试验，完善自主创新政策法治环境，逐步建立以企业为主体、以市场为导向、以现代产业为依托、政产学研紧密结合的创新体系，推动全市科技综合实力显著提升。

（一）创新能力和水平稳步提升

全市科技创新综合能力持续提升。R&D 经费投入占 GDP 的比重从 2015 年的 2.41%大幅提高到 3.26%，全市财政科技投入从 2015 年的 28.63 亿元增加到 2020 年的 51.51 亿元，万人发明专利拥有量从 2015 年的 22.5 件增长到 2021 年的 98.83 件，居全省第二。欧比特成功发射"珠海一号"卫星，中航通飞研发的全球最大水陆两栖飞机 AG600 完成首飞，取得一批重大科研成果。根据首都科技发展战略研究院发布的《中国城市科技创新发展报告 2021》，珠海在全国 288 个城市中科技创新发展指数排名第十，地级市中排名全国第二；2021 年珠海高新区在 157 个国家高新区中排名升至第 17 位，再度刷新历史最好成绩。

（二）战略科技力量加速汇聚

南方海洋科学与工程广东省实验室（珠海）、广东省智能科学与技术研究院、横琴先进智能计算平台相继落地建设，珠海深圳清华大学研究院创新中心、珠海中科先进技术研究院、珠海复旦创新研究院投入使用，国家新能源汽车质检中心成功落户。截至 2022 年 6 月，全市拥有国家级工程技术研究中心 4 家、省级 321 家；拥有省级以上重点实验室 10 家、各级新型研发机构 40 家；拥有众创空间 36 家、科技企业孵化器 36 家。

（三）创新主体不断培育壮大

2021 年珠海市高成长创新型（独角兽）企业入库 107 家，高新技术企业数量增长至 2075 家。高新技术企业规模以上工业增加值为 818.16 亿元，占全市规模以上工业增加值的 61.1%，成为支撑经济高质量发展的主力军。珠海冠宇、炬芯科技、高凌信息先后登陆科创板，实现珠海企业在科创板上市零的突破。从大国重器 AG600 蓝天逐梦到无人船劈波斩浪，再到丽珠试剂新冠检测试剂盒走出国门，重大科研成果加速涌现。

（四）科技创新要素加速集聚

珠海实施更加开放的人才政策，截至 2022 年上半年，全市 R&D 人员超 4.19 万人，汇聚省、市级创新创业团队 135 个，院士工作站 13 家，"珠江人才计划"领军人才 19 人，外国高端人才 521 人。发挥财政资金引导撬动作用，扩大科技信贷风险补偿金规模，累计推动新增科技信贷总额 3.65 亿元；天使风险投资基金已完成 25 个项目投资，总投资超过 2.5 亿元。

（五）创新合作交流持续深化

珠海出台《珠海市珠港澳科技创新合作项目管理办法》，市政府与澳门科技大学签订框架合作协议，澳门 4 所国家重点实验室也在横琴设立了分部，澳门大学、澳门科技大学在珠海设立研究院，为港澳及湾区创业者打造孵化和成果转化基地，圣美生物、纳金科技等一批高科技企业成为粤澳科技合作的标杆。此外，珠海还推动与广州科技局签署战略合作协议，为建设广珠澳科技创新走廊赋能。

（六）创新创业环境持续优化

科技创新政策法规体系持续完善，修订《珠海经济特区科技创新促进条例》，贯彻落实省"科技创新十二条"，出台《关于进一步促进科技创新的意见》纲领性文件，持续完善创新型企业、创新平台载体、创业孵化基地、产学研合作及基础研究、成果转化、珠港澳创新合作、科技金融、创新人才等政策措施，引领支撑经济社会高质量发展。充分发挥广东自由贸易试验区珠海横琴新区片区、珠海国家自主创新示范区平台作用，深化营商环境改革，在全国率先开展商事登记制度改革，全市每千人商事主体数量突破120个。推动建设"数字政府"，"粤省事·珠海专版"上线450项民生服务，有利于创新发展的体制机制加速形成。

五　中山的科技创新实践

2021年，中山R&D经费投入保持较快增长且结构持续优化，全市R&D经费投入81.13亿元，占GDP（3566.2亿元）的比重为2.27%。其中，科研机构R&D经费投入2.02亿元，同比增长94.2%，近年来大力引进建设重大创新平台的效益已不断显现。

（一）重大创新平台建设加速

全力推动中山科技创新园动工建设，中山先进低温技术研究院项目于2022年6月正式施工，中山市工业技术研究中心项目已于11月动工。低温院参与承担了中国科学院C类先导专项和科技部提氦技术重大攻关项目等研发任务，安排市级财政给予运营及科研经费支持1.03亿元，低温先导项目中的"提氦用300L/h氦液化器"于7月通过成果鉴定，获得科技部"大规模提氦技术及万瓦级液化器"攻关立项。推动中科中山药物创新研究院加快发展，2023年共划拨运营、科研团队、高水平研究院建设市级经费 1.89 亿元，药创院累计投入超 35 亿元，已成功组建 38 个领军人才团队（包括"杰青"获得者 9 位），集聚研究人员及联合培养研究生超 470 人，聚焦生物医药与健康领域技术前沿和产业创新发展需要，已开展源头创新和底层基础性技术攻关 40 多项，在国际顶级期刊发表论文 120 多篇。推动长春理工大学中山研究院加快建设，划拨科研设备及优质科研团队支持经费 6776 万元，支持建立了 18 个科研实验室。给予中国检验检疫科学院粤港澳大湾区研究院省级高水平创新研究院建设经费 1000 万元、哈工大机器人（中山）无人装备与人工智能研究院省级新型研发机构认定 200 万元支持。推荐小榄产业园申报设立省级高新技术开发区，成立以市政府主要领导牵头的创建工作领导小组高位推进，并按省科技厅要求积极完善申报相关事宜。

（二）企业创新主体地位不断强化

高新技术企业提质增量，2022 年高新技术企业总量超过 2600 家。2021 年全市规模以上工业高企增至 1412 家，占全市高企数量的比重达 61.5%，在珠三角排名第二；实现高新技术产品产值 3511 亿元，占全市规模以上工业总产值的比重超 54.5%。通过广东省技术先进型服务企业认定 3 家，实现省级技术先进型服务企业零的突破。成功入库科技型中小企业 2701 家，新增市级创新标杆企业 20 家，累计有 53 家企业获得创新标杆企业认定。积极推动企业研发机构建设，市级工程技术研究中心累计达 1040 家，省级工程技术研究中心累计达 378 家。

（三）科技人才培引持续加强

贯彻落实《中山市新时代人才高质量发展二十三条》精神，探索创新科技人才引进评价机制，2022 年首批评定出 10 名"中山英才计划"科技创新领域特聘人才。组织开展市第九批创新科研团队项目申报、评审和立项工作，遴选支持一批科技领军人才和创新团队，培养一批具有国际竞争力的青年科技人才后备军。省市级创新创业科研团队增至 63 个，博士、博士后平台累计达 89 家，技能人才达 63 万人。出台《关于进一步优化外国人来华工作许可办理的若干措施》，加快集聚海外高端人才和创新资源。推动社会力量设立市级科技奖励。市科技、公安部门联合成立"中山市外籍人才服务专区"，实现外国人工作许可、居留许可"一窗通办并联办理"，有效解决外国人来华申请就业手续办理周期长、跑的部门多、申请材料重复提交等问题。专区已为在中山工作的外籍人才提供"一站式"工作和居留许可办理便利服务 293 人次。

（四）科技体制机制改革不断深化

加强科技计划项目规范管理，制定《中山市科技计划项目管理工作规程（试行）》；完善科技孵化育成体系，修订《中山市科技孵化育成体系专项资金使用办法》并已征求意见；推动市校高端科研机构绩效评价优化管理，印发《中山市引进高端科研机构专项事业费使用办法》；制定《中山市科技局"免申即享"工作制度（试行）》，将科技孵化载体认定补助等 5 项业务列入"免申即享"事项，大幅提升企业的政策获得感和资金申请便利度。扎实推进科技服务集聚基地工作，开展科技成果推广、技术转移、知识产权服务、知识产权管理体系认证、科技咨询等各项服务，累计服务企业2082 家。加强科技计划项目监督管理，实施在研市级重大项目检查，开展医疗卫生一般项目清理工作。

（五）全力打造三大科技创新平台

（1）火炬开发区。聚焦创新发展，将火炬开发区建设成为深中产业拓展走廊高品质核心承载区、大湾区西岸创新驱动发展主引擎和高质量发展高地、一流国家级高新区。支持火炬开发区以扩区扩容为着力点，加快统筹民众街道科技发展。加快推进以鲤鱼工业园为核心的湾西智谷建设，重点布局一批竞争力强的创新平台和新型研发机构，着力推进应用基础研究、技术创新融通发展，积极承接具有应用前景的新技术、新产品落户，大力推动产业化。重点发展先进装备制造、健康医药、光电、超高清视频、智能终端和信创等产业。

（2）翠亨新区。统筹南朗，聚焦高端发展，全面融入粤港澳大湾区和深圳中国特色社会主义先行示范区（以下简称"双区"）接轨深圳，将翠亨新区建设成为国际化现代化创新型城市新中心、珠江口东西两岸融合互动发展示范区、粤港澳全面合作示范区、粤港澳产业融合发展的新载体，争创中国（广东）自由贸易试验区联动发展区、人工智能与数字经济特色产业园。推进共建深中产业拓展走廊。加快生物医药国际科技合作创新区核心区、湾区未来科技城、西湾国家重大仪器科学园等创新平台和中科中山药物创新研究院、哈工大无人装备与人工智能创新中心等高水平研究院建设。重点发展新一代信息技术、生物医药、人工智能、数字经济、文化旅游与现代服务业等产业。

（3）岐江新城。聚焦品质提升，提高城市首位度，集聚国际型服务中枢、创智型总部基地、生态型文化新城三大功能，将岐江新城打造成为中山"城市新客厅"。承接香港、澳门、广州、深圳等核心城市外溢创新资源，积极引进总部经济、数字经济、现代商贸、科技金融服务、专业服务等项目，重点发展总部经济、现代商贸、文化创意等产业。配置优质教育、医疗等配套服务设施，建设标杆公共服务、大型文旅项目，强化高品质生产服务、生活服务能力。

六 江门的科技创新实践

（一）区域创新体系日益完善

近年来，江门积极参与国家和广东省重大科技基础设施集群建设，不断推进新型研发机构、实验室等创新平台建设，加快推进五邑大学高水平理工科大学建设，推动企业研发机构不断发展壮大，形成了以企业为主体，多层次、全链条、广覆盖的高效支撑城市创新发展的区域创新体系。中国科学院（江门）中微子实验站、数字光芯片联合实验室、华南生物医药大动物模型研究院（江门）等一批基础研究项目顺利推进，综合性研究院、重点实验室和企业工程技术研究中心等研发机构实现增量提质，院士工作站、博士后工作站和科技特派员工作站建设成效显著。拥有省级以上创新平台510家，省级工程技术研究中心406家，市（县）属科学研究开发机构15家。"双碳"实验室、国家能源集团氢能（低碳）研究中心等研发机构揭牌投入运行。江门中微子实验站、省科学院江门产业技术研究院和粤港澳大湾区人类重大疾病大动物模型联合创新基地等重大创新平台加快建设。

（二）科技创新能力不断提升

2021年江门市R&D经费投入达92.72亿元，占GDP的2.57%。财政科技投入17.52亿元，占本级财政支出的3.8%，总量比2015年翻一番。创新成果不断涌现，在大健康、纺织材料、水性环保涂料、绿色照明等领域突破了一批关键核心技术；国家和省科技奖获奖数量不断增加，获得国家科学技术进步奖二等奖1项、省科技奖21项（其中一等奖6项、二等奖6项、三等奖9项）。

（三）高新技术产业持续壮大

江门充分发挥科技创新对产业发展的支撑引领作用，以高新区建设为依托，以高新技术企业培育为抓手，加快推动高新技术产业发展，形成以高端装备制造、新一代信息技术、新能源汽车及零部件、大健康、新材料等为代表的现代产业体系。江门高新区在国家高新区监测评价中实现争先进位，开平翠山湖科技产业园、鹤山工业城成功创建省级高新区。高新技术企业数量实现跨越式增长，2022年高新技术企业数量为2681家，是2015年的13倍，年均增速居全省第一。国家"单项冠军"企业1家（富华重工），2022年新增国家级专精特新"小巨人"企业9家，包括原先6家企业，合计15家。2021年专利授予量达21272件，十年翻两番。2021年全市规模以上工业总产值达5337亿元，比2012年增加2818亿元；规模以上工业增加值达1281亿元，比2012年增加710亿元。2021年规模以上先进制造业增加值占规模以上工业增加值的 40.8%，规模以上高技术制造业增加值占规模以上工业增加值的 12.7%。

（四）科技创新环境持续优化

江门科技创新政策体系进一步完善，出台了一系列实施创新驱动发展战略、加快创新型城市建设的政策措施，创新创业环境不断优化。孵化育成体系更加完善，全市拥有市级以上科技企业孵化器 37 家、众创空间 35 家，打造了广东科炬高新技术创业园、"侨梦苑"华侨华人创新产业聚集区等国家级双创平台。科技、金融、产业进一步融合发展，地方财政设立创业引导基金 8 支，全市设立科技支行 26 家，专业金融机构数量和质量位居全省前列，通过设立省、市联动的"风险准备金池"，带动金融机构向科技型小微企业提供超 8 亿元的科技贷款。科技成果转移转化环境日益改善，"十三五"期间全市技术合同成交金额合计 32.97 亿元，是"十二五"时期的 5.68 倍。持续打造"科技杯"创新创业大赛品牌，海内外高层次人才交流顺利推进，全市创新创业氛围更加浓厚。人才资源总量达 93.05 万人，高层次人才 9970 人，增长 17.4%，新增 14 人入选国家和省级人才计划，新建博士博士后科研平台 23 家，人才工作成效显著。

七　肇庆的科技创新实践

近年来，肇庆市贯彻落实创新驱动发展战略，大力实施创新驱动发展"1133"工程，全面深化科技体制改革，优化科技创新生态环境，科技创新工作取得明显成效。

（一）科技创新水平持续提升

科技投入不断加大，2021 年，肇庆财政科技投入 10.94 亿元，比 2012 年增长 1.3 倍，比 2015 年翻一番。全社会研发投入从 2015 年的 19.67 亿元增加至 2021 年的 29.53 亿元。自主创新能力不断提高，优秀科技成果不断涌现，获省科技进步奖一等奖 2 项、三等奖 5 项，获省优秀科技成果 7 项，在先进制造关键支撑材料、5G 通信关键材料及应用、新能源汽车、生物医药、量子科学与工程、防灾减灾与应急救援等领域多个关键技术研发项目获国家、省立项和资金支持。2021 年，肇庆专利授权量 7584 件，比 2012 年增长 5.5 倍；其中发明专利授权量 602 件，比 2012 年增长 5.7 倍。

（二）科技创新主体不断壮大

至 2021 年，肇庆市高新技术企业总量达到 1092 家，是 2015 年的近 8 倍。获批建设岭南现代农业科学与技术广东省实验室肇庆分中心，实现全市省实验室零的突破。肇庆学院获批省市共建广东省环境健康与资源利用重点实验室，成为全市首家学科类省重点实验室。拥有国家级创新平台 8 家，新增省级创新平台 18 家，各类各级创新平台 269 家，市级以上新型研发机构 32 家，其中省级新型研发机构 5 家。

（三）科技创新载体加快发展

肇庆高新区获批建设珠三角（肇庆）国家科技成果转移转化示范区，全力建设珠三角（肇庆）国家自主创新示范区；肇庆西江高新技术产业开发区、肇庆金利高新技术产业开发区获批省级高新区；四会市获批建设国家创新型县（市）；四会市、广宁县、德庆县农业科技园区被认定为省级农业科技园区；肇庆学院成功创建国家大学科技园，广东工商职业技术大学获批省级大学科技园。

（四）科技创新人才加速集聚

大力实施"西江人才计划"，建成全省首家省市共建人才驿站，建立"人才绿卡"制度。引育省级以上人才（团队）183 人（个），其中，自主培育国家级人才项目入选者 55 人，柔性引进国家级人才 71 人；引育西江创新创业团队 25 个，领军人才 14 人；引进博士 780 人，硕士 4473 人；实现国家级、省级、市级重大人才工程项目"全覆盖"。高水平大学建设有序推进，已建或在建本科以上高校达 10 所，全力打造粤港澳大湾区应用型高等教育基地。

（五）创新生态环境持续优化

制定出台《肇庆市实施创新驱动发展"1133"工程五年（2017—2021年）行动方案》《肇庆市人民政府关于印发贯彻落实省政府进一步促进科技创新若干政策措施的实施意见的通知》《中共肇庆市委 肇庆市人民政府关于实施西江人才计划的意见》等政策文件，进一步完善高新技术企业、研发孵化、科技金融、知识产权、人才等领域政策，打出"组合拳"，不断优化科技创新政策环境。肇庆市被认定为国家知识产权试点城市和国家专利保险试点城市，至 2020 年，全市发明专利拥有量达 1977 件，是 2015 年的 3倍。积极举办"政银企"对接会，开展"知识产权快融贷"服务，落实科技贷款贴息，2020 年末，金融机构向高新技术企业贷款余额达 76.09 亿元，"十三五"期间年均增长 24.13%。成功举办五届"星湖杯"创新创业大赛，有力支持引导各类创新主体开展创新创业活动。大力弘扬企业家创新精神，不断树立创新创业先进典型，在全社会营造鼓励创新创业的良好氛围，激发创新活力。

下篇　模式路径

第八章 世界主要国际科技创新中心
建设的三种模式

　　从现有的学术研究、政策研究、政府工作报告等来看，美国硅谷、英国伦敦、日本筑波、法国格勒诺布尔、以色列特拉维夫等城市基于自身特色，形成了独特的科技创新发展路径，是全球公认的主要的国际科技创新中心。国内方面，2021年3月发布的《中华人民共和国国民经济和社会发展第十四个五年规划和2035年远景目标纲要》明确提出，支持北京、上海、粤港澳大湾区形成国际科技创新中心。近年来，北京和上海以综合性国家科学中心建设为基础，持续推动科技创新发展的能级与影响力升级，在全球科技创新发展网络中具备较大影响力。综合已有的研究，本书认为，虽然上述以及其他主要的国际科技创新中心在形成和发展过程中受不同因素影响，发展模式与路径各有特色和不同，但总体可以概括为三种模式，即"科学中心"模式、"产业创新中心"模式以及"科学中心"与"产业创新中心"相结合的模式（以下称为"双中心"模式）。按照这个分类，本章分析七个主要的国际科技创新中心的发展历程和经验做法，以期对粤港澳大湾区建设国际科技创新中心形成参考和借鉴。

一　"科学中心"模式

　　"科学中心"模式主要是由政府基于科技发展战略需要，在规划、政策、立法、区域协同、资源导入等方面进行大力支持。前期重点发展基础研究、布局大科学装置或者高校、实验室等，中后期引导企业等要素进入，形成既有前沿技术突破，又有产学研转化和产业化的创新生态。

"科学中心"模式也被称为"科学城"模式，典型的有日本筑波和法国格勒诺布尔。

（一）日本筑波

日本筑波科学城位于东京东北约 50 千米处的筑波山西南麓，距东京成田国际机场约 40 千米，面积约 284 平方千米，人口 20 多万。筑波科学城 1963 年开始建设至今已有 60 余年，是世界范围内科学城的典范，是世界上第一个真正意义上为科学而新建的完整城市，探索出了一条独特的发展道路。

1. 筑波科学城发展概述

筑波科学城的发展，与东京湾区整体的产业转型是息息相关的。20 世纪 70~80 年代，东京湾区从重工业开始向知识型升级，工业向内陆延伸。东京湾区的产业升级，与大环境的变化密切相关。20 世纪 70 年代的两次石油危机，导致石油价格暴涨，以石油为工业原材料基础的日本重化工业难以为继，产业升级的课题摆在面前。

在这种情形下，日本全国上下开始意识到科学技术的重要性，"技术立国"战略全面实施，这一时期也称为日本的"大科学发展时期"。1969 年，筑波科学城开始全面兴建，其目标一是通过将国立科研机构移出东京，有序缓解东京巨大的人口和交通压力；二是通过建立科学城大力发展科技和教育，实现"技术立国"。

筑波科学城的发展，大致可分为 4 个阶段：第一个阶段是 1963 年至 1973 年的初创阶段。它用 10 年的时间完成了项目确定，土地规划、立法、首个国家级无机材料研究所的设立，以及筑波大学的迁入。

第二个阶段是 1973 年至 1989 年的推进发展阶段。到 1980 年 3 月，日本约 40 个国家级实验研究机构、国家级大学等的设施建设基本完成，并准备开始运作；1985 年的筑波世界博览会，提升了筑波科学城的国际知名度。

第三个阶段是 1989 年至 2010 年的再创阶段，筑波科学城自己提出了再创计划，内容包括 1998 年的"科教区建设规划"和"周边郊区发展规划"

的变更。由于 2001 年独立行政法人的重组再编，日本国有研究教育机关等由 45 所变为 33 所。2005 年开通的筑波快线更拉近了筑波与东京的联系，为筑波科学城的发展提供了交通便利。

第四个阶段是 2011 年至今的国际战略综合特区建设阶段，即由茨城县和筑波大学共同申请的"筑波国际战略综合特区"，旨在建设世界尖端技术研究机构及人才聚集地，推进开拓创新工作，由此筑波科学城又进入了一个新的发展阶段。

2. 筑波科学城发展特点

筑波科学城的建设是典型的"政府强主导"发展模式。当时，日本政府投入全国 40% 的政府财政预算研究经费用于科学城的筹建。建设资金全部由政府承担。除了大量经费支持外，日本政府还将 30% 的国立科研机构迁至科学城内，形成以国家实验研究机构和筑波大学为核心的综合性学术研究和高水平教育中心。筑波科学城的建设经验主要有以下几个方面。

（1）规划和立法先行。筑波科学城从规划、审批、选址到科研的全过程，主要是日本中央政府直接介入推动的，具体资源协调者为原国土厅，规划与开发则由原日本住宅公团（现国土交通省下辖的都市开发机构）负责执行。其所有行为都是基于立法及相关政策，比如，日本政府出台了专门针对高技术产业区的法律和优惠政策，如《筑波研究学园都市建设法》《筑波研究学园城市建设计划大纲》等，对园区的发展有非常重要的保障作用；日本筑波科学城发展的科技领域以生命科学创新和绿色环保科技创新为重点，以新一代癌症治疗技术等七大领域为目标，致力于在全球新一轮科技革命中占据制高点。

（2）大科学装置高度聚集。东京湾区是日本大科学装置最密集的地区。如同步辐射（SR）装置，日本目前 14 项装置中，位于东京湾区的就多达 5 个；8 项自由电子激光（FEL）装置（完工与计划）中，3 项位于东京湾区；日本唯一的中子源大科学装置 KENS 也位于东京湾区。顶尖的大科学装置大多数分布于东京大学与筑波科学城这两大区域。

（3）高效的产学研一体化体系。日本官方主导技术转移机制，专门设立筑波全球技术革新推荐机构（TGI），作为经济、学术、政府合作的核心机构，由政府官员、筑波大学研究机构以及企业代表共同组成。TGI 主动搜集科学城内的技术成果、产业发展需求信息，通过它的合作网络来实现共享。TGI 还把各方认可的研究成果作为转化项目，附加相应的产业化研究资助资金，通过竞争性招标由企业争取，大大提高了企业参与的积极性。此外，政府部门积极促进筑波大学与产业之间、科学城内各研究机构之间的相互合作与有机联系，从而使筑波成为一个综合的研究城市。同时在东京搭建产学研中介合作平台，降低知识的沟通交流成本，拉近产业界与高等院校、研究机构的距离，提供更高效率的交流途径。例如，筑波 Cyberdyne 公司研发出世界首个声控人体外骨骼——"混合辅助肢体"，其技术主要来自筑波大学、东京大学及其综合研究开发机构的研发成果。

（4）举办国际性的会议和活动来扩大影响力。首先，1985 年，筑波成功举办了以"人类、居住、环境与科学技术"为主题的世博会，大大提升了国际知名度，并吸引了大量国际学者及研究机构入驻科学城。其次，以筑波研究支援中心、筑波大学尖端跨学科领域研究中心为主体，超过 100 家非正式研究交流组织频繁开展研究交流、技术交流活动，极大地丰富了创新创业文化氛围，结合国际会议，吸引了大批国外研究人员。最后，筑波科学城每年召开国际科技博览会、国家级研究机构科技成果展示会，把科技创新成果反馈给社会、反馈给企业，促使创新孵化的后续阶段顺利进行（见表 8-1）。

表 8-1　1985 年筑波国际科技博览会在促进城市功能方面积极作用

城市功能	筑波国际科技博览会的积极作用
基础设施	通过举办世博会,集中国家资本,在短时间内建成一批对城市发展至关重要的基础设施,为城市功能进一步完善创造了基本条件
配套设施	博览会举办之际,建成了商业街、百货大楼、食品街、信息中心宾馆等设施,刺激了商品消费,促使筑波科学城功能结构趋向合理化

续表

城市功能	筑波国际科技博览会的积极作用
城市环境	世博会占用了大量室外用地。结束后,大部分占用的室外用地建设为公园绿地。这些公园绿地与步行专用道路、广场一起形成了城市的开敞空间系统。开敞空间与商业、交通、文化、食宿设施相连形成了高度人性化、优美的城市环境
城市知名度	博览会展示了当时世界各国最新的科技成果,共有 46 个国家和 37 个国际组织参加博览会。博览会极大地推动了筑波科学城的国际化,提高了城市知名度。筑波科学城因此成为国际闻名的科学城,并且奠定了其作为国际科学交流基地的地位

资料来源:华通国际高新产业研究院、迟强等《筑波科学城建设发展对于怀柔科学城的启示》,《北京调研》2017 年第 8 期,总第 328 期。

目前拥有 31 个国立科研机构、300 余个民间科研机构和企业,诞生了著名的综合性国立大学——筑波大学,为研究机构培养了大量优秀科研人才,目前筑波已拥有 6 位诺贝尔物理学、化学奖得主,研究成果产出持续涌现,崛起成为全球瞩目的国际科技创新中心。

3. 筑波科学城取得的成就

日本政府把筑波定位为科学技术的中枢城市,围绕电子学、生物工程技术、纳米和半导体、机电一体化、新材料、信息工学、宇宙科学、环境科学、新能源、现代农业等优势领域,筑波科学城每年会产生大量具有国际先进水平的科技成果,成为新知识、新创造、新发明的诞生地,同时依托每年举办的国际科技博览会、成果展示会和科学技术周,向日本大企业集中展示和转移转化最前沿的科技成果,保持日本科技创新的领先地位。

截至 2022 年,历时约 60 年建立的筑波科学城人口已达 24.8 万,成为日本最大,也是全球闻名的高水平科学中心。日本全国 30% 的科研机构、40% 的科研人员、50% 的政府科研投入集中于筑波科学城。筑波科学城拥有大约 300 个国家和私人研究机构与公司,雇用了大约 1.3 万名科学家,成为日本最大的科学技术据点。此外,筑波科学城居住着许多外国研究人员和留学生,常年有 140 个国籍以上的、约 9000 名的外国人,包括因商务、国际会议等来访的人,筑波科学城已成为世界上屈指可数的卓越的人才聚集、活跃的多样化城市。

（二）法国格勒诺布尔

法国格勒诺布尔（Grenoble）① 拥有 2000 多年的历史，曾被欧盟评为法国第二大创新型城市，是福布斯最具创新力城市排行榜全球第五名，位处阿尔卑斯山脉腹地，毗邻法意边境。事实上，格勒诺布尔并不具备传统"大都市型"创新中心的地理区位优势和创新资源优势，但这座因举办 1968 年世界冬奥会而名声大噪的滑雪小城，先后走出 6 位诺贝尔科学奖获得者，坐拥由 5 座先进大科学装置形成的"国际大科学装置集群"，是法国研发型就业岗位比例最高的城市，拥有完善的电子、信息技术"产学研"一体化协同发展布局和出众的全球影响力，依托其在微电子、材料科学、核能和计算机科学等领域取得的重大突破，被业界誉为法国乃至欧洲的硅谷，综合创新影响力可与巴黎相媲美，被美国《时代》周刊称为"欧洲神秘的创新之都"。

1. 格勒诺布尔发展概述

总体上，格勒诺布尔（以下简称格勒）科创中心形成于二战前后，大致分为 4 个阶段。

（1）第一阶段：1870~1945 年。人类第二次工业革命带动了格勒水电领域的飞速发展，确立了格勒早期能源产业优势。阿尔卑斯山脉丰富的水资源为格勒成为世界水电先驱提供了得天独厚的自然条件，1869 年世界首座水电站在格勒投入运营。产业发展的内需催生格勒电气工程研究所于 1898 年正式成立，与格勒大学等机构一起为格勒发展为法国重要的发电机和电气设备产业基地提供了强有力的科技支撑。到 20 世纪 30 年代，格勒已经拥有格勒诺布尔综合理工学院（IPG）、电化学和电冶金研究所（IEE）、傅里叶研究所等若干一流高等院校和科研机构，提供能源、电子、冶金等领域高水平的高等教育与职业培训，并与当地相关产业形成了紧密

---

① 关于法国格勒诺布尔的分析主要来自茹志涛、孙玉明《法国"格勒诺布尔科创中心"建设经验及启发》，《全球科技经济瞭望》2019 年第 7 期。

的互助合作关系。

二战后期，路易·尼尔与诺尔·费里西（Noel Felici）、路易·威尔（Louis Weil）等科学家为躲避战乱来到格勒。路易·尼尔教授于 1942 年发明的铁磁技术促进了全球广播、电力和电信产业的飞速发展，开创了基础研究、应用研究和工业生产"契约化合作"的新模式，使产业界可获得更具市场竞争力的产品和技术，研究部门则获得更好的实验条件和经费保障，这种模式时至今日仍是格勒协同创新的历史传统。

（2）第二阶段：1945～1967 年。格勒紧密围绕法国战后重大国家战略需求，确立了科技创新优先发展方向。20 世纪 50 年代中期，法国政府开始实施"去中心化"领土整治规划，将产业逐步向巴黎大区外的区域性中心城市转移，致力于打造一批以图卢兹、格勒等为代表的各具产业特色的区域城市。加之格勒当地政府高度重视并承诺全力服务科创中心建设，最终，法国政府决定在格勒打造民用核能和集成电路研发基地。不到 5 年时间，法国国家科研中心（CNRS）和法国原子能和替代能源委员会（CEA）与当地大学和科研机构投入巨资建设了全球首台模拟潮汐的大型实验设备、全法第 2 座回旋加速器、3 座研究用途的核反应堆，组建了金属物理与静电实验室（LEPM）、集成电路研究团队、极低温研究中心（CRTBT），这不但迅速改善了格勒在基础研究方面的硬件条件和实力，而且为提升格勒在科技领域的知名度、聚集高层次人才奠定了坚实的基础。

（3）第三阶段：1967～2000 年。格勒利用法德两国政府联合建设高通量劳厄-朗之万研究所（ILL）以及举办 1968 年冬季奥运会的历史机遇，对当地公路、铁路等基础设施进行大规模改建，营造了科学半岛（Polygone Scientifique）和高教园区（Domaine Universaire）并行发展的宜居宜业环境。目前，高教园区有格勒-阿尔卑斯大学、格勒综合理工学院工程师学校、格勒巴黎政治学院等多家法国一流的大学和精英学院，可容纳学生、教职员工等 4 万余人，高校之间共享学生宿舍、图书馆、餐厅等基础设施和教学服务部门，此外，该园区还设有多个独立或与大学共建的研究机构。

（4）第四阶段：2000年至今。2006年，格勒正式成立微纳米技术竞争力集群（MINATEC），旨在瞄准世界卓越创新中心，形成涵盖欧洲范围内的纳米科学综合研究集群，集中了研究机构、高等教育、企业各类创新人员共计4800名，包括3000名研究人员，1200名学生及600名受聘于入驻企业的研发人员，覆盖从技术转移到工业应用的学生培训、基础研究和应用研究整个创新链，通过常态化的头脑风暴和学科互补，形成独具特色的创新生态圈，现已发展成为欧洲乃至全球在微电子和纳米技术发展的风向标。2009年，为进一步放大MINATEC创新模式的发展潜力，格勒科学半岛推出了更宏大的格勒先进新技术创新园计划（Grenoble Innovation for Advanced New Technologies，GIANT）。该计划由2家法国国立科研机构CEA、CNRS，3家国际大科学装置——欧洲同步辐射装置（ESRF）、ILL、欧洲分子生物实验室（EMBL），以及格勒诺布尔管理学院（GEM）、格勒诺布尔国立理工学院（INPG）、格勒诺布尔阿尔卑斯大学集团（UGA）共8家机构共同发起，旨在与科学半岛共同建设GIANT园区，营造和谐的创新生态，促进学科交叉和技术共享，鼓励思想碰撞，传播知识，更好地回应如数字转型、气候变化及其他环境问题、生命科学和健康发展等当下和未来重大经济社会发展挑战。

2. 格勒诺布尔发展特点

（1）法国政府基于国家发展战略的大力支持。格勒科创中心的成功表面上看是区域科技创新能力的逆袭，但本质是法国国家意志和战略需求的实现。二战后，法国将民用核能、航空航天、电子通信等列为战略性重点发展领域。围绕以上目标，法国政府利用中央集权制的体制优势对全法科研布局和资源进行统一规划和配置。

（2）坚持基础研究和原始创新能力的久久为功。格勒在全球能源和信息科学领域的成就得益于国家、地方、高教与科研部门、产业界等数十年磨一剑的战略定力以及一贯的政策延续性，这些因素使格勒在学科纵深发展和横向交叉方面相得益彰，卓越科学和模式创新相辅相成、相互促进。

（3）坚持开放创新与国际合作。欧洲同步辐射光源、欧洲分子生物学实验室等全球一流的国际大科学装置群所营造的国际化多元创新氛围，每年数以万计活跃在全球科技发展最前沿的一流人才及其彼此之间的思想碰撞，不断为格勒的高水平发展补充新鲜血液。因此，格勒创新中心建设的本质在于"筑巢引凤"，关键在于共享全球创新人才。

（4）以跨界融合构建协同创新体系。格勒科创中心的成功，一方面得益于法国国家层面"机构协同创新"的宏观政策，如法国科研人员在所属机构备案的情况下，可以在其他科研机构或高校全职工作，也专门设有同时在科研机构和大学工作的正式教研岗位；另一方面由于格勒科创中心规模适中，"熟人社会"增进了产业界与研究部门、高等院校的了解和互信，在创新链互补互利的传统契约化优势得以凸显，使微纳米技术竞争力集群和格勒先进新技术创新园能够进一步将高教与科研机构的研究人员与企业研发人员进行集约化混编，从而营造学科交叉和机构协同的创新生态。

3. 格勒诺布尔发展成就

格勒已经成为欧洲乃至全球创新网络中的重要枢纽。据官方统计，格勒共有研究人员、工程师、技术人员、学生等各类人员近3万名，其中40%为学生；每年申报专利700余项，发表科技论文6000余篇。在过去近10年，共孵化初创型企业计200多家，现仍有40家企业入驻园区，他们利用园区内平台与相关科研机构、高校深度开展互补合作。除了自我探索，格勒还在2012年率先发起并牵头组织"全球先进创新生态圈高层论坛"，每年在当地和国外轮流举行，目的是通过论坛宣传格勒创新生态圈发展理念、吸收和借鉴世界各大创新中心的优秀经验、搭建国际创新生态圈沟通平台，从而推动全球科技卓越创新。

二 "产业创新中心"模式

"产业创新中心"模式的特点是以市场为导向、以产业化为目的、以企业为主体。典型的例子是英国伦敦和以色列特拉维夫。

（一）英国伦敦

2021 年 9 月，美国咨询公司 Startup Genome 对全球 140 个城市进行了科创能力排名，伦敦成为仅次于硅谷的全球第二大科技创业之都。作为传统的三大国际金融中心之一，伦敦是如何成为全球科技创新网络中极为重点的枢纽型城市，成为具有全球影响力的国际科技创新中心的，其发展经验值得借鉴。

1. 从国际金融中心向国际"金融+科技"中心转型

伦敦与纽约、香港并称"全球三大国际金融中心"，同时也是"欧洲创意中心"。近 10 年来，伦敦打出科技创新的"新招牌"，集中精力把位于东部的肖尔迪奇区（Shoreditch）打造成属于英国的硅谷，推动伦敦从国际金融中心向国际"金融+科技"中心转型。

肖尔迪奇区位于伦敦东部的街头艺术汇集区，是伦敦少有的允许涂鸦创作的开放街区，依托独特的创新氛围、浓郁的艺术气息，吸引着各地的艺术家和设计师。随着自发聚集的企业越来越多，区域内形成了以数字科技为主体，金融、艺术、传媒多行业蓬勃发展的产业集群。靠近旧街（Old Street）路口的肖尔迪奇区出现一大批新兴互联网公司，这片高密度的科技产业园被称为"硅环岛"（Silicon Roundabout）。2010 年，英国政府推出以"硅环岛"为中心建设高科技产业中心即"东伦敦科技城"（East London Tech City）建设计划，空间范围从老街、肖尔迪奇区向东延伸到奥林匹克公园。政府承诺投入 4 亿英镑支持科技城的发展，目标是改变英国缺乏本土科技龙头企业的现状，试图通过培育本土创新企业将伦敦打造成"世界科技中心之一"。

东伦敦科技城是典型的在高密度城区发展都市科技、打造创新城区，从而进一步建设成为国际科技创新中心的模式。东伦敦科技城 30 余年的发展，最初源于自下而上的推动，而后在自上而下的统筹引导下成功实现。在这个过程中，政府的支持政策显得尤其关键。比如，为了在全球范围内为该城市的科技产业招商引资，政府专门成立了"伦敦技术大使团队"；伦敦发展委员会建立专门的主题网络——知识天使，为中小型企业、大学、风险投资提供交流平台；伦敦发展局将"在伦敦所有组织机构中全面培育创新文化"作为战略重点，营造伦敦的创新氛围。没有伦敦西区众多大学和高素质人才的科技资源，也不同于美国硅谷"大学创新驱动、自发生成"的逻辑，东伦敦科技城的兴起是"都市资源整合、政府支持"模式的成功，伦敦市政府通过整合大都市资源，吸引科技人才和高科技企业在此聚集。"硅环岛"从一开始就锁定自身"国际化"的属性——对接全球市场，引进国际顶尖的科技人才与企业。对科技区域而言，创新氛围对于起步中的技术产业至关重要，以交流为导向的孵化器不仅为科技人与投资人提供对接，还能为民众提供与科技人交流的机会。通过开设网站、组织国际研讨会和积极参与欧盟创新论坛等多种形式，东伦敦科技城成功吸引了全球人才、企业和资本的注入。在此基础上，东伦敦科技城充分利用邻近伦敦金融城的优势，成立投资集团并与伦敦金融城共建融资平台，为处于不同发展阶段的企业提供金融支持，如创业启动贷款和天使投资等。同时，借助英国风险投资计划（Venture Capital Scheme，VCS）支持中小企业进行股权融资，无论是个人还是企业投资者都可享受 30% 或 50% 的税收减免。如今，伦敦共有 1370 多家风险投资公司。2021 年，英国科技行业融资总额达 398 亿美元，其中伦敦科创企业共融资 255 亿美元，是 2020 年同期融资水平的两倍。在这些获得大额融资的企业中，多数是东伦敦的初创科技公司，例如数字银行 Revolut（融资 8 亿美元）、互联网金融公司 Checkout.com（融资 4.5 亿美元）和虚拟活动平台公司 Hopin（融资 4 亿美元）（崔丹，2022）。

如今，以"硅环岛"为核心的东伦敦科技城已成为伦敦技术创业核心地带，排在硅谷和纽约之后，号称"世界第三大技术企业集群区"。截至2019 年，东伦敦科技城共有 1600 多家企业入驻（崔丹，2022），吸引了谷歌、脸书、英特尔、思科等世界顶尖高科技企业进驻，成为欧洲成长最快的科技枢纽。

2. 构建科技创新产业生态圈

一是成立管理机构——科技城投资集团。由英国贸易投资总署招募科技领域企业家（如诺基亚全球主管 Gerard Grech）成立技术城投资组织

（TCIO），旨在孵化东伦敦科技集群。其主要职能包括：筹集资金以支持科技城的初创企业；主动对接全球的投资者、企业，提升初创企业融资、科研能力。

二是搭建金融城融资平台，为科创企业提供充裕资金。初期，扶持资金由政府出资。更多的资金来源，是通过科技城投资组织和与金融城合作的融资平台提供，为不同阶段的初创企业提供不同支持。如孵化阶段的创业启动贷款计划、商业企业小微贷款，成长期的天使投资、IPO 等。

三是制定税负优惠政策。如颁布"专利盒"政策，为具有专利的企业降低 10% 所得税；修改 IPO 规则，进一步支持进入成熟期的科创企业；推动研发税务优惠。针对投资者实施企业投资计划（EIS）和种子企业投资计划（SEIS），投资者将获得高达 50% 的税收减免，活跃了市场内的个人资本。

四是构建创新促进机制，提升科创质量。科技城构建了创新促进机制，确保不同发展阶段的公司均会获得助推。科技城搭建的六大科创孵化创新平台，包括政府扶持、教育培训、国际协作、企业服务、社区互动、科研院校，满足了科技企业在不同阶段的需求。此外，对于初创企业，除了前面提到的政策扶持外，科技城还将收购建筑中的一部分空间用作科技孵化区，包括支持机构 50 家、加速器 60 个、共享办公 100 处。

（二）以色列特拉维夫

特拉维夫市距离以色列首都耶路撒冷约 50 千米，市区面积约为 52 平方千米，人口 40 万，主要为犹太人。1950 年，特拉维夫和雅法两市正式合并成立特拉维夫-雅法市。此后，伴随着产业升级发展和城市规模的扩大，特拉维夫主城区周边形成了多个卫星城，逐渐连绵发展成为大都市带。一直到近年，以特拉维夫-雅法市为中心，包含赫兹利亚、拉马特甘、阿什杜德等卫星城在内的特拉维夫都会区集聚了以色列最多的高校、科研机构、科技企业和科研人员等资源，被称作"硅溪"（Silicon Wadi）。特拉维夫都会区占地约 1516 平方千米，2020 年人口约 405 万，也被称作集群城市（Gush Dan）。

特拉维夫是以色列的商业、金融和科技中心。因为集中了以色列大部分的高科技企业，高新技术产业迅猛发展，特拉维夫又被称为"硅溪之核"，逐渐崛起成为以色列的经济和科技中心，被誉为"欧洲创新领导者"和"仅次于硅谷的创新圣地"。

1. 特拉维夫发展概述

天安云谷的研究显示，从20世纪60年代开始，特拉维夫结合本地实际情况，由进口替代战略转向出口导向战略，向欧美国家出口本地技术人才生产的高附加值产品；20世纪60年代末70年代初，特拉维夫开始将科技研发和教育相结合，不断吸引本地和境外资本投入科研教育；真正大规模的高新技术产业发展高潮出现在20世纪70年代末期到80年代中期、20世纪90年代前期和21世纪初至今三个时期。①

（1）市场化改革推动企业创新发展（20世纪70年代末到80年代中期）。20世纪70年代之前，以色列还处于社会主义的经济体制的约束中，计划经济色彩强烈，政府对税收政策的制定、就业制度的安排、经济运行机制的掌握都非常严格。直到70年代，以色列才开始实行贸易自由和市场化的改革，对经济活动的管制和干预逐渐减少，与欧美等国的自由贸易由此开始。政府与这些国家签订了自由贸易协定，还设定了自由贸易区，并且放宽了对外汇、资本市场和劳动力市场的管制。这一举措从根本上释放了市场的活力，激发了企业和个人的创新发展能力，增强了特拉维夫作为以色列经济中心的地位。随着经济全球化和世界科技革命发展的影响，特拉维夫更是抓住了世界经济一体化发展的机遇，对内加强对本地企业技术创新和产业研发的鼓励，对外加强国际合作，主动争取跨国公司的投资。

（2）借力国家政策快速发展高新技术产业（20世纪90年代初）。90年代初，以色列实施了多项高新技术中小企业扶持计划，注重科研和教育结合，以实现产学研一体化发展。主要包括孵化器计划、磁铁计划、风险投资

---

① 本部分资料来自《国际视野丨以色列特拉维夫——仅次于硅谷的创新圣地》，微信公众号"天安云谷"，2022年11月29日。

产业启动计划等。1991 年以色列政府针对中小企业，特别是高新技术企业发展快但风险大失败多、大批苏联移民有技术但缺乏资本和市场经营经验的情况，实施孵化器计划，使风险投资和企业孵化器同步发展，互为支撑；1993 年首席科学家办公室（the Office of the Chief Scientist，OCS）推出了磁铁计划，旨在支持企业和知名学术机构如特拉维夫大学、魏茨曼科学研究所等组合成为研发联合体，以竞争为基础，拨款给评估筛选认为有研发效益的联合体。1993 年以色列政府借鉴国外风险投资行业的经验，筹集了 1 亿美元的风险资金吸引国外有经验的风投公司成立联盟，旨在为高新技术企业提供资金支持，并为相应的企业管理和市场服务提供增值服务。借助国家对于高科技企业有利的扶持政策，特拉维夫位居高新技术产业发展的船头，不断孵化创新型企业，促进企业和高校合作，借力风险投资行业，大力推动特拉维夫作为创新型科技城市的发展。

（3）集聚全球科技企业，激发创新活力（21 世纪初至今）。20 世纪 90 年代后期，特拉维夫的高新技术产业发展形成一股逆流，即效益良好的企业、优秀的人才、尖端的技术不断向发达国家流动，这种情况主要是源于本地安全局势不佳、高新技术产品市场饱和、对于高科技人才的重视度不足等原因，尤其是 2000 年开始的巴以冲突、世界经济危机、世界高新技术市场不景气等原因，使特拉维夫面临着高新技术产业的产值、风险投资不断缩减，高新技术产品和服务的出口大量减少，中小型的高新技术企业破产倒闭等问题。在此困境下，特拉维夫政府拉开了再次改革的序幕，首先再一次对高科技企业的税收进行调整，降低相应税收，同时减少高技术员工资产收益的税费，保护和鼓励高新技术知识产权，并进一步加大对科技教育和研发的投入，加强对外交流合作，重燃高新技术产业发展的活力。由此，特拉维夫这座高科技产业城迎来了新一轮的快速增长。

21 世纪初始，特拉维夫以高新技术产业、文化旅游业和金融业的发展为驱动，开始着眼于打造"全球城市"。2010 年，在特拉维夫市长办公室的主导下，以提升特拉维夫全球地位与国际形象为目标的特拉维夫全球城市办公室（Tel Aviv Global City Initiative）成立，通过与其他政府部门和非政府组织合作，计划运用一系列营销手段和战略规划，将特拉维夫打造成国际领先的商业和创新中心，吸引人才与企业进驻。为此，特拉维夫被冠以"创意城市"（Startup City）之名，市政府制定了三条原则用以实施打造创意城市的行动计划。第一，营造一个创新的、数字的、易于发展的环境；第二，展示城市的独特魅力，不断吸引国外的游访者；第三，鼓励居民积极参与"创意城市"的启动建设。

时至今日，特拉维夫市作为"硅溪"地区社会、经济和文化紧密联系的核心，汇聚了以色列约77%的初创企业、81%的投资机构和85%的高新技术产业，也吸引了英特尔、微软、谷歌、华为等世界高科技巨头入驻，是"硅溪"创新的"神经中枢"、享誉全球的创业圣地，成为全球具有重要影响力的新的科技创新中心。

2. 特拉维夫的发展经验

从特拉维夫的发展历程来看，其建设成为国际科技创新中心的经验做法主要有三个方面。

（1）国家政策大力扶持中小型科技企业。20世纪90年代初，以色列实施了多项高新技术中小企业扶持计划，以实现产学研一体化发展，主要包括孵化器计划、磁铁计划、风险投资产业启动计划等。同时，政府还对新创公司实施了降低50%税收的优惠政策，这对于早期创业公司来说极其重要。此外，政府还推出了一个专门服务创业者的网站，将各种有利于创新创业的信息都公开出来，比如各种政策、投资机构信息、所有初创企业、所有研发中心等。

（2）以政府部门为核心建立创新生态体系。以色列政府在构建创新体系中主要通过政策优惠与环境营造为创业者提供服务。在政策方面，以色列设立了13个OCS，负责国家科技政策制定、经费分配、科技管理，这些科学家办公室分别设在科技部、工贸部、农业部、教育部、卫生部、环境部、通信部、交通部、住房与基础设施部、能源与水资源部、公安部、国防部等影响创新体系构建的核心部门。首席科学家在创新体系中具有很大的自主权，可通过"借款"的方式将研发经费用于支持创业企业。在税收方面，政府通过立法为重点扶持的高科技企业提供相应的税额政策，从而刺激企业从事科技研发创新活动。在配套方面，政府为创业者提供的图书馆共享工作空间相当于"创客空间"，任何有创业想法的人，都可以通过递交申请获得入驻的机会，时间可以长达 6 个月，每人每月收费为人民币 400 多元。

（3）精准高效的产业转化体系。以色列拥有全球著名的 8 所高校，多所高校拥有诺贝尔奖得主，如以色列理工学院就有 3 名诺贝尔奖获得者。由于以色列国内市场狭小，有着巨大的国际科技合作需求，各高校都设立了技术转化公司，以市场化方式推进学校科研成果的全球商业化运作。这样既可以通过专业化运作保证科研技术转化的成功率和收益率，又能将研发与市场推广进行深度分工从而使科学家更关注于技术研发。技术转化主要通过技术许可、专利转让、合作研究或成立合资公司等形式进行。通过高校的技术转移，公司取得了显著成绩，比如希伯来大学技术转移公司在医药、纳米科技等领域优势突出，其收入超过美国麻省理工学院和哈佛大学的技术公司。

三 "双中心"模式

"双中心"模式即"科学中心"与"产业创新中心"两种模式的结合，是指城市和区域在形成与发展的过程中，或者在规划建设过程中，基础研究、产业创新等并重或者并行发展。"双中心"模式下的国际科技创新中心，多为新兴和快速崛起的科技创新中心。这些城市在基础研究、产业发展、金融、现代服务业等领域综合发力，从而形成对科技要素资源的吸引和集聚，同时也在基础研究领域不断实现突破。

（一）美国硅谷

硅谷（Silicon Valley）的特点是以自由、开放、包容的环境吸引全球科技创新要素集聚，打造最具活力的创新生态系统，同时在基础研究领域以国际一流高校和实验室掌握全球话语权，从而在全球创新网络中占据枢纽地位，对创新资源具有配置功能。硅谷的发展可以理解为"双中心"模式。

陆园园（2021）认为，旧金山湾区依托硅谷地区知识、资本的外溢和辐射，圣何塞的高技术产业群、奥克兰的高端制造业，以及旧金山的专业服务（如金融和旅游业），通过长期发展构筑了一个"科技（辐射）+产业（网络）+制度（环境）"的全球创新中心。硅谷的突出特点在于拥有大量的高素质人才，技术移民人口创建的企业占硅谷全部高科技企业的1/3多；拥有成熟的创新资源网络，高校、企业、研发机构、风险资本和各类中介机构紧密互动，形成了开放创新资源网络，为新技术、新商业模式的诞生提供最佳土壤。

硅谷是现代科学发展中第一个全球认可度极高的国际科技创新中心，是美国科技实力全球领先的代表性区域。硅谷处于美国旧金山湾区的核心地带，其主要部分位于旧金山湾区南端的圣克拉拉县下属的从帕罗奥多市到县府圣何塞市一段长约40千米的谷地，以及圣马特奥县、阿拉米达县的部分地区，面积约4800平方千米（约占美国加利福尼亚州总面积的1%）。

1. 旧金山湾区发展概述

硅谷的成功，是旧金山湾区发展历程的缩影。在分析硅谷的发展经验之前，先对旧金山湾区的发展历程进行梳理，可以看到硅谷所处的区域环境。

19世纪后半叶，旧金山湾区依托"淘金热"和西部工业化浪潮，通过"矿业城市"和"铁路城市"两次城市化进程，迅速完成了城市化和工业化。到20世纪初，湾区内奥克兰港和旧金山港两大港口的贸易、物流、加工等带动腹地经济快速发展，成为旧金山湾区经济发展的重要动力。但是，由于旧金山湾区不在国际航运的主干道上，加上美国在此期间修建了横贯东西的中央太平洋铁路，港口经济虽然持续了较长时间，但并未让旧金山湾区在世界区域经济版图中显得格外突出。

20世纪初到70年代，旧金山湾区制造业、建筑业、交通通信及设备等工业经济占据主导地位。1948~1977年，整个旧金山湾区制造业就业人口增长108%，极大地带动了湾区经济增长。这一时期，旧金山湾区三个中心城市的工业经济形态有所区别。奥克兰市依托港口，货物运输量强劲增长，港口带动腹地的城市配套工业快速发展。凭借"硅谷"的迅猛崛起，南湾的圣何塞迅速成长为一个以高科技产业为主的城市，一些重要的军工企业加快聚集；加上斯坦福大学、圣克拉拉的国家实验室、风投机构等初步构成的创新生态体系，圣何塞形成了"国防-工业-智力综合体"的发展模式，尤其在集成电路和微处理器方面的革新和引领，引发了科技企业的爆炸式增长和科技人才、技术等要素的快速集聚。旧金山市的工业经济虽然依旧重要，但在这一阶段中后期，很多大型制造业和配套企业开始离开旧金山市迁到郊区，金融、保险、房地产、公共服务领域的就业人数不断上升，特别是生产性服务业增长十分明显。1970 年，旧金山市金融、保险、房地产就业人数比 1960 年增长 31.9%。

20 世纪 70 年代后，旧金山湾区从工业经济转向服务经济与美国转型发展息息相关。20 世纪最后 20 年，美国率先由工业经济向知识经济和信息经济过渡，并形成以信息业为龙头的新型产业结构。旧金山湾区在这一重大经济结构转变中获益匪浅。20 世纪 80 年代，旧金山已经完全是一个典型的后工业化城市，信息技术的发展使港口服务业迅速壮大，并带动旅游业、娱乐业和零售业的发展。90 年代后，大量风险资本汇聚旧金山，推动金融业成为旧金山重要的部门之一。风险资本又吸引大量的新兴网络和高技术公司集聚在南部的圣何塞市，两个城市协同互助、相互呼应，形成世界级的科技创新网络。而受硅谷的外溢效应影响，奥克兰的服务业也在这一时期快速发展。整个旧金山湾区的服务经济成为经济增长主力。

进入 21 世纪后，旧金山湾区成为公认的全球创新枢纽中心，创新成为湾区发展的核心动力引擎。从公共部门、高校、研究机构到企业，研发投入、创新活动、支持政策持续互动，营造了开放包容、务实高效的世界级创新环境，吸引全世界的资本、技术、人才等要素到旧金山湾区发展。大批新兴的科技企业在旧金山湾区创立并逐步引领世界创新经济的发展，包括谷歌、推特、特斯拉、Facebook、Airbnb、Uber 等。创新经济成为旧金山湾区在世界经济版图的亮点。

2. 硅谷的发展经验

硅谷这个词最早是由加利福尼亚企业家拉尔夫·瓦尔斯特（Ralph Vaerst）创造的，瓦尔斯特的朋友唐·霍夫勒在一系列关于电子新闻的标题中第一次使用这个词。1971 年 1 月 11 日，"美国硅谷"开始被用于《每周商业》报纸电子新闻的一系列文章的题目。之所以名字当中有一个"硅"字，是因为当地企业多数是从事加工制造高浓度硅的半导体行业和电脑工业，而"谷"则是从圣克拉拉谷中得到的灵感。当时的硅谷就是在旧金山湾南端沿着 101 号美国国道，从门洛帕克、帕拉阿托经过山景城、森尼韦尔到硅谷的中心圣克拉拉，再经坎贝尔直达圣何塞的这条狭长地带。硅谷这一名称慢慢替代了此地最初的昵称——"果树林"（Valley of Heart's Delight）。

1947 年，美国斯坦福大学校长弗雷德里克·弗里曼提出建立斯坦福大学研究园的设想，并于 1951 年在校内划出了约 250 公顷的土地，兴建起现代化的实验室和厂房，形成了斯坦福研究园。在政府支持及各方配合下，依靠其雄厚的智力资源，以及逐步形成的政府、大学和科研单位、科技企业紧密合作这一先进的运行机制，从 50 年代中期开始，斯坦福大学研究园就逐步成为世界知名的高技术设计和制造中心——"硅谷"。

（1）发展的四个阶段。孕育期。19 世纪末期，美国开始出现电子工业的萌芽，加利福尼亚州圣克拉拉谷开始陆续出现工业企业。1891 年，斯坦福大学建立，进一步催生了相关技术研发企业的发展。1909 年，斯坦福大学的毕业生埃尔维尔建立了联邦电报公司，培养了一批硅谷企业家，并培育了硅谷独特的创新文化。1939 年惠普公司在硅谷创立并取得巨大成功，被硅谷很多新兴企业所效仿。斯坦福大学的建立、联邦电报公司和惠普等早期电子公司的形成，成为美国硅谷的孕育期。

成长期。1942 年，美国介入二战，军事电子技术的迫切需求为硅谷带来了新的发展契机。以"阿波罗计划"、"民兵"导弹等为代表的军方项目使硅谷当时的初创企业获得了大量的资金支持。受到美国军费大幅增长的拉动，硅谷电子类企业迅速发展。此外，1951 年斯坦福大学工业园的设立，吸引了大量技术研发类企业在此聚集，硅谷地区高科技公司网络逐步形成。

这一阶段一般被外界看作硅谷的成长期。

发展期。20 世纪 50 年代中期，一批半导体物理学家来到了硅谷，改变了硅谷工业发展的路径，快速衍生出大量的半导体公司、风险投资公司和律师机构，其中包括著名的英特尔公司等。在这一时期，企业衍生、重组成为硅谷的潮流，培育了硅谷企业广泛联系和开放的风气，掀起了此起彼伏的创新浪潮。

成熟期。在半导体技术发展的基础之上，1971 年英特尔公司发明了世界上第一个微处理器，开启了个人电脑的发展时代。以苹果公司为首的计算机公司使硅谷的影响扩大到全世界。这一阶段，风险投资的广泛介入推动硅谷企业与产值的爆发式增长。此外，互联网的出现与快速发展，使硅谷进一步涌现出一批国际知名的互联网公司，如谷歌、脸书等，硅谷成为具有国际影响力的高技术企业聚集区。

（2）成功的动力因素。硅谷的发展动力因素，包括完善的创新体系、高效的区域协同、优质的宜居宜业环境、积极的政策支持四个方面。

完善的创新体系。硅谷之所以能成为国际科技创新中心，得益于市场机制作用的充分发挥，是典型的市场化、"契约型"发展模式。在硅谷形成和发展的过程中，政府力量的干预极少，区内各主体自发组织建立的区域发展和治理机构、机制起到了关键作用，构建了全球最高效的、由多种经济社会因素互动融合形成的湾区创新生态系统。湾区创新生态系统以初创企业和企业家（Entrepreneurs and Start-ups）为核心，与高校和科研机构、资金（天使投资、风险投资等）、孵化器和加速器等要素紧密联系互动，彼此正向激励促进，形成良性循环网络。这使硅谷能够不断开发新技术工艺、准确及时把握市场需求、革新商业模式和聚集全球要素，为硅谷的发展提供持续推动力。

在硅谷的创新体系中，有四个要素发挥了关键作用。一是世界一流的高校。硅谷及周边拥有斯坦福大学，加州大学伯克利分校、旧金山分校、戴维斯分校和圣克鲁斯分校，这五所大学拥有全美前十的商科、医学、科学和工程研究生项目超过 60 个，是全美最大的研究型大学城（区）之一，为硅谷提供大量发明和专利。除了大学外，区域内还有 9 所专科学校和 33 所技工学校，培养了大量的技术工程师和创业人才。二是实力雄厚的国家重点实验室。硅谷的国家级和州级实验室达到 25 所，包括著名的劳伦斯·伯克利、劳伦斯·利弗摩尔、桑迪亚国家实验室，美国航天局艾姆斯研发中心，美国国家加速器实验室等。这些实验室在基础研究和应用研究方面与大学紧密协作，在技术和成果商业化方面与企业合作，成为硅谷创新创业的重要推动力。三是全球创新人才和风险投资。硅谷开放的创新网络成功吸引了来自世界各地的高端人才，这得益于其开放包容的文化氛围，使硅谷能在全球 70 亿人口中会聚并选拔顶尖人才。与此同时，硅谷拥有超过 300 家风险投资和私人股本公司，集聚了美国 36% 和全球 16% 的风险资本。位于硅谷北部的沙丘路（Sand Hill Road）仅有短短两三千米，却聚集了众多国际知名的风险投资公司，包括红杉资本、凯鹏华盈等。值得一提的是，在纳斯达克上市的科技公司中，至少有一半是由这条街上的风险投资公司所投资的。这种全球创新人才和风险投资的紧密结合，为硅谷持续的创新和发展提供了强大动力。四是包容的创新文化。硅谷的成功在很大程度上源于其独特且难以复制的文化特质。硅谷的创新文化包容失败，将失败视为成功路上的必经历程。这种心态降低了创新的门槛，进而激发了人们对科技创新的热情和憧憬。在硅谷，企业和个人普遍对跳槽持开放态度，认为人才流动有助于知识的传播和更新。所以，与美国其他州对商业秘密的严格保护相比，硅谷所在州的法律更为宽松，因跳槽导致商业秘密泄露的官司很难获得胜诉。

高效的区域协同。硅谷所在的旧金山湾区共有 9 个县 101 个市，早期也面临各自为政、恶性竞争、产业同质化的突出问题。1945 年，湾区委员会（The Bay Area Council）由企业赞助成立，致力于提供公共政策咨询服务以推动湾区发展。这是全世界最早的湾区协调机构，也是旧金山湾区最高级别的协调发展机构。在湾区委员会的推动下，旧金山湾区组建了半官方性质、较松散的联合组织（协调机构），发起方包括地方政府、企业、研究机构、高等院校等，目的在于解决区域性矛盾和问题。这类组织被各方接受，发挥了较大的协商协调作用，在基础设施、教育、公共服务等方面的贡献很大。以交通领域为例。1970 年，在加州立法机关的努力下，成立了大都市交通委员会（MTC），负责整个湾区交通的规划、融资和协调，同时它又是湾区高速公路和快速道路服务局、大桥收费局的"三合一"机构。MTC 还负责湾区港口与机构的协调发展，对整个湾区交通系统的效率和有效性起到了关键作用。

优质的宜居宜业环境。硅谷所在的旧金山湾区不仅是"人人都喜欢加州的阳光和沙滩"的代表，更提供了包容、开放、互助、多元文化的宜业环境。湾区内的旧金山市是美国城市规划做得最好的城市，是"全美最佳绿色城市"和"最受美国人喜欢的城市"，优美的生态环境和极具包容性的创新文化交融，成为旧金山湾区吸引全球顶级人才的重要因素。在旧金山湾区，超过 50% 的创业者是移民，25~44 岁的就业人口中有 67% 出生在国外，半数以上的独角兽企业由移民创立。"旧金山湾区成为世界级湾区的一个重要原因是它足够开放、足够包容。在这里，世界各地的文化可以共生，思想自由传播，创新自然会出现。"

积极的政策支持。虽然市场机制在旧金山湾区的发展过程中起基础性、决定性作用，但湾区内政府的积极作为对湾区发展也贡献颇多，特别是在公共服务供给、产业政策扶持等方面。比如，早期的硅谷有大量高新技术公司分散在一个一个的园区里，在湾区规划和城市发展政策的推动下，"以公共交通为导向"（Transit-Oriented-Development，TOD）的开发模式应运而生，将园区、居民社区联动起来，逐步形成集群和协同网络，支撑大都市发展。除此之外，政府对湾区产业的扶持，包括在湾区设立军事科研机构、安排研究经费、资助孵化器和加速器等，都为旧金山湾区成为世界第一科技湾区提供了重要支撑。

3. 硅谷的成就

硅谷顶尖大学及研究机构集聚，产学研合作有效推进技术创新。全球一流的研究型大学，包括斯坦福大学和加利福尼亚大学（伯克利分校和旧金山医学中心），在科学和应用研究领域持续推动硅谷创新发展。这些研究型大学也从硅谷发展中获益，保持了全球顶尖大学的声望。硅谷的大学和工业企业在专利授权、合作研究、合同研究、咨询、从业者的网络合作、教学、人员交流等领域开展合作。"技术转移办公室中心协调"模式发挥了重要作用：资金经常从政府和行业流向主要的研究型大学，然后通过技术许可办公室将可商业化的技术和发明专利转移给商业部门，为大学带来收入。

硅谷是美国青年心驰神往的圣地，也是世界各国留学生的"竞技场"和"淘金场"。在硅谷，一般公司都实行科学研究、技术开发和生产营销三位一体的经营机制，高学历的专业科技人员往往占公司员工的80%以上。硅谷的科技人员大多是来自世界各地的佼佼者，他们不仅母语和肤色不同，文化背景和生活习俗也各有差异，所学专业和特长也不一样，当这些科技专家聚在一起时，他们思维活跃，在互相切磋中很容易迸发出创新的火花。

100 多年来，硅谷培育了 50 多位诺贝尔奖获得者以及无数依靠智慧和知识而成为百万富翁的人。硅谷目前拥有超过 100 万名的科技人员，年产值超过 7000 亿美元，孕育了包括苹果、谷歌、英特尔、惠普、思科、甲骨文、IBM 等在内的大批知名高科技公司，已形成微电子产业、信息技术产业、新能源产业、生物医学产业等产业集群。

（二）中国北京

2021 年 11 月，《北京市"十四五"时期国际科技创新中心建设规划》发布，提出以推动首都高质量发展为主线，以科技创新和体制机制创新为动力，以中关村科学城、昌平未来科学城、怀柔科学城、北京（亦庄）经济技术开发区"三城一区"为主平台，以中关村国家自主创新示范区为主阵地，打好关键核心技术攻坚战，强化战略科技力量，构建开放创新生态，提升科技治理能力和治理水平。到 2025 年，北京国际科技创新中心基本形成，将会建设成为世界科学中心和创新高地。

北京名校林立、科研机构众多、人才济济、资金汇聚，作为中国科技基础最为雄厚、创新资源最为集聚、创新主体最为活跃的地区之一，拥有建设世界主要科学中心和创新高地的优势，已逐渐成为全球创新网络中的重要力量（见表 8-2）。世界知识产权组织发布的《2022 年全球创新指数报告》显示，北京在全球科技集群排名中位列第三。英国施普林格·自然出版集团发布的年度"自然指数-科研城市"榜单中，北京已五次跻身榜首，2022 年再度夺冠。

表 8-2　北京在教育和科研领域的优势

	指标	数量
高等教育	高校	105 所
	一流大学	8 所
	一流学科高校	34 所
	一流学科	162 个
	具有研究生培养能力的高校	58 所
	在校研究生	28.4 万人
科研机构	科研机构	412 所
	国家重点实验室	近 130 个
	国家工程技术中心	60 余家
院士情况	两院院士	911 人

资料来源：根据教育部、北京市科学技术委员会、中国科学院、中国工程院网站资料整理。

1. 北京国际科技创新中心建设现状[①]

（1）科学中心功能持续增强。一是科技综合实力在全球城市排名中不断提升。《2021 年全球创新指数报告》公布的全球最佳科技集群排名中，北京列第 3 位。《2021 全球创业生态系统报告》显示，北京列全球创新城市第 4 位，居亚洲之首。

二是科学研究的国际影响力持续提升。2021 年，北京共有 253 人次入选全球"高被引科学家"，占全国总人次的 27%。SCI 高被引论文占全球的 8.7%。14 所高校入围世界一流大学 500 强榜单，占全国的 20%。

三是服务国家战略科技力量的能力增强。8 家新型研发机构前瞻布局前

[①] 建设现状部分的资料来源于《四大特点！北京国际科技创新中心建设加快推进》，微信公众号"北京科学学"，2022 年 8 月 12 日。

沿基础研究，如量子信息科学研究院第一代超导量子计算云平台正式上线，智源研究院发布全球最大的超大规模智能模型"悟道2.0"。

四是基础研究持续取得重要进展，64项重大成果获国家科学技术进步奖，其中15项成果获得国家自然科学奖，在基础数学理论、人工智能算法、蛋白质科学、半导体材料等前沿领域实现新突破。

（2）企业创新动力提升，创新成效显著。一是企业创新活力提高。2021年，全市研发投入较为集中的1.9万家规模以上重点企业中，开展研发活动的企业占44.6%，比上年提高3.9个百分点。企业研发投入力度加大，共有研发人员90万人，同比增长13.4%，研究开发费用合计4714.4亿元，同比增长27.7%，研究开发费用占营业收入的比重为4.9%，同比提高0.4个百分点。

二是高成长创新主体逐步壮大。2021年，北京独角兽企业达到102家，同比增长9.7%，占全球的6.8%。北京培育和认定的专精特新企业共2115家，同比增长1.6倍。

三是科技创新成效显著。2021年，规模以上企业期末有效发明专利数为24.9万件，同比增长35.4%。新产品销售收入8159亿元，同比增长52.7%。

四是科技创新促进产业高质量发展。2021年，高技术产业实现增加值1.1万亿元，同比增长14.2%，占地区生产总值的比重为27%，比上年提高0.5个百分点。

（3）重点区域创新引领作用持续发挥。一是"三城一区"主平台创新要素加速聚集。中关村科学城原始创新资源要素集中，怀柔科学城大科学装置建设与运营并重，未来科学城"两谷一园"创新格局优化，北京经济技术开发区、顺义创新产业集群示范区主导产业基础进一步夯实。"三城一区"以占全市31.8%的企业数量集中了全市六成左右的研发人员和研发费用，主平台功能进一步凸显。

二是中关村"主阵地"创新驱动发展动能增强。2021年，中关村示范区企业实现总收入8.4万亿元，同比增长16.8%，实现技术收入2万亿元，占总收入的比重为 24.2%，较上年提高 2 个百分点，收入结构不断优化。①

（4）创新生态环境进一步优化。一是人才、资本为创新创业提供保障。2021 年，中关村示范区从业人员中留学归国人员有 6 万人，同比增长 6.7%。早期投资、VC/PE 投资额为 2917.2 亿元，投资额和案例数均排名全国第一，股权投资保持优势。

二是研发创新激励不断增强。2021 年，享受研发费用加计扣除所得税减免的企业共 5053 家，占 26.4%，同比提高 6.7 个百分点。全市财政科技经费支出 449.4 亿元，占一般公共预算支出的比重为 6.2%，比重较上年提高 0.5 个百分点。

三是创新创业基础环境改善。2021 年，新基建固定资产项目完成投资额占全市固定资产投资额的比重为 9.1%，同比提高 1.5 个百分点，主要投向云计算、医药研发生产、智联网汽车等细分领域。新设科技型企业 9.9 万家，同比增长 24%，其中，九成以上为科技服务业企业。

总体来看，在北京深入贯彻落实创新驱动发展战略，积极服务国家重大战略需求的新发展阶段，国际科技创新中心建设加快推进，创新要素资源加快集聚，企业创新主体作用持续强化，创新激励政策不断完善并落实到位，整体科技实力和创新能力显著提升。

2. 北京建设国际科技创新中心的经验

从近年北京取得的成绩看，其建设国际科技创新中心的经验可以总结为如下几点。

（1）坚持顶层设计，强化统筹布局。为了在全球科技竞争与经济合作中发挥引领作用，北京与相关国家部委联合出台了一系列重大政策，制定形成了"一计划、两规划"② 的顶层设计，连续五年制定实施年度工作方案及

---

① 北京市科学技术委员会网站，http://kw.beijing.gov.cn/art/2022/6/28/art_6382_698460.html。

② 指的是《"十四五"北京国际科技创新中心建设战略行动计划》、《北京市"十四五"时期国际科技创新中心建设规划》和《"十四五"时期中关村国家自主创新示范区发展建设规划》。

项目、任务清单，累计实施了 1310 项工作。在 2017 年 9 月出台的《北京城市总体规划（2016 年—2035 年）》中更是明确了科技创新中心的建设路径，即构成以中关村科学城、怀柔科学城、未来科学城和北京经济技术开发区为"三城一区"的科技创新发展格局。目前，"三城一区"作为北京国际科技创新中心建设的主平台，以不足全市 6% 的土地面积贡献了 1/3 的地区生产总值。2021 年，中关村示范区总收入 8.3 万亿元，规模以上企业总收入同比增长 20% 以上。

（2）坚持以重大科技设施为牵引。北京集聚了全国重要的科技资源，汇集了许多著名高校、一流的科研院所，以及许多国内外大企业的总部与研发中心，具有独特的科技创新能力和优势。因此，我国载人航天、北斗、探月工程等国家重大工程项目总体和主体科技力量都部署在北京，我国重大科技基础设施发展也在北京起步。[①] 通过国家重大工程项目，北京积累了大量的科技成果和技术经验，可进一步迁移应用至其他领域，提升自身的科技实力和国际影响力，吸引更多的国际科技人才和企业落户，促进国际科技合作和科技成果的共享，推动全球科技创新的进步和发展。同时，重大科技基础设施作为人类拓展认知能力、发现新规律、产生新技术的创新载体、知识溢出与技术溢出的源头，为北京科技创新发展提供了强有力的支撑（王贻芳、白云翔，2020）。

（3）突出科技服务业的支撑作用。科技服务业不仅能够推动创新链的融合与互动，提升创新活动的效率与质量，还能确保创新更好地服务于市场需求，使创新的商业价值得到充分体现，已成为推动科技与经济融合发展的纽带，并将逐步转变为国际科技竞争的核心领域。北京充分认识到科技服务业在支持科技创新发展中不可替代的作用，因此将其列入重点发展的十大高精尖产业之一。如今，科技服务业逐渐成为北京产业转型升级及产业梯度转移的核心。2021 年，北京科技服务业增加值达到了 3198 亿元，成为北京市两个万亿元级产业集群之一。为促进科技服务业的发展，北京市实施了

---

① 我国于 1988 年在北京建成第一台大科学装置正负电子对撞机（BEPC）。

"双百"工程，优化产业生态，培育龙头品牌；实施高新技术企业"筑基扩容""小升规""规升强"三大工程，完善培育和支持服务体系，分阶段助力企业发展。此外，北京市还成立了中关村新兴科技服务业产业联盟，该联盟致力于推动新兴科技服务业的创新发展。截至目前，该联盟已为超过7000家高新技术企业提供服务，并建立了包括262家上市公司和326家专精特新"小巨人"企业在内的服务体系，积累了550多个服务案例。连续三年发布的《北京科技服务业白皮书》也成为推动北京科技服务业发展的重要力量之一。

（4）持续高水平的科研投入。在全国范围内，北京的研发投入强度一直保持6%以上的增长，位居全国首位。在2021年R&D经费中，基础研究经费投入达到422.5亿元，约占全国的1/4，占北京R&D经费的16.1%，高出全国平均水平9.6个百分点，投入强度已接近发达国家水平。在当前全球科技竞争激烈的背景下，高水平的科研投入对于北京建设国际科技创新中心具有至关重要的意义，尤其是在基础科研领域的投入，有助于培养顶尖科研人才，推动科技创新形成核心竞争力，并为高新技术产业发展提供关键支持。通过持续高水平的投入，北京能够在全球科技竞争中崭露头角，为自立自强奠定坚实基础，从而为建设国际科技创新中心创造有利条件。

（三）中国上海

上海是我国科技创新的领军城市，也是我国"3+4"区域创新格局的重要一极。自2012年以来，上海一直致力于提升其科技创新能力，着力建设成为具有全球影响力的科技创新中心。在过去的十年中，上海的研发投入增长近两倍，研发投入强度从3.31%提高到4.21%，总量规模与投入强度均处于全球前列水平。同时，上海在技术合同成交金额和高新技术企业数量的增长速度方面也表现出明显的优势，反映出上海整体创新效率不断提升，创新生态持续优化。上海不仅强调原创性突破，在国家级创新平台数量和承担国家重大专项任务等方面也位居全国前列。此外，上海拥有185名两院院士，并不断涌现高水平原创成果。令人瞩目的是，2021 年上海在《科学》《自然》《细胞》三大期刊发表的论文达 107 篇，占全国论文总量的 29.8%，PCT 国际专利申请量为 4830 件，占全球总申请量的比重接近 2%。与此同时，上海的全球化开放创新体系日益完善，吸引了大量外资研发中心和外籍人才入驻，成为科技人才向往的"理想之城"。上海建设国际科技创新中心的经验做法主要可以归纳为三个方面。

1. 上海国际科技创新中心建设现状

2021 年 9 月，上海市人民政府发布《上海市建设具有全球影响力的科技创新中心"十四五"规划》，对上海国际科技创新中心建设取得的成绩进行了梳理。规划认为，经过多年努力，上海创新资源集聚力、科技成果影响力、新兴产业引领力、创新环境吸引力、区域辐射带动力全面提升，科技创新中心基本框架体系加快形成。

（1）研发投入和产出在全国领先。2020 年，上海 R&D 经费支出占全市生产总值的比重达到 4.1% 左右，万人发明专利拥有量达到 60.2 件。PCT 国际专利申请量为 3558 件，超出预期目标，新设企业 41.79 万户，向国内外输出技术合同成交额 1268.7 亿元，新动能正孕育形成。

（2）张江综合性国家科学中心集中度、显示度不断提升。加快推进国家实验室建设，建成和在建的国家重大科技基础设施 14 个，初步形成全球规模最大、种类最全、综合能力最强的光子重大科技基础设施群。新建和集聚了李政道研究所、上海脑科学与类脑研究中心、上海清华国际创新中心等一批代表世界科技前沿发展方向的高水平研究机构。

（3）重大原创科技成果不断涌现。面向世界科技前沿，涌现出全球首个节律紊乱疾病克隆猴模型、全球首例人工单染色体真核细胞、世界首次 10 拍瓦激光放大输出等首创成果。面向国家重大需求，一批国家重大科技任务加快落实，参与完成蛟龙、雪龙、天宫、北斗、天眼、墨子、大飞机等重大项目，千米级高温超导电缆、100kW 级微型燃气轮机、300 毫米大硅片等重大成果填补国内空白。面向经济主战场，刻蚀机、光刻机等战略产品取得重大突破，发布人工智能云端训练和推理芯片，特定领域性能及能效比达到世界领先水平。面向人民生命健康，治疗阿尔茨海默病原创新药"九期一"、先进分子成像设备全景 PET/CT、首个国产心脏起搏器、血流导向装置等生物医药重大原创产品获批上市。

（4）高层次人才吸引力持续提升。领军人才"地方队"培养计划累计1617 人，东方学者累计 1027 人，曙光学者累计 1338 人，超级博士后激励计划累计 1157 人，青年启明星计划累计 3065 人。在沪工作的外国人数量为21.5 万（占全国总数的 23.7%），核发外国高端人才工作许可证数量约 5 万份，引进外国人才的数量和质量均居全国第一，连续 8 年蝉联"外籍人才眼中最具吸引力的中国城市"，成为全球科学家在中国事业发展的首选城市。

（5）服务实体经济能力稳步增强。产业新旧动能加快转换，集成电路、生物医药、人工智能等重点领域关键核心技术加快突破，2019 年集成电路产业规模占全国的比重超过 20%，生物医药产业创新药获批上市量约占全国总量的 1/3，人工智能产业集聚全国约 1/3 的相关人才。各类创新主体能级持续提升，高新技术企业数量超过 1.7 万家，一批细分领域"隐形冠军"加快涌现。研发与转化功能型平台近 20 个，带动产业产值上百亿元。国家大学科技园 14 家，众创空间 500 余家，在孵和服务中小科技企业与团队近3 万家（个）。累计引进跨国公司地区总部 771 家，外资研发中心 481 家，数量居全国第一。多层次资本市场加快构建，科创板设立并试点实行注册制，截至 2020 年底，累计上市企业 215 家，募集资金总额超过 3000 亿元，总市值近 3.5 万亿元。其中，在科创板上市的上海企业 37 家，募集资金和市值均居全国首位。

（6）区域辐射带动作用持续提升。张江、临港、闵行、杨浦、徐汇、嘉定、松江等科技创新中心承载区发展各具特色。浦东科技创新中心核心区加速形成。长三角科技创新共同体加快构建，创新券通用通兑逐步实现。国际科技合作与交流深入推进，"全脑介观神经联接图谱"大科学计划筹备工作进展顺利，国际大洋发现计划（IODP）、平方公里阵列射电望远镜（SKA）等大科学计划（工程）参与工作不断深化。与 20 多个国家和地区签订政府间科技合作协议，建设 20 余家"一带一路"国际联合实验室。世界人工智能大会、浦江创新论坛、世界顶尖科学家论坛、国际创新创业大赛等活动的国际影响力不断提升。

（7）全面创新改革试验深入推进。持续构建符合科技创新规律的法规政策体系，出台落实"科创 22 条"、"科改 25 条"、《上海市促进科技成果转化条例》、《上海市推进科技创新中心建设条例》等政策法规。全面创新改革试验成效显著，围绕科技成果转化、科技金融等领域，先后出台 70 余项地方配套政策、170 余项改革举措。目前，国务院授权上海先行先试的 10 项重大改革举措已全面落地，在国务院批复的三批 56 条可复制推广举措中，有 12 条为上海经验。

2. 上海建设国际科技创新中心的经验做法

上海市委、市政府高位推进国际科技创新中心建设，强化与科技部等部委联动，持续推进国际科研合作，构建区域协同创新网络，积累了重要的经验做法。

（1）大力发展"都市科创"。城市空间与科创空间的耦合使上海的科技创新空间格局形成了多中心带动全域发展的特征，这些中心通过协同合作，对上海整体的科技创新产生了推动作用，形成了特有的"都市科创"发展模式。以上海市虹口区为例，2016 年，上海市虹口区提出打造上海"硅巷"的目标，通过改造老厂房和写字楼以及棚户区，将创新创业者嵌入大街小巷，打造无边界的科技园区。2021 年，《上海市虹口区科技创新"十四五"规划》提出，虹口将以"硅巷型创新"和"嵌入式集聚"为路径，通过南中北三大功能区的建设，打造高品质特色园区，培育创新创业生态社区。另外，2022 年，上海市科协发布了《关于探索"科创街区"试点工作的函》和《推进"上海硅巷"科创街区试点建设方案》。长宁区将依托繁华商业及两家重磅科研单位——中国科学院上海硅酸盐研究所和中国科学院上海微系统与信息技术研究所，推动市场主体联动，包括金融、艺术、商业和市场，进一步推动科技成果转化、科研合作和科技传播。

（2）强大的国际科研合作。外企外资在上海科技创新中扮演着重要角色，特别是外资研发中心，是上海科技创新的动力源。20 世纪 90 年代初，外资公司开始在上海建立研发中心，不仅促进了当地企业参与研发合作，也推动了当地科研院所参与国际创新交流和合作，提高了上海科技创新的内部动力，并加强了上海与全球创新网络的关系。如今，外资研发中心更是在上海科创中心建设中扮演着重要角色。一是外资研发中心数量庞大。截至 2022 年底，上海累计设立跨国公司地区总部 891 家，外资研发中心 531 家，继续保持内地跨国公司地区总部最为集中城市的领先地位。二是外资企业研发投入及产出占比高。2021 年，上海规模以上工业企业 R&D 经费内部支出中外商投资企业占比约 31%，R&D 人员中外商投资占比约 29%，新产品产出量中，外商投资企业占 44%。三是跨国公司地区总部行业特征明显。在沪跨国公司母公司以制造业企业为主的跨国公司地区总部占比 71%，主要集中在生物医药、信息技术、汽车零部件和化工等行业。

专栏 8-1　外资研发中心助力上海科创发展：以美敦力中国研发中心为例

　　一直以来，上海积极鼓励外资企业在沪设立研发中心，吸引了众多跨国公司入驻。以美敦力中国研发中心为例，它于 2012 年成立于上海，是美敦力在美国本土外规模最大的综合性研发中心，也是中国医疗科技行业规模最大的研发中心之一。作为全球领先的医疗科技公司，美敦力在上海建立了大中华区总部、研发中心、首个工厂、创新中心，逐步实现了覆盖研发、生产、销售、临床培训、孵化、基金的完整本土价值链布局。2021 年，美敦力与临港新片区签署投资协议，成为第一家在临港投资的跨国医疗企业，为上海的医疗科技产业的发展注入新的动力。目前，已成功研发 25 个创新产品，其中 23 个成功上市，18 个远销海外。

　　深度融入本土创新生态。与传统的中国研发团队给美国研发团队打下手不同，美敦力中国研发团队负责领导和推进，做设计需求的研发，由美国负责生产质量的保证工作。因此，美敦力研发中心注重发掘和吸纳国内的创新人才以打造一支既具有全球视野又了解中国市场需求，并掌握特定医疗器械

技术前沿科技和创新能力的研发团队。目前，该中心拥有近300位研发和管理人才，其中硕、博士研究生学历人才达70%以上。

构建开放协作的创新生态圈。自2015年成立以来，美敦力中国基金致力于扶持本土医疗科技初创企业，加速本土与国际创新实力接轨，已经投资了7家企业，覆盖了微创治疗、神经刺激、心血管以及医疗服务（医院）等领域。2019年3月，美敦力在闵行的临港浦江国际科技城内设立创新加速器，迎来了第一批入驻的医疗科技创新伙伴。该加速器将致力于赋能具有改善患者治疗效果潜力的早期医疗技术创业公司，促进其技术成果快速转化为有价值的医疗产品和服务，帮助解决中国患者未被满足的临床需求。入驻美敦力医疗创新加速器的新创企业将有机会租赁使用美敦力中国研发中心先进的实验室设备，并获得美敦力中国研发人员对产品开发过程中的原型设计、检测、质控等专业咨询服务。此外，部分项目还可能赢得美敦力中国基金的股权风险投资。

资料来源：根据美敦力网站、澎湃网等资料整理。

（3）构建区域创新协同网络。上海所在的长三角地区是全国经济协同度最高的城市群之一，这里经济规模优势突出、人均收入水平高、市场需求充分、人才密度高，能够产生极强的区域联动和产业互补，为上海科技创新发展提供强大支撑。从产业发展的角度看，整个长三角地区都有着较好的制造业基础和配套体系，有利于上海引领中国制造业"突围"。

提及区域联动，不得不提到长三角科创协同、融合创新的名片——"G60科创走廊"。2016年5月松江区提出"G60上海松江科创走廊"，2018年6月，"G60科创走廊"贯穿沪苏浙皖四个省市，覆盖九个城市，短短两年时间，"G60科创走廊"从一个区级的发展构想成为跨区域的合作战略，并成功纳入《长江三角洲区域一体化发展规划纲要》顶层设计。借助"G60科创走廊"，上海松江走向了区域合作，创新势能不断增强，实现了产业结构转型升级和创新动能增强。一方面，"G60科创走廊"助推松江成为上海科创中心和产业布局的重要承载地；另一方面，"G60 科创走廊"建设促进松江从区内合作走向区域资源统筹，聚集优质创新资源，不断提高创新势能。截至 2021 年，松江区 GDP 达 1782.28 亿元，实现财政总收入 575.22 亿元。全社会研发投入强度为 4.59%，高新技术企业 2306 家，科技"小巨人"企业（含培育）总计 167 家。可以预见，未来随着"G60 科创走廊"的不断完善和发展，上海的科技创新将会迎来更加广阔的发展前景。

第九章　粤港澳大湾区国际科技创新中心建设的定位及目标

从本书前面章节的梳理和分析中可以看出，粤港澳大湾区在经济总量、空间载体、发展潜力等方面，具备建设具有全球影响力的国际科技创新中心的基本条件，大湾区 11 个城市的科技创新发展也逐步聚焦，实现优势互补，通力合作推动区域创新发展迈上新台阶。然而，结合笔者对全球科技创新发展趋势、国际一流湾区的观察与研究，以及近年来在粤港澳大湾区各个城市对企业、科研机构、高校、专家学者的实地调研和分析，粤港澳大湾区距离全球领先的科技创新中心仍有差距，在科技创新发展方面仍有较大的提升空间。

《大湾区纲要》关于粤港澳大湾区建设"具有全球影响力的国际科技创新中心"的方向和目标是，瞄准世界科技和产业发展前沿，加强创新平台建设，大力发展新技术、新产业、新业态、新模式，加快形成以创新为主要动力和支撑的经济体系；扎实推进全面创新改革试验，充分发挥粤港澳科技研发与产业创新优势，破除影响创新要素自由流动的瓶颈和制约，进一步激发各类创新主体活力，建成全球科技创新高地和新兴产业重要策源地。到 2035 年，大湾区形成以创新为主要支撑的经济体系和发展模式，经济实力、科技实力大幅跃升，国际竞争力、影响力进一步增强。

在分析粤港澳大湾区科技创新面临挑战的基础上，以"问题导向+目标导向"，借鉴世界主要的国际科技创新中心发展经验与做法，提出粤港澳大湾区国际科技创新中心建设的战略定位与发展目标。

一 面临挑战

（一）城市之间科技发展不平衡

首先是经济发展的不平衡。2022 年，粤港澳大湾区 11 个城市的 GDP 可以分为四个档，第一档是深圳、广州和香港，均在 2.4 万亿元及以上。第二档是佛山和东莞，是"万亿"城市。第三档是惠州、珠海、江门和中山，在 3000 亿~5500 亿元。最后一档是肇庆和澳门，在 3000 亿元以下。除去澳门是一个微小经济体，其他 10 个城市中，经济体量最大的是深圳，其 GDP 是肇庆的 12 倍（见图 9-1）。

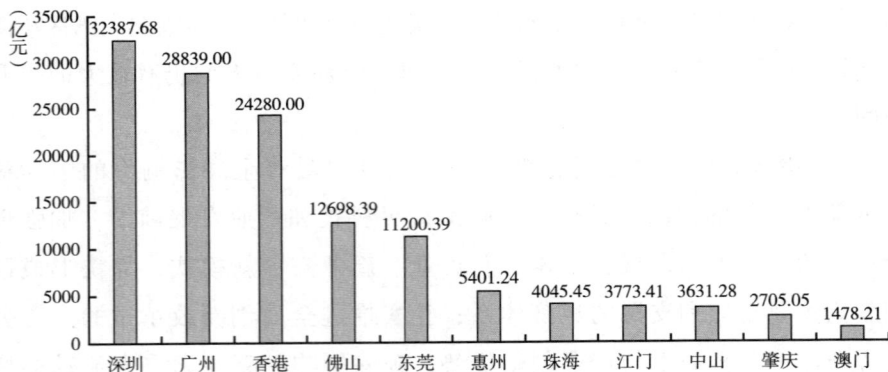

图 9-1　2022 年大湾区各市 GDP 情况

资料来源：2022 年各市统计公报。

其次是研发投入的不平衡。根据《2021 年广东省科技经费投入公报》，2021 年珠三角 9 市 R&D 经费支出为 3826.76 亿元，其中深圳 1682.15 亿元，占 9 市全部 R&D 经费的比重为 44%，将近半壁江山。深圳和广州合计占比将近 67%，超过了 2/3。深圳的 R&D 经费支出约是肇庆的 57 倍，显示出极大的不平衡（见表 9-1）。

表 9-1　2021 年珠三角各市 R&D 经费支出情况

单位：亿元，%

城市	R&D 经费	R&D 经费占地区生产总值比重
深圳	1682.15	5.49
广州	881.72	3.12
东莞	434.45	4.00
佛山	342.36	2.82
惠州	168.97	3.39
珠海	113.73	2.93
江门	92.72	2.57
中山	81.13	2.27
肇庆	29.53	1.11

资料来源：《2021 年广东省科技经费投入公报》。

最后，从高校、重大科技设施、园区平台、科研人员等指标看，这些资源主要集中在广州、深圳、香港等城市，其他城市分布较少。

（二）原始创新能力有待提升

比如，粤港澳大湾区的大科学装置和国家实验室数量不足。目前我国依托综合性国家科学中心建设，已经建成 22 个国家大科学装置，其中合肥 8 个、北京 7 个、上海 5 个，大湾区的仍在建设当中。目前全国通过验收的国家实验室共有 12 家，其中北京 4 家、上海 3 家，兰州、合肥、青岛、广州和深圳各 1 家。相比国家重点实验室，国家实验室定位更高、投资规模更大、学科覆盖面更广。大科学装置和国家实验室不足，基础研究难以得到有力支撑，导致大湾区科技产业发展后劲不足。

根据《自然》杂志发布的 2022 年"自然指数-科研城市"，科研城市（都市圈）前 100 榜单中，上榜的大湾区城市中，广州排名全球第 10、香港排名全球第 23、深圳排名全球第 28。北京、上海、南京等城市排名全国前 3，论文数则遥遥领先于大湾区城市。比如，北京论文数量比广州、香港、深圳三市之和还多 2133 篇（见表 9-2）。

表 9-2 2022 自然指数排名前 100 的中国科研城市

国内排名	城市	全球排名	论文数（2021）
1	北 京	1	7167
2	上 海	3	3978
3	南 京	8	2396
4	广 州	10	2146
5	武 汉	11	1767
6	合 肥	16	1562
7	杭 州	19	1458
8	天 津	20	1154
9	香 港	23	1431
10	深 圳	28	1457
11	西 安	29	1006
12	成 都	30	868
13	长 沙	34	787
14	长 春	35	708
15	济 南	36	762
16	苏 州	48	654
17	大 连	49	601
18	福 州	50	618
19	重 庆	51	554
20	台 北	59	720
21	厦 门	63	530
22	兰 州	67	497
23	青 岛	68	513
24	哈尔滨	85	391
25	郑 州	96	545

资料来源：《自然》杂志增刊 2022 年"自然指数-科研城市"。

大湾区研发投入强度虽然与纽约湾区（2.8%）、旧金山湾区（2.8%）差距不大，[①] 但基础研究投入占 R&D 的比重仅为 4.7%，远低于北京（14.8%）

---

① 2021 年，珠三角 9 市研发投入强度为 3.8%，香港研发投入强度为 0.99%。由于缺少澳门数据，初步估计大湾区 11 市的研发投入强度与其他湾区大体接近。

和上海（7.8%），也低于纽约湾区、东京湾区等。对于高校科研机构投入占R&D经费的比重，香港超过50%（香港研发投入强度长期低于1%，规模较小），广州为18.9%，其他城市的R&D经费投入主要是企业内部研发行为，占比超过90%。科技人才方面，根据《2020年中国科技统计年鉴》，2019年广东研发人员总数约为109.2万，远高于北京（46.4万）和上海（29.3万），但博士人数（5.2万）不到北京（10.8万）的一半，与江苏（5.2万）和上海（4.3万）相当。

（三）关键核心技术亟待突破

大湾区核心技术"非自主化"现象较为普遍，突出表现为关键核心技术依赖进口。据相关统计，广东电子信息产业所需芯片及国产工业机器人基础功能部件等90%以上依赖进口。精密减速器、伺服电机、传感器及气动元器件等基础功能部件的精度和可靠性都与国外差距较大，长期依赖进口；基础性、系统性工业软件存在空白，高端检验检测仪表仪器几乎完全依赖进口。调研发现，广州在汽车超高清视频显示面板、高端技术软件，东莞在半导体关键核心零部件、电器机械数控机床关键零部件等方面均依赖进口，表明大湾区高科技企业核心技术"非自主化"现象较为普遍。由于美国技术封锁，大湾区高科技企业参与国际专利技术交易、对外科技交流合作、引进先进技术等均受到影响。

以电子元器件为例。大湾区缺乏具有全球竞争力的电子元器件龙头企业，电路类、连接类、机电类、传感类、功能材料类、光通信等高端元器件产品大量依赖进口，材料与工艺等关键技术水平与国外差距较大。例如，光通信芯片、光纤滤波器与国际先进水平的差距达到5年左右，高端片式阻容感、射频滤波器、高速连接器、光电子器件等还难以有效满足下游整机市场需求。

工业基础软件方面，80%的规划软件、50%的制作软件被外企占据，高端机器人和高端自动控制系统、高档数控系统80%以上的市场份额被国外产品占领，如电子设计自动化（EDA）软件基本由美国三大巨头铿腾电子

（Cadence）、新思科技（Synopsys）和明导公司（Mentor Graphics）垄断。在医疗器械领域，调研的医疗器械企业反映，核心原材料、关键原部件主要依赖进口，如常用的冠脉及外周血管介入导管产品的核心材料 PTFE 管、不锈钢丝进口依赖度在 60% 以上。

（四）科技创新生态有待优化

除了大学、实验室、企业等科技主体，风险投资（VC）、天使投资、知识产权服务、智库等金融和科技服务机构也是创新集群的重要组成部分，如旧金山湾区集聚超过全球 30% 的风险投资，高校科研成果转化率保持在 30%~40%，孕育出高通、英伟达、苹果等科技巨头。大湾区科技创新生态差距明显，2020 年广东风险投资 717.2 亿元，深圳和广州仅为 477.5 亿元和 179.5 亿元，远低于北京（1917.6 亿元）和上海（1058.3 亿元），大湾区高校研究成果转化率不到 10%。根据 Crunchbase 报告，对于 2020 年全球超大规模（超过 1 亿美元）风险投资轮数，旧金山湾区、北京和上海排名前三，分别为 79 轮、66 轮和 41 轮，深圳和广州为 11 轮和 7 轮，低于杭州（14 轮）。

（五）粤港澳科研体制机制衔接有待畅通

一是税制差异较大。目前，大湾区内地城市除横琴合作区、前海合作区（限于前海深港现代服务业合作区约 15 平方千米范围内）、广州南沙等区域实行港澳企业和个人"双 15%"所得税优惠政策外，其他地区采用企业所得税税率 25%、个人所得税累进制，对包括港澳在内的境外企业和个人而言，当前的税负水平较重。二是执业资格互认推进慢。虽然目前建筑工程、交通工程等专业领域的港澳籍专业技术人才可在前海、横琴等特定区域备案执业，但在涉及科技服务领域的金融、审计、教育培训、法律服务等领域，资格互认仍未实现。香港部分专科医师可获得多个学科执业资质，如肿瘤科医师在经过放射诊疗专业培训后，可取得放射诊疗医师注册证书，同时拥有两个执业范围，但按内地管理规定，三级医院医师只能注册一个专业作为执业范围。三是科研管理制度差异较大。香港比较注重对人才的扶持，科研经费大多投入到"人"上面，用于人员的经费占科研经费总支出的比重达70%，科研环境相对轻松。相比之下，内地科研经费多数投入到"物"上面，在项目执行过程中，有量化的考核指标，如未达成考核指标会追究责任。此外，科研资金跨境支付存在需缴纳企业所得税及增值税的问题。

（六）粤港澳科研要素跨境流动不够便利

回归以来，港澳持续推进与内地的科创合作，取得了一系列成果。但港澳与内地科技市场仍然相对"割裂"，人员、物资、资金、信息、数据等科研要素跨境流动还不够便利，对粤港澳科技创新合作和大湾区国际科技创新中心建设造成一定影响。

1. 科研人员跨境交流不够方便

主要是内地居民往来港澳受签注政策限制。内地居民赴港澳须持有内地公安部门颁发的往来港澳通行证，分因私和因公两种，向公安部门申请赴港澳签注。公安部门主要根据内地居民赴港澳目的、人群特征等划定签注种类，签注种类决定了内地居民赴港澳的频率、逗留时间、申请签注时间间隔等。此外，赴港澳签注还因申请对象和所在城市有所不同（见表9-3）。

表 9-3　内地居民赴港澳签注种类

签注类型		申请对象	申请材料及条件	政策限制
因公签注		国家机关、国有企事业单位(含学校)、人民团体等的工作人员(持有因公通行证)	由申请人单位出具申办公函和签注申请表，因公出访必须有明确的任务与目的，并与申办人员的职务身份相符	分为 3 个月 1 次、3 个月 2 次和 3 个月多次、半年多次及 1 年多次，停留时间不超过 30 天(含)，一般不超过 5 天
因私签注	探亲	亲属在香港或者澳门定居、长期居住、就学或者就业的内地居民	提交被探望亲属在香港或者在澳门定居、长期居住、就业、就学证明复印件，交验亲属关系证明原件，并提交复印件	分为 3 个月 1 次(停留时间不超过 14 天)、3 个月多次及 1 年多次(停留时间不超过 90 天)

续表

签注类型		申请对象	申请材料及条件	政策限制
因私签注	商务	企业机构人员、个体工商户经营者、驾驶专用交通工具往返港澳与内地者	营业执照、社保缴纳证明（多次商务签需连续6个月以上）	分为3个月1次、3个月多次及1年多次，停留时间不超过7天
	个人旅游	49个开通个人游试点的城市户籍居民或者符合国家移民管理局规定条件的非常住户口居民	无须提交特定材料	赴香港可以签发3个月1次签注、3个月2次签注、1年1次签注、1年2次签注（深圳户籍居民"一周一行"），赴澳门可以签发3个月一次签注、1年一次签注。停留时间均不超过7天
	团队旅游	未开通个人游试点城市的居民	由旅行团（在线）办理，无须提交特定材料	分为3个月1次、3个月2次、1年1次、1年2次4种，停留时间不超过7天
	逗留	赴香港随任、就学、就业、居留、培训以及作为受养人赴香港依亲的；赴澳门随任、就学、就业人员及赴澳门居留的就业人员亲属	交验香港入境事务处出具的相应进入许可原件，或澳门有关部门批准的文件	由香港和澳门有关部门视情况签发逗留时间
	其他	因治病、奔丧、探望危重病人、诉讼、应试、处理产业、学术交流等特殊事由申请赴香港或者澳门的内地居民	根据事由提交相关材料	根据事由签发3个月1次签注、3个月2次签注、3个月多次签注，每次在香港或者澳门逗留不超过14天

资料来源：国家移民管理局政务服务平台。

目前内地居民持因私通行证赴港澳办理签注比较方便，但在港澳停留时间最多为7天，其中赴澳签注的申请时间间隔必须在2个月以上。持因公通行证赴港澳的，目前按照因公出国（境）管理，审批比较严格。按照现行规定，党政机关、事业单位副处级以上干部（登记备案人员）因公赴港澳学习交流在审批环节存在审批严格、手续烦琐、耗时较长的问题；在办理环节，经常存在不愿办理的情况；因公通行证件由所在单位进行保管。公务人员因私赴港澳属于因私出国（境）的范围，审批也比较严格。如根据深圳市委组织部、深圳市公安局2012年下发的《关于印发〈处级以上领导干部因私出国（境）管理工作问答〉的通知》（深组通〔2013〕133号），深圳市党政机关、事业单位副处级以上干部（登记备案人员）因私出国（含赴港澳）原则上一年不得超过两次，每次只准申请一次有效签证（注），不能办理多次签证（注）。

2023年2月9日，中华人民共和国出入境管理局发布《关于在粤港澳大湾区内地城市试点实施往来港澳人才签注政策的公告》，明确在粤港澳大湾区工作的6类内地人才可以申请办理往来港澳人才签注，6类人才包括：杰出人才，即对湾区建设发展做出重大突出贡献或者湾区急需的顶尖人才；科研人才，即湾区科研机构副高级以上职称人员；文教人才，即湾区高等院校副高级以上职称人员；卫健人才，即湾区副高级职称以上卫生健康专业技术人才及卫生研究人才；法律人才，即参与在香港、澳门法律仲裁程序的内地仲裁员，处理内地与香港、内地与澳门投资争端的内地调解员等；其他人才，即由湾区人才、科技主管部门认定的高层次管理和专业技术人员。虽然上述政策进一步便利了大湾区内地城市科研人员赴港澳交流，但总覆盖面还有待扩大。

实际上，科研人员迫切需要的是灵活、自由的跨境交流空间。以河套深港科技创新合作区为例，"一区两园"为内地和香港科技创新人员创造了特殊的"共享"空间。如按照传统通关方式，两地科创人员从香港园进入深圳园或从深圳园进入香港园需要走通关程序，无法发挥"一区"优势。河套深港合作区要素跨境流动应做出特殊安排，率先实现人员流动便利化乃至自由化。

2. 科研物资跨境流通存在限制

在"一国两制""三个关税区""三种法律制度"框架下，科研物资流动在规则、监管和法律上的对接以及通关效率等方面还存在较多问题，需要在明确货物流动的规则、制度之间的差异的基础上，进一步促进大湾区货物高效便捷流动。

（1）海关法律法规难以对接。我国海关设立和执法的主要依据是《中华人民共和国海关法》（简称《海关法》），这是大湾区货物流动最基础的法律依据。大湾区内地城市在《海关法》下开展货物进出管制。香港、澳门是特别行政区，适用不同于内地的海关法律制度。内地与港澳双方货物流动的规则、法律冲突涉及面广而繁杂。在贸易管制、关税政策、外汇管制等方面对货物流动的法律规定，均存在明显差异（见表9-4）。

表9-4　粤港澳大湾区货物流动的法律差异

类别	大湾区内地城市	香港、澳门
贸易管制	依据《中华人民共和国对外贸易法》管理货物流动。《中华人民共和国对外贸易法》第15条规定，基于维护国家安全、社会公益、人类或者动植物生命及健康、生态环境、国内特定产业发展、农渔业发展等11大类理由，国家可以对货物、技术进出口采取禁限措施，具体包括许可证制度、进出口配额制度、进口关税配额制度、自动许可证制度等	依据《中华人民共和国香港特别行政区基本法》第115条和《中华人民共和国澳门特别行政区基本法》第111条规定，其保障货物、技术、资本等生产要素的自由流动，实行自由贸易政策。香港的货物通关依据《香港海关条例》《香港海关进出口条例》等法规进行管理
关税政策	2010年，已经全部实现加入WTO时许下的降税承诺。但征税依然是我国海关的重要职能，2017年海关税收约占国库财政收入的11%。依据《中华人民共和国进出口关税条例》规定，国务院及下属关税税则委员会制定发布并定期调整进出口领域对行政相对人权利义务影响最大的《中华人民共和国进出口税则》和《中华人民共和国进境物品进口税率表》	依据《中华人民共和国香港特别行政区基本法》第114条和《中华人民共和国澳门特别行政区基本法》第110条的规定，港澳特别行政区为自由贸易区，原则上不对进出口贸易征收关税
外汇管制	《中华人民共和国外汇管理条例》（2008年8月5日实施）对企业和个人的资金出入境作出规定。比如第9条，境内机构、境内个人的外汇收入可以调回境内或者存放境外；调回境内或者存放境外的条件、期限等，由国务院外汇管理部门根据国际收支状况和外汇管理的需要作出规定。第14条，经常项目外汇支出，应当按照国务院外汇管理部门关于付汇与购汇的管理规定，凭有效单证以自有外汇支付或者向经营结汇、售汇业务的金融机构购汇支付。第15条，携带、申报外币现钞出入境的限额，由国务院外汇管理部门规定	依据《中华人民共和国香港特别行政区基本法》第112条和《中华人民共和国澳门特别行政区基本法》第109条的规定，港澳特别行政区保障资金自由流动，不实行外汇管制，港币或澳门元可以在市场自由兑换。且《中华人民共和国香港特别行政区基本法》尤其指出，对外开放货币、黄金等资本市场实际上是香港作为亚洲金融中心的宪法性保障

资料来源：根据相关法律法规综合整理。

港澳实行自由贸易政策，加之基本没有关税、外汇管制等，其货物流动更加接近《贸易便利化协定》（以下简称《协定》）的要求，《协定》对货物流动通关信息的公布和实施、货物通关程序、货物通关监管机构合作等方面都做了具体规定，其中便利、标准、协调等是对货物流动的核心要求。比较而言，港澳的货物流动已经具备贸易便利化的高标准要求，非常便捷高效，基本实现了货物自由流动。

从大湾区内地城市与港澳规则衔接、制度对接来看，大湾区货物跨境流动还存在以下主要障碍。一是《海关法》关于货物流动的法律体系有待完善。《海关法》尚未涉及贸易便利化问题，区域通关一体化尚无充分的法律授权，也没有通关一体化方面的内容。海关总署目前主要通过内部文件来推进通关一体化，协调力、执行力受到制约。同时，海关制度系统化设计不足，规范要求不够明确、统一。

二是短期内内地与港澳货物流动制度对接难度大。我国作为世界贸易组织成员之一，大湾区货物流动应受到《协定》约束。如大湾区内地有关海关的法律法规繁杂，通关环节过多，与贸易便利化推崇的简化统一的原则存在不小差距。又如《协定》规定"透明度"规则有三：公布、通报及咨询。从我国现有法律机制来看，受规则约束和实际操作难度大的影响，大湾区货物流动规则整体上透明度不高，对货物查验程序、查验时间等并未详细公布。因此短期内，粤港澳货物流动制度对接难以实现。

（2）科研物资通关时效性难以满足。科研物资出入境目前存在较多障碍。在频繁进行科学实验、检验检测等活动时，涉及两地的科研样品、实验试剂、遗传资源等物资种类繁多、覆盖范围广，如动植物及其产品，微生物、血液制品等类物品属海关出入境管制物品，流程较烦琐，过关需进行严格的检验检疫手续，涉及海关、卫生检疫等多个部门审批查验，给合作增加了时间、费用和人力成本。此外，两地药品、医疗器械、设备进口、科研材料等审评审批手续、标准不一致，与市场一体化发展不匹配。

专栏 9-1　河套深港科技创新合作区动植物标本入境案例

目前动物标本入境合作区仍有问题未解决，无法进行科研试验。一是动物样本入境困难。有些机构需要动物源性样本的入境，才能满足实验需求。例如，非洲斑马鱼的试验价值高且特定试验有样本唯一性，但其入境还是受到限制。二是动物圆形样本入境的风险未知。调研反馈，动物样本入境一旦造成流传、繁殖，危害巨大。如在围网实现的情况下，或者安装电子围网、加设追踪器，也许可以更方便地进入。

资料来源：根据调研情况整理。

3. 科研资金跨境流动监管严格

香港是资金跨境流动的自由港，不实行外汇管制；而内地实行外汇管制，对资金跨境有严格监管，对资金数额、企业主体等都有限制。对初创企业来说，受制于税收标准、经营年限要求，科研资金跨境流动难度更大。

4. 内地与港澳之间通信费用高

内地与港澳之间通信仍然采用国际通信模式，费用较高。尽管粤港澳社会均呼吁三地应将国际长途改为本地长途，但由于涉及利益问题，推进难度较大。

5. 科研数据跨境困难

目前，我国基本建立了以《中华人民共和国网络安全法》《中华人民共和国数据安全法》《关键信息基础设施安全保护条例》《中华人民共和国个人信息保护法》等法律法规为框架的数据保护制度体系，但数据跨境流动的管理细则尚未出台，特别是数据出境安全评估和重要数据认定（关键问题是数据出境安全评估，这是我国相对独特的机制设计，和全面与进步跨太平洋伙伴关系协定，即 CPTPP 等的跨境数据流动规则衔接难度较大）尚无明确规定。国内制度缺失，导致规则细节越不明确，各方理解就越保守。当前，内地与香港之间的科研数据尚未建立充分的互通渠道和机制，对科研合作造成较大影响。

（七）科技创新发展受到国际因素限制

总体而言，近年来美国及其盟友对华实施科技"脱钩"策略，对大湾区影响较大。根据美国商务部网站数据，截至 2020 年底，被列入美国出口管制实体清单的中国企业和机构共 362 家（含中国台湾 8 家）。中国已经超过俄罗斯，成为数量最多的国家。其中，北京、江苏、上海分别有 61 家、23 家和 20 家。大湾区 176 家（广东省 37 家、香港 92 家及华为海外子公司 47 家），占比为 48.6%，是受美国科技制裁最严重的地区。其中 128 家为科技和设备制造类，占比达到 73%。北京和上海被列入实体清单的多为大学和科研机构，江苏则有约 50% 为制造企业。除了海事、超级计算、航运等个别领域，大湾区企业大多属于 5G、芯片、人工智能、新能源等战略性新兴产业和未来产业，大湾区抢占下一代科技制高点、发展数字经济等将因此受到制约。具体来看，有以下几个方面。

1. 科技企业及产业受打压

最为典型的是华为公司受到美国全面打压。之所以如此，是因为从 2013 年、2014 年、2015 年开始，网络经济逐渐崛起，发展速度非常快，目前网络经济的发展阶段被称为数字经济，而华为数字技术领先，在 5G 技术上更是引领全球，是我国最具有研发突破性的创新企业之一，这威胁到美国国家利益。美国将华为等诸多中国企业列入"实体清单"，严格限制半导体芯片等出口，并施压盟国对中国企业进行多边出口限制。华为的发展受到显著影响，由于无法向外采购芯片，其手机业务难以为继。数据公司 IDC 的手机季度跟踪报告显示，曾经稳坐全国智能手机厂商第一的华为在 2020 年手机供应严重受限，出货量降幅超 60%。到 2021 年在出货量和市场份额上更是跌出国内前五大智能手机厂商。实际上不仅是华为在国内的手机业务受影响，美国与其盟友的联合封锁导致华为的全球化产业链也受到巨大冲击，2020 年华为除在国内的收入有所增长外，在美洲、亚太、欧洲等全球其他地区收入均处于下跌状态，其中美洲地区跌幅达 24.5%。美国的态度和政策对类似华为的中国科技企业影响恶劣，压缩企业国际市场空间。

2. 产业发展及研发活动难进行

我国在科技发展上属于后发者，产业发展和研发工作需要借助国外已有的经验技术。例如大湾区的制造业就高度依赖外部进口。全世界芯片有60%应用在中国，其中60%在珠三角，但珠三角没有一个城市有强有力的芯片制造能力。广东省电子信息、石化、智能家电、汽车、机器人等产业均存在"卡脖子"问题，其中电子信息产业"空芯化"严重，90%以上芯片依赖进口；生物制药企业、化学制药企业等在实验中使用的绝大部分仪器都来自美国及欧洲国家。由于产业核心技术少、核心技术不够尖端的短板，我国在全球产业链中处于中低端，科技产业发展的自主性较弱。对于科技型企业而言，现在的主要问题一是国际专利技术的交易会更困难。尤其是中国企业在引进相关专利技术上会更加困难，外企不愿意将高端技术外流到中国。二是研发成本提高。部分高新企业加大原材料或零配件仓储，或为预防风险提前谋划调整生产或技术研发方向，导致整体研发成本增加。三是部分龙头企业设立的海外研究院所大多使用美西方先进技术，容易受到影响。如惠州TCL集团在东南亚、美国均设立了创新研究院，德赛西威在新加坡等地设立了研发分中心，在开发端的平台应用软件方面，几乎全部使用美方技术，如果美方公司限制软件更新，则将造成不良影响。

3. 国际交流及人员流动受限

美国政府企图遏制中国的自主创新能力的体系构建，其中一种手段是限制我国企业对外科技交流合作。部分涉及5G、人工智能标准等领域的科研活动，有禁止中国企业参与的不成文规定。同时，美国还限制中方科技人员交流，包括限制"敏感国家"科研人员参与其研究项目，或禁止其雇员参与外国招聘计划，加强华裔科学家科研项目审查，放缓批准本国半导体等高科技公司聘用中国员工，限制华裔员工担任科技职位等。自10043号总统令签署以来，美国不断以"军民融合"为由拒签中国学生，限制中国留学生进入美国，扼杀中国学生求学计划。因此，中国学生赴美就读机器人、航空等高科技制造专业的机会大幅减少，在外接受学术教育与进行科技交流遭持续打压。科技发展需要无国界、无障碍、无歧视的合作精神，而美国将教育和学术与政治挂钩只会阻碍全球科学技术发展，难以释放潜能。

2020年5月29日，白宫发布了一份针对部分中国留学生和研究人员的入境禁令公告，从2020年6月1日起，禁止部分中国留学生和研究人员入境美国。这是美国有史以来针对我国留学生赴美留学的最严厉禁令，具体办法是停止部分理工科留学生和研究人员的签证发放，其中包括F签证（F-1. 进入合法学校全日制学习的学生）和J签证（J-1. 被核准项目的交流访问学者），给出的理由是，F签证和J签证的人员进入美国求学或者进行研究学习，将损害美国利益，其入境应该受到限制。拜登上台后，延续10043号总统令，美方使领馆有权"暂停和限制"所谓"与中国军方有关"的学生和研究人员进入美国学习或开展研究。

二　战略定位

（一）国家高水平科技自立自强战略的关键支撑

党的十九届五中全会提出"把科技自立自强作为国家发展的战略支撑"，要从加强科技原创性、提升国家创新体系效能、推进科技体制改革、打造国际化的创新生态，以及充分吸纳并激发人才动能五大方面推动未来我国科技发展。建设粤港澳大湾区国际科技创新中心的目标在于实现更多关键核心技术自主可控，原创性重大成果和高水平科技供给持续涌现，做到原创和引领力强，对经济社会发展的支撑和带动作用强，应急应变和应对重大风险挑战的能力强，这是我国高水平科技自立自强的本质要求。习近平总书记在有关创新驱动发展战略和科技强国战略的讲话中指出，要坚持面向世界科技前沿、面向经济主战场、面向国家重大需求、面向人民生命健康，加快实现高水平科技自立自强。党的二十大报告提出要坚持创新在我国现代化建设全局中的核心地位，强化国家战略科技力量，形成具有全球竞争力的开放创新生态。

粤港澳大湾区是我国科技创新发展最具潜力的区域之一，更是改革开放的前沿阵地。香港、澳门、广州、深圳四个中心城市，均承载着国家重大战略使命，同时也具有其他城市不可替代的发展优势。因此，建设粤港澳大湾区国际科技创新中心，需要锚定中央对大湾区的战略定位和要求，传承改革开放40多年来的科技创新发展经验和特色，担当起国家科技自立自强战略的关键支撑和先锋责任，在科技创新领域敢闯敢试，成为落实国家科技战略意图的示范者。

（二）全球科技创新发展的主要策源地

当前及未来一段时期，科技创新进入空前密集活跃期，革命性突破技术不断涌现；科技创新范式和特征发生显著变化，科技创新趋向融合化、纵深化和平台化；全球产业科技创新格局加速演变，科技创新驱动新一轮产业变革。粤港澳大湾区国际科技创新中心建设，必须紧盯世界科技前沿，以自主创新为主导，以技术创新、商业模式创新、制度创新、组织创新等驱动融入世界创新网络，在全新竞争格局中实现"弯道超车"，并通过裂变式创新，带动一大批科技企业从激烈的产业竞争中突围。

要持续打好关键核心技术攻坚战，提高创新链整体效能。建设以国家实验室为引领，国家工程研究中心、国家技术创新中心以及科研院所、高等院校和企业科研力量共同组合的战略科技力量，成为国家战略科技力量的"第一方阵"。瞄准人工智能、量子信息、集成电路、生命健康、脑科学、生物育种、空天科技、深地深海等前沿技术领域，以增强产业链供应链的控制力、竞争力和引领力为导向，集中力量攻坚一批前沿性和引领性技术、攻克一批产业瓶颈技术，加强民生科技创新与应用，着力补齐短板、锻造长板。

（三）科技体制机制改革创新的突破者

粤港澳大湾区具有"一国两制"独特优势，制度创新是其发展成功的关键因素，也是大湾区承载的使命。要抓住粤港澳大湾区建设高水平人才高地、深圳综合授权改革试点等重大历史机遇，聚焦科研载体管理、科研项目投入、知识产权保护、科技成果转化、创新人才发展和科技金融支撑等体制机制，率先形成与国际通行规则相对接的科研管理制度，为全国率先探索科技创新体制机制新路径、新模式。

要率先开展对香港乃至国际高度开放的科研规则"压力测试"，紧紧围绕制度创新与科技创新的任务，营造高度开放的国际化科研制度环境，对接香港及国际先进科研规则，加快形成灵活高效、风险可控的跨境科技创新体制机制，为新时期深化科技体制改革、扩大开放发挥示范引领作用。

（四）更广泛国际科研合作的先行者

习近平总书记在多个重要场合指出，中国开放的大门只会越开越大，改革不停顿、开放不止步。粤港澳大湾区过去的发展得益于对外开放，未来国际科技创新中心的建设也必须实行更高水平的开放。特别是要充分发挥香港和澳门两个自由港的制度优势和国际化资源优势，在更宽领域、更深层次开展更广泛的国际科研合作，保持与全球科技创新发展的无缝衔接。

要积极、主动、全面融入全球创新网络，发挥横琴、前海、南沙、河套等重大开放战略平台的极点作用，聚焦国际科研成果转化、技术转让、知识产权保护、创新孵化、科技咨询、科技金融等领域科技规则对接，成为构建国内协同、国际合作相互促进科技创新"双循环"体系先行者。

（五）创新链产业链融合发展的引领者

充分发挥以粤港澳大湾区企业为主体的创新优势，聚焦产业基础高级化和产业链现代化的需要，开展以产业需求为导向的技术攻关，重点在集成电路、新一代人工智能、SC及物联网技术、新型显示、新药创制、高性能医疗器械、先进制造技术等领域，开展基础核心零部件、关键基础材料、先进基础工艺、基础关键技术等研发攻关，在全国率先构建以企业为主体、市场为导向、产学研用深度融合的技术创新体系。

持续完善相关准入和监管制度，搭建现实应用模拟场景，开展市场准入和监管体制机制改革试点，建立更具弹性的审慎包容监管制度，推动新技术、新产品、新模式、新业态培育壮大，使大湾区成为新兴经济发展的热土。

三　发展目标

从粤港澳大湾区的实际情况看，其国际科技创新中心的建设，也应具有基础研究、产业集群、金融、现代服务等综合式布局。因此，粤港澳大湾区国际科技创新中心的建设，应采取"双中心"模式。在这个模式下，最为关键的是要充分利用"一国两制"制度优势以及粤港澳三地在科技创新领域的基础和独特优势，比如香港、澳门的自由港优势，香港的国际化资源与环境等，打通三地的科技要素市场，形成一个要素高效便捷流动、规则制度深度对接衔接的一体化市场。这就是我们要探讨的粤港澳大湾区国际科技创新中心建设的目标——"科技创新共同体"。

（一）"共同体"的来源

共同体作为哲学概念由法国思想家卢梭提出，德国社会学家滕尼斯在《共同体与社会》中将其引入社会学。伴随着现代社会的经济发展和科学技术的进步，共同体思想突破社会学领域范畴，被引入经济学、政治学领域。特别是在后金融危机、经济全球化和区域经济一体化的时代背景下，各个国家或地区为进一步突破行业、区域、国别界限、行政区划壁垒，推进国内外或区域内创新资源整合，纷纷加快创新共同体建设。

共同体是世界区域合作与开放的重要趋势，如欧盟（经济、政治、社会共同体）、东盟（经济、社会文化、政治安全共同体）等。共同体的目的是通过政策和配套措施推动市场一体化、建立共同市场，实现货物、服务、人员、资本、技术等要素在共同体内自由流动。较之 WTO 框架下的货物、服务贸易协议及投资协议，共同体具有全面深度开放、高度融合发展的特点，是高层次的开放和区域合作。

（二）科技创新共同体的概念和国内外实践

1. 概念

创新共同体的概念最早由林恩等在《科技与制度的链接：创新共同体模式》一文中提出，定义为：由根植于密集社会经济关系网络的交互人群所构成，关注于参与成员之间的相互关系以及新技术与创新共同体的相互推动作用。但他们只是将其作为一个研究框架，把创新共同体作为创新生态的一个理想参照物来审视创新政策，而不是一种实践倡导（汪聪聪，2023）。

多数学者认同创新共同体是一种新型创新组织模式，通过整合信息链、人才链、资金链，加强研发团队、开发团队、成果转化团队等各组织间协同合作，实现产业群、行业群、学科群全面提升（武玉青等，2022）。王峥和龚轶（2018）认为创新共同体是以共同的创新愿景和目标为导向，以快速流动和充分共享的创新资源及高效顺畅的运行机制为基础，多个行为主体通过相互学习和开放共享积极开展创新交互与协同合作，彼此间形成紧密的创新联系和网络化结构，推动个体成员创新能力的增强以及区域创新绩效与竞争力和影响力整体提升的特定的创新组织模式。赵新峰等（2020）认为创新共同体是以提高自身以及共同体创新发展水平为共同目标，通过具备一定执行效力的跨域机构、合作协议、协同机制，依托不同层级、部门及多元主体之间的集体行动与伙伴关系，对分散的创新要素资源加以集聚整合、统一配置，形成具有凝聚力和向心力的协同性、开放性、创新性的共同体。谢科范（2021）认为科技创新共同体是多个空间邻近的国家或区域基于相通的价值观、共同的愿景和共同的利益，遵循共商的治理机制，自愿结成创新基础设施共建共用、创新要素充分流动循环、创新活动自主协同参与、创新成果共创共享、创新风险共担联治的和谐共生的科技创新网络。

从上述对于科创共同体概念的定义可以看出，愿景目标、创新要素资源、治理机制（合作协议、运行机制）、创新网络等内容获得了绝大多数学者的认可。除了上述维度外，鲍悦华（2022）认为，较为良好的合作基础，譬如已经开展过前期合作、地域文化相近等，对于科创共同体建设与发展同样至关重要。鉴于此，鲍悦华认为，科技创新共同体是拥有共同愿景与目标、良好合作基础的多个区域，通过建立起完善的跨区域科创合作治理机制，促进科技创新资源在共同体内部灵活流动和充分共享，通过科学合理的跨区域科技计划与科创活动组织模式，提升共同体内部各创新主体创新绩效和科技创新共同体整体效能的新型创新组织模式。

2. 国内外实践

建设科技创新共同体在国内外已有政策实践。国外方面，奥巴马政府提出"美国创新共同体"。2008年，为应对国际金融危机，美国大学科技园区协会等组织发布了《空间力量：建设美国创新共同体体系的国家战略》，高度关注科技创新以及产业发展的空间因素，提出"创新共同体"这一协同创新的新理念和组织形式，着力打造能够将全国各个创新主体系统化连接起来的"美国创新共同体"。美国当时提出的创新共同体是一个局限于国内的、指向产学研合作的概念，其本质上就是产学研战略联盟的一种升级版，被称为"可持续的产学研用协同创新"。此外，还有欧盟自我认定的创新共同体。欧盟把成员国之间的创新政策一体化趋势理解为创新共同体，其依据是欧盟国家具有共同的创新纲领和创新领域的长远总体规划，以及欧盟成员国之间在科技政策的制定和执行方面有协商与协调机制。

国内方面，2019年12月，《长江三角洲区域一体化发展规划纲要》明确提出要构建长三角科技创新共同体。2020年12月，科技部印发《长三角科技创新共同体建设发展规划》，从协同提升自主创新能力、构建开放融合的创新生态环境、聚力打造高质量发展先行区、共同推进开放创新等四个方面提出具体措施，明确到2025年形成现代化、国际化的科技创新共同体。而之后的长三角"G60科创走廊"则是长三角科技创新共同体建设的一个重要举措。

（三）粤港澳大湾区国际科技创新共同体

综合现有的研究以及粤港澳大湾区发展基础、定位使命及未来科技创新发展趋势，本书认为，粤港澳大湾区国际科技创新中心建设应朝着"科技创新共同体"的模式和方向发展。具体而言，可以从下面六个维度阐释粤港澳大湾区国际科技创新共同体的内涵和特征。

1. 科技创新资源共享

是指粤港澳大湾区 11 个城市之间的科研人员、物资、信息、技术、数据等要素高效便捷流动，科研成果高效转化，市场化机制成熟，规划、政策等衔接互通，科研人才自由参与各个城市的科技项目，科技市场一体化水平极高。

2. 科技创新平台共建

是指粤港澳三地不同创新主体共同建设、共同管理大科学装置、实验室、公共技术和服务平台等创新资源，科研信息和成果共享。国际上已有诸多案例，比如欧洲 X 射线自由电子激光装置由德国和欧洲其他 11 个国家共同参与研发与建设，总耗资大约 15 亿欧元，一半左右由德国出资，另一半由其他国家分担。该装置可用于获得原子级别的各种材料新数据，应用范围将涉及物理、化学、材料科学、生物学和纳米技术等广泛领域，将为人类认识微观世界打开全新视野。

3. 核心技术联合攻关

是指粤港澳三地不同创新主体针对某项技术难题，联合各方优势资源，共同开展技术攻关和成果共享。国际上的案例有欧盟多国研发团队联合技术攻关。欧盟第七研发框架计划（FP7）提供 570 万欧元资助，总研发投入 860 万欧元，由欧盟 7 个成员国及联系国西班牙（总协调）、德国、意大利、荷兰、葡萄牙、希腊和瑞士，8 家工业企业联合 9 家科研机构组成的欧洲 DAPHNE 研发团队，选择能源密集型为其主要共同特征的陶瓷、玻璃和水泥烧结生产工艺，开展为期 4 年的高温微波加热技术联合攻关。此外，日本"官产学研"联合技术攻关。为了与 IBM 360 系列高性能计算机竞争，日本通商产业省在 1976 年通过资助参与企业补助金 291 亿日元，组建东芝、三菱、日立等大型半导体生产企业与通产省所属电子技术综合研究所和高等院校共同构成的"超大规模集成电路技术研究组合"，联合开展大规模集成电路技术攻关，仅用一年时间，就研制出了 64K 计算机芯片。

4. 共同组织实施大科学计划

是指粤港澳三地的高校、科研机构等联合成立相关组织机构，共同发起和推进大科学计划的实施。大科学计划不同于目前大湾区城市之间已有的小型科研项目，前者需要更长周期、更大资金投入、更深度协同的机制设计。国际案例有美国国家科学基金会"大型研究设施建设计划"（MREFC）。MREFC 自 1995 年设立以来，支持了各个领域的 28 个大科学项目，阿塔卡玛大型毫米波天线阵列（ALMA）位于智利，由美欧共同出资建设；双子星天文台（Gemini Observatory）位于夏威夷和智利，由美国、英国、加拿大、智利等国共同出资建设；冰立方（Ice Cube）中微子观测站位于南极，由美国、瑞典、比利时、德国等共同出资。

5. 科研人员交流合作顺畅

是指大湾区各个城市的科研人员通过科研平台载体、公共空间、比赛、论坛、峰会等丰富的形式，与来自全球的科研人员互相交流，促进信息互通、激发灵感和科研合作，打造成为全球科研人员研发、合作、工作的家园。

该类创新共同体指的是各领域的创新人才之间能够相互交流、激发灵感、促进科技创新的交流平台。国际上的案例有美国硅谷开放式创新交流网络。美国硅谷一方面以咖啡馆等开放公共空间为枢纽，构建了无形的交流网络，约 3 万家企业（其中 5 人以下的小公司约占 3/4）的几十万科研工作者，在开放公共空间形成了一系列正式和非正式的合作关系，构成了密集的开放交流网络。另一方面，硅谷存在的大量 NGO 组织、产学研机构、风投机构，通过经常举办各类的创新交流活动、论坛、峰会，促进硅谷形成了有形的开放式创新交流网络。如硅谷 100 多个科技社团，通过举办月会、年会等活动以及出版刊物，促进科研人员的交流合作。

6. 科研规则机制深度衔接

是指粤港澳三地在"一国两制"框架下，系统梳理三地在科研管理体制机制、政策、规则等方面的差异，采用单边认可、双向互认或者创设新的规则等方式，推动三地规则机制衔接，促进科研要素高效便捷流动，科研项目管理运营科学高效，最大限度地释放科研人员活力，发挥科研资源效应。

第十章　粤港澳大湾区国际科技创新中心 建设的主要路径

跟国内外其他科技创新中心相比，粤港澳大湾区具有独特的地理条件、区位因素、发展基础以及"一国两制"等制度差异性，其建设国际科技创新中心的路径需要持续探索。

当前，全球科技创新发生深刻变化，区域创新的重要性日益凸显，并且呈现出网络化、开放化、协同性等多元融合特征。在新一轮科技革命和产业变革提速的背景下，高端创新要素和创新资源在全球范围内的流动速度更快、更具方向性。伴随着信息、技术、知识、人才的流动趋于活跃，各种生产力要素和科技资源加速在区域范围内自由配置，各国创新体系间的依赖性不断提升。传统封闭、独立、线性的创新方式和过程正在被开放、合作、网络化的创新模式所取代。因此，粤港澳大湾区国际科技创新中心建设，需要由"双中心"模式引领，围绕"科技创新共同体"发展目标，集聚国际科技创新中心核心组成要素，加快大湾区创新体系一体化，构建开放、协作、共生的科技创新共同体，这是因应经济全球化和创新网络化背景下的主要路径方向。

一　以科技集群建设强化区域协同创新

粤港澳大湾区国际科技创新中心建设，首要任务是强化区域协同创新，摒弃过去"单打独斗"的模式和路径，加快构建和完善区域协同创新网络，在规划、政策等方面加强衔接。

（一）"深圳-香港-广州"科技集群实力领先

"科技集群"（Science & Technology Cluster）是全球科技创新发展的趋

势，也是香港建设国际创新科技中心的独特优势。根据世界知识产权组织发布的《2022年全球创新指数报告》，"深圳-香港-广州"科技集群连续多年位列全球第二，仅次于日本的"东京-横滨"科技集群。"深圳-香港-广州"科技集群的特别之处在于，它是唯一由3个城市组成的科技集群，也是我国目前唯一一个在城市之间形成的科技集群，这表明大湾区的创新合作非常活跃。

（二）"沪苏"科技集群发展的启示

从国内实践来看，上海科技集群向"上海-苏州"科技集群的演变和发展，可以给"深圳-香港-广州"科技集群带来启示。从空间形态上看，"上海-苏州"与"深圳-香港-广州"科技集群的带状空间特点明显。"上海-苏州"科技集群沿着长江下游入海口西岸布局，总体呈带状，与"深圳-香港-广州"科技集群、美国的"圣何塞-旧金山"、日本的"大阪-神户-京都"等科技集群相似。同时，这种空间样态分布，也高度契合长三角一体化中的"G60科创走廊"苏州—上海段。

"上海-苏州"科技集群高歌猛进的关键因素之一，就是规划建设"G60科创走廊"。"G60科创走廊"起始于沪昆高速起始段上海松江，由其辐射的长三角九城市组成。上海松江九成以上的先进制造业、科创要素和产业要素集聚于沪昆高速两侧，向东承接上海科创中心、金融中心，向西辐射苏、浙、皖腹地。近年来，在长三角一体化大背景下，"G60科创走廊"作为区域创新载体，紧扣"一体化"和"高质量"两个关键，推进科创、产业、金融深度融合，已成为长三角一体化高质量发展的重要动力源。

2021年，"G60科创走廊"沿线九城地区GDP合计7.55万亿元，同比增长8.97%；规模以上工业增加值同比增长14.44%；实际利用外资约占全国总数的1/6；进出口总额约超全国1/8。同时区域内还集聚了高新技术企业3.6万余家、各级孵化器众创空间1300余家、九市共同培育的国家级专精特新"小巨人"企业339家，占全国的6.89%；省级和市级专精特新企业同样特色鲜明，数量也名列前茅。

（三）以"粤港澳大湾区科技创新走廊"强化"深圳–香港–广州"科技集群顶层设计

参考美国波士顿"128号公路创新走廊"、长三角"G60科创走廊"经验做法，在"广深科创走廊"的基础上，争取国家部委和省委支持，以香港、深圳、广州为核心，规划建设"粤港澳大湾区科技创新走廊"，在科研体制机制改革创新、科技企业、科研平台载体、核心技术联合攻关、科研资源开放共享、科技成果转化、科技园区联动等方面谋划重大项目、政策和平台，加快建设全球科技创新高地。特别的，要将"粤港澳大湾区科技创新走廊"与广东省"10+10"战略产业集群和深圳"20+8"产业集群等相结合，打造世界级产业集群。集聚各类创新要素，打破行政性垄断，破除地区、部门分割，撤销妨碍统一市场和公平竞争的规定和法规，打造"科创走廊+产业集群"，推动大湾区整体产业升级。一是重点发挥河套深港科技创新合作区作为深港科技合作的重要支点的作用，以点带面助力香港建设国际创新科技中心，依托中新广州知识城、广州科学城、深圳前海科学城、光明科学城、西丽湖国际科教城、东莞松山湖科学城、惠州潼湖生态智慧区等重点创新平台，协同开展基础研究、原始创新、学术交流、成果转化、知识产权保护等工作。二是依托广州南沙粤港澳全面合作示范区、琶洲人工智能与数字经济试验区、珠海西部生态新区、佛山粤港澳合作高端服务示范区、中山翠亨新区、江门大广海湾经济区、肇庆新区等重点创新平台，建设先进制造业产业集群，全力辅助科创走廊进行产业落位。

二　全力提升基础研究和创新策源能力

基础研究和创新策源能力是国际科技创新中心保持综合竞争力的基础支撑，也是国际科技创新中心不断发展、保持活力的重要保障。在全球科技竞争加剧、国家实施高水平科技自立自强战略的背景下，全力提升基础研究和创新策源能力对于粤港澳大湾区国际科技创新中心建设尤为重要。

（一）加快布局建设大科学设施

在香港北部都会区，深圳光明科学城、河套合作区，广州南沙、横琴合作区，东莞松山湖科学城等重大合作平台内，围绕信息、生命科学、生物技术等关键领域，争取国家部委支持，粤港澳联手规划建设国家实验室、国家工程研究中心以及大科学设施，加强国际科技合作，推动在前沿科学领域和无人区取得重大突破与科学发展，以创新链支撑国家产业链现代化、高端化。

（二）设立大湾区科研基础设施决策机构

借鉴欧盟科研基础设施战略论坛（ESFRI）等的经验，争取由科技部指导，广东省政府和香港、澳门特别行政区政府主办，在粤港澳大湾区科学论坛基础上，设立大湾区科研基础设施决策机构，统筹大湾区现有大型科研基础设施建设管理和未来规划建设，发起和组织相关大型科研项目、国际论坛等。

专栏 10-1　欧盟大型科研基础设施管理机制

经过多年探索实践，欧盟建立了一套成熟的大型科研基础设施资助和管理机制。通过强化对设施运行、维护方面的资助，来提高设施性能的前沿性、先进性，同时通过列支折旧费、科学测试设施使用成本等资金管理机制，促进科研工作者利用大型科研基础设施开展高水平科学研究，有效避免大型科研基础设施这一战略资源的闲置浪费，提升设施的使用效率。

比如，为充分调动各国资源，欧盟围绕基础设施资源整合、利用共享提出了一系列举措，如建立大型科研基础设施战略论坛（European Strategy Forum on Research Infrastructures，ESFRI），设立欧洲研究基础设施制定研究基础设施路线图（ESFRI Roadmap），以规划科研基础设施布局，并协调

成员国在大型科研基础设施建设方面的资金投入和共享政策。此外，欧盟还通过"地平线计划"这一专门渠道资助欧洲开放科学云（European Open Science Cloud，EOSC），投资建设欧洲数据基础设施（European Digital Infrastructure，EDI）以推动成员国大型科研基础设施网络建设、资源共享和开放联动。这些举措都在集聚创新资源、推动欧洲科研转型、提升欧洲研究区整体科技实力方面发挥了重要作用。

资料来源：潘昕昕《欧盟大型科研基础设施资助管理的经验与启示》，《世界科技研究与发展》2022 年第 3 期。

（三）创新科学城可持续发展模式

光明科学城、松山湖科学城等是大湾区国际科技创新中心建设重要的基础研究平台载体，科学城的可持续建设运营关乎整个大湾区基础研究能力和水平。目前，光明科学城已集中布局了 9 个大科学装置、10 个前沿交叉研究平台、2 个广东省实验室、2 所研究型高校以及 23 个重大科技创新载体，全过程创新生态链初步形成。这些大科学设施的运营，以及如何与政府、企业、科研机构、高校等形成更加紧密的协同关系使科学设施效应最大化，是关键的命题。

比如，欧盟在公共部门主导投资建设开发环节的基础上，拓展公私合作机制（PPP 模式），在科学设施运行领域更多地引入民营资本，发挥民营机构经营管理专业化的优势，逐渐形成"公建民营"模式，即建设环节以政府投资为主，运营环节交给民营部门投资运作，产生了较好的效果。

光明科学城、松山湖科学城等需要在目前已经实施的"楼上楼下"开放共享、《光明科学城总体发展规划》等机制的基础上，优化科学城的可持续发展模式，探索政府、企业、高校等主体如何共同参与科学设施建设与运营，如何开展科研成果共享等机制，形成大湾区科学城特有的运营机制。

专栏 10-2　光明科学城科技基础设施开放共享实例

"楼上楼下"创新创业综合体，是光明先行科研经济探索出的示范样本，依托深圳市工程生物产业创新中心，光明构建了全国首个"楼上楼下"创新创业综合体，该综合体聚焦合成生物领域，科研人员与企业人员在同一栋大楼的楼上楼下工作，发挥要素集聚优势，激化化学反应，构建"科研—转化—产业"的全链条培育模式。深圳市合成生物学创新研究院产业创新与转化中心鉴于企业加速成长过程中常会面临缺乏先进实验设备、科研资源，融资难、推广难、人才缺失等痛点问题，充当助推企业发展的重要载体，提供科研技术服务及产业促进服务，构建创新企业服务体系，解决了企业一系列痛点问题。

2021 年 7 月，《国家发展改革委关于推广借鉴深圳经济特区创新举措和经验做法的通知》发布，光明科学城的做法作为"建立科技成果'沿途下蛋'高效转化机制"案例列入清单，具体内容为：依托综合性国家科学中心先行启动区布局建设一批重大科技基础设施，设立工程和技术创新中心，构建"楼上楼下"创新创业综合体，"楼上"科研人员利用大设施开展原始创新活动，"楼下"创业人员对原始创新进行工程技术开发和中试转化，推动更多科技成果沿途转化，并通过孵化器帮助创业者创立企业，开展技术成果商业化应用，缩短原始创新到成果转化再到产业化的时间周期，形成"科研—转化—产业"的全链条企业培育模式。

资料来源：《关于推广借鉴深圳经济特区创新举措和经验做法的通知》，中华人民共和国国家发展和改革委员会，https://www.ndrc.gov.cn/xwdt/tzgg/202107/t20210729_1292066.html。

（四）吸引全球顶尖大学落户

香港坚实的科研基础和国际化的环境，以及大湾区内地城市活跃的创新氛围和超强的科技产业配套，对全球顶尖大学具有较强吸引力。因此，粤港澳联手吸引和推动全球顶尖大学在北部都会区等重点片区设立校区，与香港的公立和私立大学联合办学，早期可以先集中设研究生院和研究院。共同争取中央支持清华大学、中国科学技术大学等国家顶尖大学在大湾区布局，依托其国际国内校友网络和资源，集聚全球高端创新人才，推动基础研究重大攻关。

（五）共同申请国家科研项目

推动港澳和大湾区内地高校和科研机构独立或联合申报国家级科研项目，对承担国家重点基础研究发展计划、国家高技术研究发展计划、国家科技支撑计划和国家科技重大专项，给予资金支持。鼓励申请建设国家级科技企业孵化器，在享受相关优惠政策的基础上，给予资金上的支持。

（六）推动科技创新"双中心"协同联动

粤港澳大湾区承载着国际科技创新中心和综合性国家科学中心（以下简称"双中心"）的重大使命，"双中心"各有特点和重点，需要完善"双中心"协同联动的顶层设计。一是机制协同联动。客观分析制约大湾区科技发展的制度问题，在大湾区建设领导小组框架下完善"双中心"协同联动的体制机制。二是资源协同联动。推动大湾区科技设施、人才、技术、信息等资源共享、高效便捷流动，构建科技资源网，搭建更大平台，整合更大范围资源。三是空间协同联动。统筹"双中心"建设，整体规划布局科技园区、大科学装置、科研实验室等平台载体，实现互补性、差异化、多元一体化发展。

三　加快集聚全球科技创新高端要素资源

粤港澳大湾区国际科技创新中心必然是开放的、合作的、共赢的，而不是"闭门造车"。尤其是粤港澳大湾区拥有香港和澳门两个自由港，天然具有融入国际的优势。未来，粤港澳大湾区国际科技创新中心需要发挥已有的基础和优势，在更宽领域、更深层次开展国际科研合作，培育和吸引全球高端科技创新要素资源。

（一）更宽领域、更深层次开展国际科研合作

1. 发起"大湾区国际大科学计划"

争取由科技部指导，香港高校牵头，与深圳高校、新型研发机构、企业等共同发起"大湾区国际大科学计划"，重点聚焦脑科学、基因工程、传染病学、人工智能、深海发现等前沿科学领域。在大科学计划项目管理上，可参考欧盟"人脑计划"（Human Brain Program）、"量子技术计划"（Quantum Technologies Flagship Project）等。规划实施一批具有高水平、前瞻性、战略性的科学计划、科学工程与重大科技项目，如"大湾区创科产业旗舰研发计划"，支持生物医药、量子科学、半导体研发等重点专项。

2. 构建大湾区国际科技创新联盟

借鉴瑞典-丹麦生物医药谷建立区域高校联盟的做法，支持大湾区内地城市的企业、研发机构与港澳及全球的高校、研究机构开展科技合作，着力构建由内地与港澳及其他国际高校、科研机构、科技企业、智力资源、风险资本机构等组成的科创联盟，打造科技创新资源共享平台。

专栏 10-3　瑞典-丹麦生物医药谷建立区域高校联盟

瑞典第三大城市马尔默和丹麦首都哥本哈根，分别地处北欧的厄勒海峡东西两侧，两座城市由厄勒海峡大桥连通。20 世纪 90 年代，哥本哈根的工业大量外移，马尔默也面临纺织业和造船业的衰落，在此契机下厄勒海峡地区推出了"生物医药谷"（Medicon Valley）的概念，意在打造一个强大的生物技术和医药创新集群。通过资源集聚、医疗基础优势扩大和创新性政策，瑞典和丹麦在斯堪的纳维亚构建了世界级的生物

医药创新和产业集群。瑞典-丹麦生物医药谷成功的经验在于，双方通过建立高校联盟和成立生物医药谷学院委员会，形成了紧密一体的区域创新协同机制，打通了两地创新科技资源。

建立区域高校联盟。厄勒海峡区域内汇集了哥本哈根大学、隆德大学、马尔默大学、哥本哈根信息技术大学等大量高等教育和研究机构，与全球 800 余所高校机构有合作关系。为有效利用区域内高校及研究资源，在 1997 年厄勒海峡地区成立了高校联盟（Öresund University），共有 14 家高等院校加入，通过链接并共享课程、图书馆和其他资源设施强化区域的科研竞争力。另外人才和劳动力资源连通。两岸技术人员、研究人员和高级管理人员的自由流动提升了集群内人力资源的匹配度，2021 年厄勒海峡瑞典侧有超过 20 家生命科学企业的 CEO 职位由丹麦人担任。厄勒海峡区域也因为各类生物医药发展资源的集聚而不断吸引更多外来人才，形成知识溢出效应。截至 2020 年底，瑞典-丹麦生物医药谷约有 4.4 万名生命科学行业员工和 1.46 万名大学生命科学研究人员。

资料来源：根据瑞典-丹麦国际生物谷网站（https：//mediconvalley.greatercph.com）、微信公众号"火石创造"文章《丹麦-瑞典生物医药谷区域经济环境发展路径分析》（https：//mp.weixin.qq.com/s/98ahP1JZYxtK7k7dZmGC7A）整理。

3. 共建大型跨境科研机构

借鉴美国博德研究所（Broad Institute）及英国弗朗西斯·克里克研究所（Francis Crick Institute）模式，由粤港澳三地知名高校、科研机构（如中国科学院深圳先进院等）联手，共同设立新型跨境研发机构（如非营利性科研机构），在医学、生物学、化学、计算、工程、数字、物理学等科学领域实现粤港澳跨境科研计划以及国际科研计划，科研资金来源为中央政府、地方政府、企业、慈善捐赠及投资收入等，机构运营上独立于高校、企业和政府（见表10-1）。

表 10-1　美国博德研究所及英国弗朗西斯·克里克研究所模式

	博德研究所	弗朗西斯·克里克研究所
成员机构	麻省理工学院、哈佛大学、哈佛大学附属医院	医学研究理事会、英国癌症研究中心、惠康基金会、伦敦大学学院、伦敦帝国学院、伦敦国王学院
机构类别	非营利性科研机构	非营利性科研机构
资金来源	联邦政府（33%）、慈善捐赠（28%）、业界（17%）、投资收入（5%）、其他收入（17%）	成员机构（82%）、政府项目（15%）、慈善捐赠（2%）、投资及其他收入（1%）
董事会组成	17位董事会成员中，5位来自成员机构，9位来自其他大学及业界，3位为研究所创办人及行政人员	12位董事会成员中，一半来自成员机构，另一半来自其他大学及业界
涵盖学科	医学、生物学、化学、计算、工程、数学及统计学	生物医学、物理学、化学、工程、计算科学
经费及设施	每年约5亿美元经费。近期的基建项目包括与渤健（Biogen）及 Partners HealthCare 集团合作落成的2019冠状病毒病生物样本库	每年超过1.5亿英镑经费。近期基建项目包括和英国研究与创新署合作落成的2019冠状病毒病研究设施

资料来源：团结香港基金、中国国际经济交流中心、综合开发研究院（中国·深圳）联合发布《策动湾区港深引擎 孕育生物科技新机》，http：//www.cdi.com.cn/Article/Detail？Id＝17498。

4. 共建大湾区大科学装置

大科学设施是建设综合性国家科学中心的关键支撑。与北京、上海、合肥相比，大湾区在大科学装置方面仍处于总体追赶、加速布局阶段。聚焦生物医药、人工智能、数字经济、新材料等香港优势领域和广东省"10+10"战略产业集群技术主攻方向，联合争取国家支持，共同建设大科学装置、国家实验室等国家重大科研基础设施，聚力开展关键核心技术攻坚。根据《国务院关于国家重大科研基础设施和大型科研仪器向社会开放的意见》，推动香港国家重点实验室、国家工程技术研究中心香港分中心等机构与大湾区内地城市大型科学仪器共享平台合作，共建大科学设施网络，推动科技资源优势互补。加强与欧盟、美国等国家或地区政府、高校、科研机构等的合作，在确保科技安全前提下，推进设施共享。

（二）培育发展世界级科技企业

1.引导企业成为技术创新投入主体

支持有条件的重点企业出资与政府联合制订科研计划或设立科学基金会，符合条件的企业享受税前扣除优惠政策。发挥大湾区内地城市与港澳在基础研究、成果转化、金融支持等方面的互补优势，发挥华为、腾讯、大疆、华大基因、迈瑞医疗等各领域"科创突围尖兵"的引领作用，以总部能级提升和创新生态圈构建为抓手，深化与国际知名科研机构的合作。发挥龙头科技企业、"隐形冠军"的带动能力，培育孵化产业新型主体，布局前沿性颠覆技术。

2.设立大湾区科技创新奖项

围绕核心技术创新，设立大湾区科技创新奖项。覆盖基础科学和前沿技术，对大湾区内学术成就和创新能力突出的个人及研究团队进行激励。强化大湾区创新资源对接，加强基础研究的支持力度。由政府联合高校、科研机构、智库机构秉承"科学家说了算"的原则，弘扬科学家精神，营造风清气正的科研生态。

3.支持企业以应用导向强化创新资源对接

围绕核心技术创新，鼓励大湾区企业以应用导向强化创新资源对接，加强基础研究的扶持力度，推动基础研究交叉融合。推动大湾区区域创新资源的对接，整合区域内高新技术企业、高等院校、科研院所机构等科技研发力量，开展平台、基地、技术市场的共建，打造国家级科技创新平台、国家级重点实验室、研发中心、创新创业孵化器等科技创新载体。

专栏 10-4　长三角创新主体融入资源对接发展案例

（1）江苏产研院和长三角国创中心联合创新中心共建企业——苏州博思得电气有限公司和体系内 SIOUX 研究所、苏州医工所联合申报"高频陡脉冲脑胶质瘤治疗系统"项目。

> （2）江苏水韵苏米产业研究院有限公司、江苏省农科院等高校院所组建了"含山大米"全产业链发展的复合型科技特派团，与安徽省含山县开展了跨专业、跨领域、跨区域的全方位技术服务。

资料来源：参见《江苏持续推动长三角一体化协同创新》，江苏统一战线网站，https：//www.jstz.gov.cn/magazine/haiwaihwmt/2022092601.pdf；《奋进"稻"路，"水韵苏米"书写高质量发展新答卷》，《扬子晚报》2023 年 3 月 13 日。

4. 吸引全球一流科技企业落户

推动粤港澳政府联合制定吸引全球一流科技企业落户的特殊政策，比如研发资助、成果转化激励、企业上市、人才支持等。鼓励科技企业发展战略性新兴产业和高科技产业，为大湾区培育新的经济增长点。支持全球互联网企业在北大湾区超前布局下一代互联网，开展基于互联网的各类创新，抢占物联网技术和应用发展制高点，推动大湾区数字经济跨越式发展。

（三）高质量建设高水平人才高地

1. 研究制定全球一流基础研究人才目录

优先引进一批获得诺贝尔奖、图灵奖、菲尔兹奖、巴尔赛奖等世界顶尖奖项的基础研究型领军人才，建立"卡脖子"关键核心技术攻关与基础研究人才库，制订实施大湾区人才专项行动计划。高标准引进国际科技领军人才及国内外知名院士，以院士、科学家等为核心带动形成一批开展前瞻性基础研究和引领性原创研究的高水平研究机构与团队。

2. 实施大湾区技术移民制度

借鉴日本、新加坡等经验，设立科技人才引进和颁发永久居留的年度数量，采用积分制度，对科技人才的学历、工作履历、每年收入等设置积分，符合条件时允许科技人才逗留，进行"特定活动"，并在出入境管理上给予优待。达到一定年限等条件后，便可向出入境管理部门申请永久居留。可率先在横琴、前海、南沙等地开展技术移民试点，逐步实现境外科技人才工作许可、工作类居留许可"一窗受理、同时取证",争取审批权限下放至大湾区其他城市。

3. 优化人才培养与引进机制

鼓励龙头企业设立博士后流动站、工作站（分站）、创新实践基地等，培养战略产业和未来产业的博士后。加快建立"专本连读""本硕连读"人才培养机制，搭建职业教育与普通教育、学历教育与非学历教育相互衔接的人才培养"立交桥"。支持企业联合学校创新技能人才"双元"育人机制，以世界技能大赛为引领推动技工教育发展。发挥"深圳零一学院"等平台载体的作用，营造最优创新创业环境。

4. 支持国际人才在事业单位发展

支持事业单位引进境外科技人才，设置针对境外科技人才的特定岗位，明确事业单位聘用境外科技人才的资格条件。允许境外人才担任大湾区内新型研发机构法人代表。允许引进的境外科学家作为国家科技项目负责人，参与工程实验室、工程中心、企业技术中心、产业技术联盟等的建设。

5. 建立国际人才服务标准

制定出台境外科技人才工作指导目录，宣传科技人才需求情况。设立移民事务服务机构，搭建移民交流互动综合平台，为境外科技人才提供政策咨询、法律援助、语言文化、居留旅行、培训等服务。制定境外科技人才出入境、长期居留、医疗等方面的便利措施。积极引进港澳国际学校、服务机构，建设国际化的学校、医疗、住房等配套保障设施，支持国际人才港和国际化社区建设。

四 构建最具活力的开放创新生态系统

世界主要的国际科技创新中心的发展经验表明，谁能通过改革和制度创新，创造国际一流的科研环境，打造充满活力的创新生态系统，让科技创新要素在系统内发挥最大价值，谁就能吸引全球的资源，保持在科技领域的领先发展优势。粤港澳大湾区历来是改革开放的前沿阵地，必须在科技创新生态系统方面构建更加具有活力、更加自由的环境。

（一）探索实施科研组织"新型举国体制"

发挥大湾区市场机制优势，以河套深港科技创新合作区、光明科学城建设等为契机，构建新型举国体制框架下的科研范式。一是改革科研项目组织实施方式。建立高效的科研创新组织体系，完善基础研究经费拨付和管理办法，研究建立重大科技基础设施建设运营多元投入机制。二是建立支持企业发挥技术攻关主体作用的机制。建立企业为主体、市场为导向、产学研深度融合的技术创新体系，鼓励和支持企业参与和主导重大科技项目。三是构建大科学装置网和科研设施信息库，牵头建立大湾区科技资源共享网络平台。

（二）构建国际通行科研管理体制

深度对接香港及国际科研管理制度，在科研项目评审、经费支出、成果转化、激励制度等环节开展全过程创新。开展顶尖领衔科学家支持方式试点，围绕国家重大战略需求和前沿科技领域，遴选全球顶尖领衔科学家，给予持续稳定的科研经费支持，在确定的重点方向、领域、任务内，由领衔科学家自主确定研究课题，自主选聘科研团队，自主安排科研经费使用。支持国家高性能医疗器械创新中心等载体在科研项目立项、经费使用、人员激励等方面进一步探索市场化、国际化的规则制度。

（三）创新科技人才评价体系

坚持以创新价值、能力、贡献为导向建立人才评价制度体系，探索建立不同类型人才的针对性评价体系。对于基础研究人才，以同行评价、研究成果质量及对国家、社会的影响力等为重要评价因素。对于应用研究型人才，以市场评价、创新创造业绩贡献等为重，不将学历、论文论著等作为限制性条件。对于科技成果转化人才，注重转化效益效果评价，关注产值、利润等经济效益和吸纳就业、节约资源、保护环境等社会效益。坚持科技人才在科研项目中发挥核心作用，对技术路线、科研项目管理具有灵活自主决定权，最大限度激发人才潜力。

（四）打造"政产学研"复合体

借鉴德国弗朗霍夫协会模式，以新型研发机构为载体，打造大湾区版的"政产学研"复合体，加速不同主体之间的科研合作，激发更多科学创造和发现。一是加强顶层统筹和规划，引导新型科研机构有序发展。围绕创新链不同环节，根据民办非企业单位、企业科研机构、产学研联盟、事业单位等不同类型，实行差异化的认定标准和服务管理。二是兼顾技术创新和产业化的新型科研机构，提升前沿领域的科技创新能力和科技成果转化能力，推动一批重要科研成果就地转化，推动深圳打造现代化国际化创新型城市。三是以市场化发展为导向，发挥大湾区民营科技企业的优势，强化民营企业的创新主体地位，鼓励科技类民办非企业单位性质的新型科研机构开展科技创新活动。四是积极开展新型科研机构摸底和建设运行情况评估。建立大湾区新型研发机构高质量发展长效评估机制，并将评估意见作为支持新型科研机构发展的重要参考，重点评估其对创新成果转化能力和对经济社会发展的需求贡献。

专栏 10-5　德国弗朗霍夫协会评价体系

弗朗霍夫协会注重对研究所进行宏观的综合评估，并且以 5 年为一个周期，评估委员会通常由学术界、产业界和政府部门的专家组成，主要的评估指标包括：既定战略规划的完成情况、重点课题的实施进度、科研人员的整体素质与结构、科研设施的装备水平与利用率、经费总额中"竞争性资金"的比例、"竞争性资金"中企业研发合同的比例、申请和取得专利的数量、客户的分布结构与服务满意度、技术成果转让的数量和收益、经费支出的范围和科研辅助系统的服务质量等。对具体技术开发项目的评估主要依靠是否获得企业的支持合同、形成专利、转让到衍生企业等途径来实现，并且最终体现到对研究所的综合评估当中。这既符合技术开发具有时间尺度的技术规律，也符合应用导向的产业规律。

资料来源：徐小俊《德国弗朗霍夫协会建设经验及对中国新型研发机构发展的启示》，《全球科技经济瞭望》第2期。

（五）吸引全球创新资本集聚

引导培育天使资金、风险投资、私募股权投资等创新资本集聚发展，探索投贷联动、知识产权质押融资、科创保险等多样化科技金融服务模式，试点开展私募股权和创新投资份额跨境转让业务。探索科技投融资创新试点，鼓励国际性创投机构集聚香港。支持符合条件的内地科技企业在香港发行企业债券、公司债券、中期票据、短期融资券等扩大融资。

五　推动粤港澳科技市场一体化发展

"一国两制"是粤港澳大湾区与国内外其他区域的一个重要差异，需要将"制度之异"转化为"制度之利"，既发挥香港和澳门的国际化优势，也发挥大湾区内地城市创新资源的规模与活力，推动粤港澳科技创新要素资源流动、规则机制衔接和科研成果共享，加快三地科技市场一体化发展。

（一）推动科研要素跨境高效便捷流动

一是实施专业人士执业资格负面清单。加强与香港工程建筑、金融、科技等重点领域的行业协会与组织沟通，探索在北部都会区、深港口岸经济带（或前海合作区、河套深港合作区）等特定区域，制定"专业人士执业资格负面清单",实施双向开放,负面清单外实施登记备案执业,促进专业人士在粤港两地便利执业。

二是推广河套深港合作区简化科研样本、实验试剂和遗传资源出入境操作流程等做法,在深圳前海、深圳光明科学城、广州南沙等特定区域,建立科技企业"白名单"机制,对"白名单"内企业自用的科研物资在粤港澳三地跨境流动实行"绿色通道",加速三地科研合作。

三是以"双总部"模式便利资金跨境流动。争取中央支持,允许在北部都会区与大湾区内地城市设立"双总部"的企业建立金融"点对点"开放通道,对"双总部"资金给予特殊安排,推行限额内资本项目可兑换,试行一定额度内的资金外汇自由结算,推行本外币一体化监管。

四是以"专网"模式探索数据跨境。推广南沙数据跨境传输做法,在香港科学园等特定园区与前海、河套、南沙、横琴等平台之间建立科研专网,搭建大湾区跨境数据互信互认平台,平台接入粤港两地合规数据源,首创实现对粤港两地个人的跨境身份核验(KYC)服务,为政企机构提供符合粤港两地要求的标准数据核验服务。

(二)加快科研规则衔接机制对接

一是推进粤港澳大湾区知识产权标准协同。推动粤港澳大湾区开展知识产权"示范法"实践,强化粤港澳大湾区法制协同。支持以香港为主导编制"粤港澳大湾区知识产权示范法","就高不就低",向香港知识产权高标准看齐,制定有利于协调粤港澳知识产权标准和规则的准则、指南和示范立法条文等。支持设立粤港澳联合法律协调机构,促进区域法制协同议事机制固定化、常态化。

二是建立与香港趋同的科技税收制度。争取财政部、国家税务总局、海关总署等部门支持,在科技企业所得税、科研人员个人所得税、科研项目研发抵扣、科研设备海关关税等,以及税收征缴方式、豁免纳税情况、税收抵扣项等方面,建立与香港趋同的制度体系,打造与香港自由港环境趋同的"离岸科技特区"。

（三）共同设立大型科研基金

整合粤港澳科技创新资源，由广东省政府和香港特区政府、澳门特区政府科技部门牵头，在香港"共同投资基金""策略性创科基金"等的基础上，共同设立三地政府引导的科研项目基金，用于支持以粤港澳高校、科研院所、研究中心、新型研发机构为试点，开展基础研究和应用研究基金资助计划。并根据实际需要，逐年扩大科研合作计划和项目的资助范围，加大科研基金资助力度，提高粤港澳科研合作项目在科技创新研发支出中的占比，发挥三地政府推动"基础科研+成果转化"的积极作用。

（四）搭建科技成果转化服务平台

一是建立科技成果信息库，汇聚粤港高校、科研机构产生的科技成果，最大限度地对外开放，向社会服务，为两地科技成果协同转化提供丰富完备的信息资源支持。二是搭建粤港成果转化云平台，实现需求发布、价值评估、投融资对接等功能，利用大数据、人工智能等开展技术匹配、评估、定价与合作伙伴精准推荐，降低深港两地技术供需双方交易成本。三是加快大湾区科技成果和知识产权交易中心建设，对接香港知识产权交易所、香港知识产权贸易中心等平台资源，促进粤港两地知识产权跨境流通。

六　打造科技创新重大平台和枢纽节点

国际科技创新中心的形成和发展，需要若干城市或区域作为枢纽和节点来联通其他创新区域，形成创新网络。通过五年的建设，粤港澳大湾区初步形成了若干创新平台和节点，需要在未来继续重点发力，形成以重大平台、枢纽和节点联通全域创新网络的格局。

（一）从国家战略高度规划建设河套深港科技创新合作区

加强国际科技合作，加强与全球科技发展衔接，是我国实现科技自立自强的重要组成部分。① 通过在特定区域实施特殊监管政策，发挥香港高度开放、联通国际的自由港优势，务实推进国际科技合作，是加快科技自立自强、为国家战略提供强力支撑的重大举措。习近平总书记在深圳经济特区建立 40 周年庆祝大会上的讲话中，明确要求"规划建设好河套深港科技创新合作区"。鉴于此，建议从国家战略高度规划建设河套深港科技创新合作区，打造国际"科技特区"。

1. 应对国际科技竞争加剧，推动实现我国科技自立自强，迫切需要建设"科技特区"

（1）在日益复杂的国际政治经济格局下，"科技特区"是我国与全球科技发展无缝衔接的战略通道。当前国际政治经济格局的深刻调整依然持续，随着美国可能重返 CPTPP、印太四方同盟（Quad）组建、欧盟暂停推动中欧投资协议批准进程、中澳战略经济对话机制下一切活动的无限期暂停等，美国及其盟友可能会加大对我国的科技封锁力度。根据美国商务部网站数据，截至 2020 年底，被列入美国出口管制实体清单的中国企业和机构共369 家（含中国台湾 8 家）。中国已经超过俄罗斯，成为数量最多的国家。除了科技企业和机构，科研人员交流也受到制约，中国学生申请科技类专业的留学签证受到不同程度的限制。尽管受到美国所谓的"制裁"，但作为美国、欧盟、日本等国家和地区在亚太政治与经济利益的重要节点，香港仍保持着自由港的独特优势，受到国际企业和机构的高度重视，是未来我国与全球科技发展保持无缝衔接的重要平台。

（2）"科技特区"不是一般意义上的自由贸易区或海关监管区，而是需要"专属海关监管模式"的特别区域。空间支撑是构建战略通道的必要条件，同时科技创新还有特殊乃至关键需求。一方面，科研人员是科学家、工程师等高技能人才，不是普通游客或者商务人士，数量不会很多，但出入境比较频繁、时间要求灵活，因此对其出入境管理不宜采用普通旅游签证或商

---

① 本部分内容来自作者和郭万达、张玉阁于 2021 年 7 月 29 日发布在"综合开发研究院"微信公众号上的文章，略有删减，参见 https://mp.weixin.qq.com/s/NhQ4VTHBnElbNrlITGiC3w。

务签证的方式。另一方面，科研物资不是普通货物，而是动植物及其产品、微生物、生物制品、人体组织、血液制品、实验试剂等少量的、时效性强的"研发小物流"，不宜采取普通货物贸易方式来查验和监管。尽管目前我国在保税区、自贸试验区等特定区域实施了一系列通关便利措施，但科研人员和科研物资的通关安排，应有别于一般自由贸易区和海关特殊监管区模式，需要有更大力度的创新和突破，建设超越一般海关特殊监管区的"科技特区"。

（3）"科技特区"是一种思维方式和工具理性，是推动实现科技自立自强的先手棋。在一定意义上，"科技特区"就像当年的"经济特区"，是要另起一局，另辟蹊径，"杀出一条血路"，实现中国科技创新发展的"战略突围"。因此，建设"科技特区"既是一种实实在在的举措，也是一种思维方式和工具理性，是推动科技发展的新理念、新思维、新方法、新方式。因此，建设"科技特区"需要从国家发展战略全局和长远目标考虑，立足于实现核心技术和关键零部件突破，最终实现科技自立自强，在全球科技竞争中占据制高点。

2. 河套深港科技创新合作区是大湾区"双中心"建设的重要节点，最适合率先打造"科技特区"

（1）以河套深港科技创新合作区为平台切入国际科技创新前沿。河套深港合作区在地理上具有"跨境接壤"的优势，具有"既像香港又像深圳"的特点，是大湾区唯一以科技创新为主题的合作发展平台。目前合作区内从香港通过"一号通道"进出深圳福田保税区的车辆和人员均采用"白名单"制，通关已经非常便利，加上预计在两年内建成使用的新皇岗口岸将实施"一地两检"模式，届时合作区将是境外以及国际科创资源进入我国最为便利的区域。目前，众多国际科技企业、机构和团队已经进入合作区发展，实际落地的高端科研项目有百余个，其中生命科学领域包括南开-牛津联合研究院、格物智康病原研究所、香港大学深圳医院国际临床试验及转化医学研究中心、晶泰科技等，信息科学领域包括粤港澳大湾区大数据研究院、商汤科技人工智能研究中心、平安科技人工智能创新中心等，材料科学领域包括香港城市大学先进航空材料预应力工程与纳米技术研发项目等，其他领域包括瑞士 BRUSA 项目、西门子能源项目、深圳市合众清洁能源研究院等，这些项目致力于在国际科技最前沿和"无人区"开展研究探索。

（2）以河套深港科技创新合作区为节点推动"双中心"协同联动。国际科技创新中心和综合性国家科学中心是粤港澳大湾区的两大重点，而合作区是"双中心"协同联动的战略节点。所谓"双中心"协同联动，就是"科学"与"技术"、"发现"与"发明"、"基础研究"与"应用研究"、"从 0 到 1"与"从 1 到 N"、"政府主导"与"市场推动"、"公共品属性"与"商品属性"等多层次、多领域、多主体的科技创新活动的有机协同、相互联动、彼此支撑和共同发展。香港的科研优势是基础研究能力强、国际资源汇聚以及知识产权保护与国际接轨，这些优势是国家科技自立自强战略所需，需要通过"科技特区"的建设与内地科技资源融合对接，更好地实现优势互补。"双中心"协同联动，需要通过合作区联结国际科技资源，与深圳的光明科学城、东莞的中子科学城、广州的科技园区等统筹规划布局大科学装置、科研实验室等平台载体，实现互补性、差异化、多元一体化发展。

（3）以河套深港科技创新合作区为杠杆撬动香港新界发展。新界北地区历来是香港融入国家发展大局、深度参与大湾区建设的最重要的区域。《香港 2030+：跨越 2030 年的规划远景与策略》建议在边境地区发展"北部经济带"，重点发展科研、现代物流及新兴行业，正是为了把握区域发展带来的庞大机遇。近年来，香港发展新界北的意愿和行动大为加强。2021 年 5 月 5 日，香港特区政府向立法会共申请 10 亿港元，对新界北发展进行勘查研究和统筹设计，打造边境卫星城市，发展创新及科技、物流走廊，容纳近 30 万人口和创造约 6.4 万个就业机会。2021 年 5 月 13 日，香港特区立法会大会通过"以口岸经济带动新界北发展"无约束力议案，建议特区政府将新界北打造成以创新科技、高端教育为主的新核心发展区，研究设置或搬迁政府部门、公营机构及高等教育学院至新界北，开放部分沙头角禁区以发展海上旅游，在中英街发展边境旅游等。建设"科技特区"，既是香港科技创新发展的重要组成部分，也是撬动香港新界地区发展的重要杠杆。

3. 将河套深港科技创新合作区建设成具有"自由＋开放＋数据"特征的"科技特区"

基于上述分析，提出提升河套深港科技创新合作区战略定位、建设国际"科技特区"的建议如下。

（1）对合作区要素跨境流动做出特殊安排，实现"通关自由"。科研人员通关方面，对于进出合作区的国际科研人员，颁发多次出入、时间灵活的特殊签证，实现国际科研人员"无感通关"。科研物资通关方面，出台合作区深圳园区专项特殊监管政策，构建专属海关监管模式，先行先试建设具有国际视野、高度便利的海关监管环境。支持深圳会同海关、市场监管等部门编制企业"白名单"，对于安全风险管控良好、未发生过风险事件的科技企业，加快海关对其所需科研物资进口的验放速度，对科技研发设备入境免征关税并免于强制性产品认证证明。远期在香港园区投入使用后，设立新通道，实现两个园区之间"通关自由"。科研资金方面，在确保金融安全的前提下，实行有别于一般外汇进出、最为宽松便捷的特殊监管政策。

（2）对合作区科技创新环境做出特殊安排，推动"研究开放"。在合作区实行最开放的科研制度和最宽松的科技政策。如实行便利获取知识产权的开放政策，即在专利形成前，允许无偿获取和使用知识产权；支持科技部中国人类遗传资源管理办公室在合作区设立分支机构，加快深港生物科技合作中涉及遗传资源和遗传信息的科研项目审批，对特定的深港合作科研载体设置研究项目快速审批通道；在合作区允许合格的香港及国际科研机构在《中华人民共和国生物安全法》框架下开展干细胞、基因治疗等研究和应用。

（3）对合作区信息跨境流通做出特殊安排，强化"数据支撑"。在合作区建设"国际数据港"，大力度开展国际互联网访问跨境数据流动试点，并面向数字经济发展开展数据确权、交易、证券化等试点措施。支持合作区尽快建立国际通信专用网络，采用 eID 等安全认证方式，创造与国际"无速差"的工作和生活通信环境。设立数据交易市场，试点大湾区数据跨境、确权和交易，探索数据主权、数据管辖、数据垄断、数据保护等举措，在闭环监管模式下探索香港与内地有关基因、病历、临床试验等方面的"数据跨境"。在合作区探索内地与香港，乃至中国与美国、欧盟等有关数据保护、交易等方面的规则对接。

（二）在粤港澳大湾区框架下加快香港北部都会区建设①

2021 年 10 月，香港特首林郑月娥发表《行政长官 2021 年施政报告》，明确提出建设香港北部都会区，并同期发布《北部都会区发展策略》。《北部都会区发展策略》是在"一国两制"框架下，首份由香港特区政府编制，在空间和实施策略上跨越深港两地行政界限的纲领性文件。北部都会区规划建设 10 个重点行动方向及 45 个行动项目，发展周期为 20 年，是香港百年来重大发展战略调整，也是粤港澳大湾区建设中的重大事件。

《粤港澳大湾区发展规划纲要》指出，"建设粤港澳大湾区，既是新时代推动形成全面开放新格局的新尝试，也是推动'一国两制'事业发展的新实践"。建设粤港澳大湾区的初衷就是支持香港、澳门融入国家发展大局。香港北部都会区的提出，标志着香港融入粤港澳大湾区建设有了新的平台载体，也预示着粤港澳大湾区建设进入一个全新的、香港与内地相融合阶段。

近年来，国内学者对粤港澳大湾区区域合作、经济一体化等进行了大量研究。跨境合作方面，刘云刚等（2018）从跨区域协调视角梳理和总结了粤港澳大湾区在跨境交通协调（物流）、跨境人员交流（人流）、跨境信息交流（信息流），以及跨境产业合作、跨境基础设施建设、跨境环境保护、跨境公共安全等方面的实践探索和面临的问题。陈文理等（2019）、陈远志等（2019）从教育、人才、科技金融合作方面分析实践难题与建设对策。李建平（2017）从区域治理的角度分析大湾区协作治理的演进。杨爱平（2015）、官华等（2013）分别分析了粤澳、粤港政府合作机制的变迁。科

---

① 本部分内容主要来自作者合作发表的论文。谢来风、谭慧芳、周晓津：《粤港澳大湾区框架下香港北部都会区建设的意义、挑战与建议》，《科技导报》2022 年第 7 期。

技创新合作方面，邴馯纶等（2017）认为粤港必须基于双方不同的技术优势条件，采取不同层次深化合作。区域经济一体化方面，曹小曙（2019）结合粤港澳大湾区综合交通运输设施的建设和发展过程，论述了时空压缩效应下区域发展的均质化是粤港澳大湾区经济一体化的理论基础。基于要素流动视角，陈世栋（2018）通过百度指数判别粤港澳大湾区 11 个城市之间的联系强度，其中香港与深圳的联系强度最大。

综上所述，跨境区域合作既是粤港澳大湾区建设的重点、亮点，也是难点。经过多年实践探索，粤港澳在科技、教育、人才、金融、体制机制合作等方面虽取得一定成果，但对标世界一流湾区，其要素流通效率和融合发展方面仍显不足。深港合作一直是粤港澳大湾区建设的关键，深圳作为大湾区中与香港联系最紧密的城市，在北部都会区建设中将扮演关键角色。未来，北部都会区建设可能面临不少挑战，如土地空间、规划流程、开发模式、政府投入、要素跨境、粤港深港合作等。在粤港澳大湾区框架下，这些挑战不仅需要香港特区政府和各界积极研究和应对，也需要中央、广东及深圳等各级政府统筹部署和支持。

1. 香港北部都会区建设的背景与意义

规划建设北部都会区，将有望打破香港"南重北轻"的旧格局，加快推进香港北部与深圳南部融合发展，强化粤港澳大湾区"香港-深圳"极点带动功能，为粤港澳大湾区国际科技创新中心建设提供有力支撑，服务国家科技自立自强战略，对区域发展和国家战略均有重大意义。

长期以来，香港实体产业占比较低，科技创新成果产业化推进缓慢，"再工业化"发展迫在眉睫，但受制于香港长期土地供应不足等问题，香港的实体产业包括科创产业的发展受到制约。在一定程度上，北部都会区将为科创产业发展释放一定量的产业用地，补足香港科创产业发展所需的链条和资源，从而更好地与粤港澳大湾区内地城市形成产业链分工，融入国家巨大市场和科技创新体系。

与此同时，香港形成了"重南轻北"城市发展格局，交通、住房等矛盾不断凸显。"南北失衡"是导致香港长期职住失衡的重要因素之一，此次施政报告提出规划建设北部都会区，将其打造成香港未来 20 年城市建设和人口增长最活跃的地区，能创造大量就业机会，是力图缓解"南北失衡"、增加居民收入的重要举措。长久以来，香港的经济重心一直集中在维多利亚港两岸地区，包括港岛的中环、上环、湾仔、铜锣湾，九龙南部的尖沙咀、佐敦至旺角等，香港的发展存在"重南轻北"的现象。其中南部已形成以金融、法律、知识产权、贸易为主的高端服务业集群，北部聚集了大量居住人口，该区域所能提供的就业岗位非常有限，因此每天有大量新界居民往返维港都会区工作，造成南北向较重的交通通勤压力。特别是新界北等区域，主要是郊野公园、湿地、边境禁区、农地、村居村舍，以及一部分规划发展、规模有限且功能不完整的新发展区，与维港都会区形成巨大的反差，在经济活动、商业业态、社区功能、交通设施、住房、居民收入和生活水平等方面，与香港国际大都会地位与功能不匹配。在"南北失衡"、实体产业发展受阻等长期因素困扰下，香港贫富差距水平长期位于世界前列，贫困人口近 10 年不降反升。根据香港特区政府 2021 年 11 月公布的《2020 年香港贫穷情况报告》，香港贫穷人口上升至 165.3 万人，较前一年增加 16.2 万人，贫穷率达到 23.6%，即接近每 4 名港人就有一个穷人，无论人数还是比例均为 2009 年有记录以来最高，青年贫穷率更达到峰值 15.6%。

北部都会区将在现有新市镇发展的基础上，规划和拟规划洪水桥/厦村新发展区、元朗南发展区、古洞北新发展区、粉岭北新发展区和新田/落马洲发展枢纽、文锦渡发展走廊、新界北新市镇，从而释放一定量的居住和产业用地，缓解住宅供应短缺和产业空间发展不足的问题。预计北部都会区将额外开拓约 6 平方千米土地作为住宅和产业用地，整个项目完成后，总住宅单位数目将达 90.5 万~92.6 万个，容纳约 250 万人居住。尤其通过土地用途综合多元的方式，在新田/落马洲一带大幅度增加创新科技产业用地面积，利用落马洲管制站迁往深圳新皇岗口岸后腾出的土地和毗邻的部分鱼塘与乡郊土地，优化整体空间布局，预估增加 1.5 平方千米用地，按可兴建面积估计，其发展规模相当于 13.5 个香港科学园，可以发挥更具规模效益的产业集群效应。可以看出，规划建设北部都会区，就是重塑香港空间和产业发展格局，同时通过融入粤港澳大湾区和内地产业体系，以及在"双循环"新发展格局中畅通国际国内循环，加速缓解香港实体产业发展空间局限、住房紧缺、职住分离、交通基础设施分布不均等矛盾，解决香港长期问题、深层次问题，进而为香港实现共同富裕奠定基础。

2. 香港北部都会区对粤港澳大湾区建设的影响分析

基于区域经济一体化理论，着重从空间结构、要素流动、产业合作3个方面，分析香港北部都会区对粤港澳大湾区建设的影响。

（1）"双城三圈"跨境空间框架下"香港-深圳"极点带动功能更趋强化。已有研究表明，粤港澳大湾区内部城市群在空间联系上存在明显的空间分异特征，其中港深穗莞圈层结构最为明显，其联系水平强度呈梯度递减。但粤港澳大湾区区域协同发展水平总体不高，社会网络联系密度较低，粤港澳大湾区内地城市之间联系强度高于跨境城市（粤港、粤澳）。尽管"一国、两制、三区"是粤港澳大湾区的特色，但其制度环境和边界属性在很大程度上影响着粤港澳大湾区的一体化演进。

北部都会区是香港首次从规划层面提到香港深圳双城建设，"双城三圈"是从规划一体化的维度对深港合作、粤港合作等大湾区跨境合作的有益探索，在深圳口岸经济带和跨境交通基建一体化的扎实推进下，将有利于突破大湾区现阶段跨境合作的边界瓶颈，提升"香港-深圳"极点融合发展强度。香港北部都会区与深圳口岸经济带跨河相连，两者在地理空间上有天然的联系。故北部都会区建成后，在打破香港"南重北轻"旧格局的同时，也将从地理空间上拉近深港之间要素流动的实际距离，促进香港北部与深圳南部融合发展，形成更高效的深港发展轴。未来在粤港澳大湾区"香港-深圳"极点带动作用下，吸引更多的人流、物流、资金流、信息流在此集聚和扩散，逐步形成以"香港-深圳"为极点的东部组团，推进大湾区跨境合作和一体化发展进程。

（2）交通一体化的时空压缩效应将促进形成"跨境通勤都会圈"。综合交通基础设施是影响粤港澳大湾区城市群联动合作的基础要素，城市间便捷的通勤交通网络是粤港澳大湾区释放时空压缩效应、实现联动发展的重要前提。粤港澳大湾区涉及"一国、两制、三区"，跨行政区、多关税区、多货币结算是大湾区的突出特点，若缺乏一体化交通基础设施作为支撑，大湾区城市间的要素流动将在很大程度上受限。《北部都会区发展策略》明确"交通基建先行"的理念，提出建设港深西部铁路、北环线支线等连接洪水桥至前海、新田至皇岗的跨境铁路，并新增皇岗、罗湖等"一地两检"口岸，增强香港与前海、河套、罗湖的直接交通联系，跨境交通效率将大幅度提升。目前，铁路项目北环线已立项，交通项目推进较快。

"跨境通勤都会圈"将加快形成。世界一流湾区作为特大城市群，轨道交通网密集，在通勤交通上都表现出城际出行的便捷性。深港之间的跨境交通需求非常大，每日有大量人群往返深港工作、学习、旅游、探亲等。深圳口岸办公室统计数据显示，2019 年深圳口岸进出境人流达 2.35 亿人次，日均达 64 万人次。但目前深港之间仅两条轨道交通（城际地铁和京九高铁）连接，所能承载的跨境客流有限，跨境交通的舒适性、体验感有较大的提升空间，这在较大程度上抑制了跨境人流活动的便利性和积极性。北部都会区规划多条跨境轨道，建成后，将极大促进深港两地要素资源跨境流动，形成半小时跨境通勤都会圈，促进更多的香港及国际企业与内地建立更紧密的交流与合作，并在"香港-深圳"极点带动下，逐渐形成港深莞惠协同联动的"跨境通勤都会圈"。

（3）大湾区东部创新组团的乘数效应将逐步缩小区域能级差距。改革开放后，在市场因素驱动下，香港与珠三角城市通过"前店后厂"的模式进行产业分工协作，这推动了珠三角的快速工业化、城镇化和香港现代服务业的迭代升级，彼此形成了功能互补、运转高效的区域经济协同格局。进入21 世纪后，粤港澳区域经济协同发展进入制度转型期，在政府间的正式合作下进行市场资源的优化配置，力图改善市场过度竞争和生产要素错配的区域发展困境。其中，科技创新已被视为粤港澳大湾区生产要素合作的重点方向，深港科技创新合作是粤港澳大湾区建设国际科技创新中心的最重要支撑。科创产业具有明显的知识外溢和技术壁垒等特点，所以分工协作更趋向精细化，上下游联系更紧密，相互间的可替代性较弱。同时，创新能力越强，对产业链的赋能和迭代更新效果越明显。在创新要素的外溢和集聚效应下，将深化各生产主体的产业链合作，细化产业分工，发挥创新集群的乘数效应，带动城市群协同发展，缩小城市间的能级差。

粤港，尤其"香港-深圳-东莞"东部创新组团在科创生态的构建上存在高度互补性。例如，香港拥有丰富的原始创新资源，完善的知识产权保护体系、金融体系，但由于科创用地不足、产业扶持政策较少等产业环境上的掣肘，影响了科创成果转化和规模化应用进程。另外，深圳等市具备丰富的产业扶持政策、友好的产业发展环境和高效的科创成果转化能力，却缺乏优质的原始创新资源；东莞具备成熟的先进制造、智能制造体系，以及土地空间、人力资源等优势，却面临着产业同构、竞争同质、环境污染等突出问题。因此香港、深圳、东莞等城市之间的科创合作将有利于激活彼此的要素资源和产业链，构成"科技—产业—金融"高品质的科创生态，形成联系更紧密的粤港澳大湾区东部创新组团，带动产业升级转型。

香港北部都会区规划打造的科创平台"新田科技城"和"港深紧密互动圈"，将在跨境交通网络联通下与深圳福田香蜜湖新金融中心、大梧桐新兴产业带、莲塘互联网产业集聚区、深圳湾总部基地等深方策略性产业发展区进行科创协作、互动，重塑粤港澳大湾区创新体系，共同打造全球首屈一指的"科技枢纽"和创新策源地，激发粤港更多的人才、企业和创新技术的交流与产业链合作。

3. 香港北部都会区建设面临的主要挑战

规划建设香港北部都会区，对国家、大湾区和香港意义重大、影响深远。作为一个范围广、周期长、影响大的区域发展策略，北部都会区的建设是一个系统性工程。建设北部都会区，对香港特区政府和社会各界而言，既是挑战也是考验，更是机遇，其间涉及的土地、资金、产业融合、要素跨境、粤港深港合作机制等问题，需要客观认识和积极应对。

（1）实际可开发空间和产业空间有限。一方面，北部都会区实际可开发的空间极其有限。虽然北部都会区规划范围约 300 平方千米，但其中郊野公园及湿地约占三成，水体（河、湖、地下水等水累积处的总称）约占两成，除去现有的新市镇，古洞北、洪水桥等正在进行的发展规划，以及其他不适合发展的地段等，实际上总体只能增加约 6 平方千米土地作住宅和产业用地，比明日大屿第一期的 10 平方千米规模更小。并且其中有不少是农地、棕地、乡村式发展用地等，政府收储土地难度较大、周期较长。

另一方面，用于科创产业发展的空间不足总规划面积的 1%。《北部都会区发展策略》提出大规模增加科创用地以建设新田科技城，而事实上在《北部都会区发展策略》中，建议用作企业和科技园用地的土地面积仅为 2.37 平方千米，不足北部都会区部规划面积的 1%，其中包括新田/落马洲发展枢纽内靠近北部的 0.6 平方千米，香港落马洲管制站迁往深方的新皇岗口岸可利用的约 0.2 平方千米已平整土地，原落马洲管制站毗邻部分约 0.7 平方千米的鱼塘及乡郊土地，加上在建的落马洲河套区港深创新及科技园的 0.87 平方千米土地。新增土地面积 1.5 平方千米，按照可兴建的楼面面积估算约为 540 万平方米，加上港深创新及科技园区规划的 120 万平方米，楼面面积合计 660 万平方米，与国际国内科技园区相比差距极大，例如上海张江科学城面积为 95 平方千米，美国旧金山硅谷核心区面积约为 800 平方千米。如此有限的用地规模，根本无法满足科创产业发展，遑论支撑"建设新田科技城为香港硅谷"的愿景，以及支撑香港国际创新科技中心和粤港澳大湾区国际科技创新中心建设。

（2）建设周期和预算有待明确。《北部都会区发展策略》提出，会制订滚动的北部都会区十年建设进度计划，作为所有相关局署的基建发展和房屋供应工作目标，并定期向公众公布，接受监督，以期快速有序推进北部都会区的建设。香港之前并无制定 5 年、10 年等中长期发展规划的经验，加上项目优先次序、时间表和路线图不确定，面对北部都会区 20 年的建设周期，香港社会各界对此疑虑重重。

此外，建设北部都会区，对香港公共财政承载力的挑战，也是香港社会各界关注的重点之一。例如铁路建设，按当前的规划，北部都会区将建设 5 条新铁路，"明日大屿"将建 3 条新铁路，北部都会区与南部的海港区来往，也需要 1 条新铁路。近年来香港建设铁路成本非常高（如西港岛线每千米造价 62 亿港元），且不断出现超期超支情况（如沙中线）；再如，香港建筑业的承载能力很有限，2020 年香港建造业就业人数 31 万，其中地盘工人 96117 人，平均每个地盘仅为 58 人，存在建筑工人短缺及严重老龄化问题。因此，为了落实相关的战略规划，输入大量工人可能无可避免。但这也带来另外一个问题——香港社会设施承载能力有限问题，如果不重视，也将引起严重的社会矛盾。因此，北部都会区的建设，可能需要灵活运用公私营合作模式及多样化的融资方式。

（3）土地开发制度有待精简。根据香港特区政府策略规划，要建造一片"熟地"，涉及收购农地—规划申请—地契及补地价—建筑工程一系列程序，通常需要 10~20 年时间才能完全发挥地块的功能。"造地"的发展程序包括规划及工程研究、公众参与、法定规划程序、详细设计及研究、收地、地盘平整工程，以及建筑和基建工程，需 11~14 年才能提供可予发展的土地。过去 20 年香港缺乏规划完善的大规模新市镇发展，可及时用作大型高密度房屋项目的优势"熟地"甚少。香港面临"熟地"供应低、房屋落成低、居住素质低的"三低"死结。

此外，现有城市规划条例制约土地供应。《城市规划条例》《2004 年城市规划（修订）条例》《法定图则》《规划署部门内部图则》《香港规划标准与准则》《环境影响评估条例指南 8/2010》等法律文件规定了香港土地用途规划的标准及准则，包括住宅密度、社区设施、工业用地、运输设施、环境等，如果特区政府仍僵化适用有关条例，那么北部都会区土地供应则难以破局。据统计，2000 年以后香港的新发展区开发周期为 12~17 年（见表 10-2）。分析其原因主要有两点，一是香港的土地开发流程是线性流程，根据香港现在所执行的《城市规划条例》（TPO，自 2004 年以来一直未更新），须待上一流程完成后才能启动下一流程，多流程不能同步进行。即首先需进行完整、详细的规划，经充分论证和公众咨询后再启动土地回收流程，待全部土地回收完后，再启动建设技术研究开展建设工序，不能边规划边收地，故整个开发周期较长。二是多部门存在重复工作，缺乏跨部门的协调机制，行政流程有待精简。香港现时政府有不同部门涉及房屋发展，例如土地署、城规会、规划署等政府部门，各部门的咨询程序等工作有一定重复，且各部门不能在同一时间内同时执行审批程序。

表 10-2 2000 年后香港新市镇规划发展周期

单位：年

新市镇项目	规划发展周期 （首批住房入住）	用时
古洞北／粉岭北	2007～2023 年	16
洪水桥	2007～2024 年	17
东涌新市镇扩展区	2011～2023 年	12
元朗南	2011～2028 年	17

资料来源：根据香港特区立法会网站整理。

（4）现有发展模式有待优化。北部都会区建设的一个重点是建设科技园区、发展产业和创造就业机会，但香港缺乏科技园区、产业园区开发运营经验，如果仍沿用目前的"先盖楼、后招租"模式，较难见到科创产业集聚的规模与成效，则北部都会区建设可能遥遥无期。以河套地区香港创新及科技园为例，港深创新及科技园有限公司将香港园区视为香港科技园的第三期，采用传统的"盖楼+招租"开发模式，自身定位类似于"物业管理公司"，对合作区及香港园区的特殊性考虑不足，缺乏推动园区开发的主动性和责任担当。按照规划，第一批次 8 栋楼宇将在 2027 年前完成，相当于 7 年建了 8 栋楼。即便今后建楼进度加快，余下 59 栋全部建成也需要 20～30 年，这不是科技园区规划建设的正确做法。

从全球科技园区来看，大型科技企业拥有自行设计的建筑和空间布局，透过开放、交互型的空间设计，为科创人员提供良好的办公环境，激发创新灵感，如美国苹果公司的总部 Apple Park、亚马逊总部 Amazon Spheres 等。我国内地科技园区、产业园区的开发一般具有鲜明的产业功能定位和目标，能在产业招商和资金扶持方面提供一定的指引和辅助，通过基础设施配套和支持政策等吸引目标企业入驻，根据产业链上下游的产业活动激发内生市场动力，从而逐渐形成产业集聚。而香港现有的发展模式普遍缺乏明确的目标指引、完善的基础设施配套、特定的政策优惠，在招商引资方面也难以发挥指引和辅助作用。因此，北部都会区的建设需要对现有的发展模式进行优化。

（5）香港与内地产业有待融合。香港与内地产学研体系整体上连通性不足。连通性不足的普遍问题之一，是香港与内地产学研合作总体上长期处于"割裂"状态。从顶层的科研发展规划到具体的科研项目、设备、人才、技术等，都没有机制或通道有效联通。尽管香港有多个国家重点实验室和国家工程技术中心分中心，但科技资源较难共享、成果难以融通。一是供需市场不匹配。香港高校基础科学研究能力强，但所能供给的知识难以直接产品化。而绝大部分内地企业最迫切需要的是应用技术成果，特别是科研产业链最末端的技术成果。因此，民间主体向高校"索取"可供转化的科研成果往往难以实现，高校向民间主体"兜售"前沿基础科学研究成果效果不佳，导致供需市场无法呼应匹配。二是"高校—企业"依存度不高，缺乏可持续合作项目。科技成果转化效率低、高校科研人员缺乏实际经验及市场敏感度，且高校项目远离市场竞争，研究成果转化率低。两地之间缺少既了解内地又熟悉香港的中介服务平台，导致两地合作"谈得多、做得少"，很多项目最后没有后文。

北部都会区规划了创新科技、文化创意、旅游等产业，并提出加快与深圳产业链互补融通。但是如果不在产学研网络、科技创新服务机构、高校—企业合作模式等方面进行创新，香港与内地产业较难发挥各自优势，实现互补发展。

（6）要素跨境流动有待畅通。北部都会区建设，必然涉及香港与内地企业、资本、人员、物资等要素的跨境流动。当前"一国两制"框架下，两地要素跨境流动仍存在诸多障碍。以北部都会区重点发展的创新科技产业为例。

一是科研物资跨境受限。科研物资流动的时效性要求很高，在频繁进行科学实验、检验检测等活动时，涉及两地的科研样品、实验试剂等物资种类繁多、覆盖范围广，出入境流程较烦琐，过关须进行严格的检验检疫手续，涉及海关、卫生检疫、科创委、市场监管局等多个部门审批查验，给科研合作增加了时间、费用和人力成本。

二是科研人才引进受阻。一方面是粤港澳大湾区对国际人才的认定范围有限。例如，目前在深圳符合海外高层次人才认定标准的，只可申请认定门槛较高的 A 类或 B 类人才，不能申请范围更广的 C 类人才，不利于外籍优秀年轻人才的引进。另一方面，境外人才在内地的科技创新创业活动受限。例如，由于两地职称体系存在差异，香港科研人员在大湾区难以匹配和满足相应的职称要求，申报内地科研项目面临障碍。

三是科研资金双向跨境流动不畅。例如，"惠港十六条"等一系列政策发布后，内地至香港的科研经费得到进一步疏通，但香港特区政府财政和公营机构的资金不允许过境到内地。此外，根据国家外汇管制政策要求，外资公司资金往来须严格按照国家外汇管制的要求申报备案，且涉及多个监管部门，往来手续烦琐、审批时间较长；天使基金、风险投资基金、私募股权投资基金等创投资本在进入和退出内地时，均面临结汇等严格要求，与创新科技产业对资本的灵活性要求相悖。

四是科研数据跨境管制严格。目前，我国基本建立了以《中华人民共和国网络安全法》《中华人民共和国个人信息保护法》《中华人民共和国数据安全法》《关键信息基础设施安全保护条例》等法律法规为框架的数据保护制度体系，但数据跨境流动的管理细则尚未出台，特别是数据出境安全评估和重要数据认定尚无明确规定。关键问题在于数据出境安全评估，这是中国相对独特的机制设计，与国际通行跨境数据流动规则衔接难度较大。这是摆在大湾区各级政府和企业面前的一道共同难题，迫切需要创新数据跨境流动管理体制机制。

（7）粤港澳合作机制有待突破。规划建设北部都会区，不仅是在香港本土打造一个新的经济增长极，更是加快与深圳南部衔接，做大做强"香港－深圳"极点，形成更大更强的粤港澳大湾区发展引擎。因此，北部都会区迫切需要深港深化合作，创新合作体制机制。目前，粤港澳平台的合作机制各有不同（见表10-3），其中，2021年9月发布的《横琴粤澳深度合作区建设总体方案》，创造性地构建了"粤澳共商共建共享共管"的合作模式，并成立粤澳联合管理实体机构，是粤港澳合作机制的一个重大突破。

表 10-3　粤港澳合作平台和合作机制对比

平台或机制	合作机制
横琴粤澳深度合作区	"粤澳共商共建共享共管"——"管理委员会+执行委员会"架构。横琴粤澳深度合作区管理委员会由粤澳双方联合组建,管委会实行"双主任制",由广东省省长、省委副书记和澳门特别行政区行政长官共同担任。管理委员会下设执行委员会和秘书处,执行委员会下设行政事务局、法律事务局、经济发展局、金融发展局等
前海深港现代服务业合作区	法定机构——前海管理局。前海管理局作为深圳市政府的直属派出机构,按照法定机构运作模式,实行事业单位法人登记、企业化管理的模式。前海管理局享有完整的区域管理权限(主要指经济管理权限,享有非金融领域的副省级城市管理权限),而其他社会管理职能如消防、公安等仍归深圳市南山区政府和深圳市相关政府部门管理
河套深港科技创新合作区	深港专责小组。深港两地政府成立了由深圳市副市长和香港创新及科技局局长共同领导的专责小组,负责河套深港科技创新合作区规划、建设、政策设计及需要争取中央支持事项的协调
港珠澳大桥	"三级架构、两层协调"决策架构。具体包括中央层面的港珠澳大桥专责小组和地方层面的三地联合工作委员会及港珠澳大桥管理局 (1)中央层面港珠澳大桥专责小组——类似企业集团股东会,主要履行中央政府明确的职权 (2)粤港澳三地联合工作委员会——类似企业董事会,对更多涉及内地海洋、国土、工程等方面工作进行三地代表协商并做出决策 (3)港珠澳大桥管理局——实行管理局局长负责制,由局长主持管理局全面工作,并向三地委报告工作
澳门大学横琴校区	具有"租赁"与"管辖"的双重法律属性。租赁是指澳门特区以租赁方式取得珠海横琴澳门大学新校区的土地使用权;管辖是指澳门特区对该校区依照澳门特区法律实施管辖。澳门特区政府支付 12 亿澳门元作为土地使用权租赁对价,性质上为国有土地有偿使用,租赁期限至 2049 年 12 月 19 日
粤港合作联席会议	广东省和香港特别行政区自 1998 年起建立粤港合作联席会议制度,每年一次、轮流在广州和香港举行,由两地行政首长共同主持,旨在全面加强粤港的多方面合作,改善两地在贸易、经济、基建发展、水陆空运输、道路、海关旅客等事务的协调,其下开设 15 个专责小组

资料来源：根据横琴粤澳深度合作区、前海深港现代服务业合作区、香港特区政府政制及内地事务局等网站整理。

可以看到，目前粤港澳合作机制方面存在的问题是没有一个真正的、深港双方人员在一起联合办公的实体机构，并缺少更高层级的统筹和决策机制。未来北部都会区建设，涉及粤港、深港协同，必须要在现有合作机制上有所突破。

4. 粤港澳大湾区框架下推进香港北部都会区建设的政策建议

北部都会区不应也不会是香港"一己之事"，中央、广东省和深圳市的支持也十分关键。北部都会区的研究和讨论在粤港澳大湾区已经非常热烈，积极对接北部都会区建设，成为粤港澳大湾区内地城市推进"双区"建设和"十四五"规划的重要事项。

（1）国家层面：战略性、多层次、多向度支持北部都会区建设。一是建立支持香港北部都会区建设的顶层机制。建议在中央粤港澳大湾区建设领导小组指导框架下，研究成立支持香港北部都会区建设专责小组，定期统筹协调国家部委、广东省政府等与香港特区政府、香港企业及商会协会等，及时协调解决北部都会区建设有关问题。同时，支持深圳用好"双区"建设、《深圳建设中国特色社会主义先行示范区综合改革试点实施方案（2020—2025 年）》和《全面深化前海深港现代服务业合作区改革开放方案》政策，做好相应对接、支持和服务北部都会区建设的有关工作。

二是支持香港与内地继续创新跨境协同发展与治理新模式。例如，在国家"双碳"战略目标架构下，支持香港与内地绿色低碳协同发展，在香港北部都会区推进低碳试点示范，推广碳普惠制试点经验，推动碳标签互认机制研究与应用示范，探索建立"粤港澳大湾区绿色金融标准"和"粤港澳大湾区绿色金融监管框架"；推动深圳河跨境治理，统一制定符合国际最高标准的水环境治理标准；健全深港垃圾处理协同机制，以共商共建共享共管方式处理废弃物垃圾；支持深港大气污染、固体废物联防联控，建立科学通报预警的协调机制等。

三是支持内地企业、在港中资企业或机构深度参与北部都会区建设。支持在港中资企业或机构深度参与北部都会区建设，深度参与新田科技城等项目建设，推动内地研发机构前来设立研发中心和创新中心等。支持在港中资企业或机构参与北部都会区住房建设。在具体项目上，可以考虑采用 BT（Build-Transfer）方式，即建设—移交模式，在基建时期将项目的开发建设权交给内地基建企业，并采用香港的基础设施建设标准；建设完成后移交给香港特区政府进行运营和管理，发挥两地各自优势。

（2）湾区层面：以规则机制深度对接深化粤港、深港合作。一是创新粤港合作机制。首先，在战略和长远层面，应抓住香港建设北部都会区的契机推动粤港合作升级，打造大湾区融合发展的新标杆。可考虑争取中央支持，借鉴横琴粤澳深度合作区做法，设立以"深圳口岸经济带+香港北部都会区"为空间载体的粤港深度合作区，全面响应北部都会区建设。其次，应在粤港合作框架协议、粤澳合作联席会议制度以及粤港两地重点部门（如法律部门、金融部门、科技部门等）之间的联席会议制度等机制下，将北部都会区建设有关工作列为年度重大合作事项，予以加快推进。最后，在一些重点城市如深圳、广州、珠海等与香港建立的高层会晤制度框架下，加快建设北部都会区，制订年度重点工作清单。

二是率先推进口岸"无缝联通"。口岸是所有要素集聚和流动的枢纽。应统筹协调粤港边界地区开发建设，共同制定时间表和路线图。加快完善粤港两地交通和口岸设施"无缝联通"，加快智能口岸建设，在"一地两检"机制上探索便捷通关新模式，加快建设河套深港科技创新合作区跨境专用口岸，在河套深港科技创新合作区探索人员货物等自由流动的特殊通关机制。借助罗湖口岸、莲塘/香园围以及未来的皇岗口岸，打造口岸经济节点，助力北部都会区建设。

三是创新深港科技创新合作模式。首先，创新河套深港科技创新合作区管理组织架构。建议负责港深创新及科技园的科技园附属公司（港深创新及科技园有限公司），以及负责深圳园区开发建设的公司（深港科技创新合作发展有限公司）成立合资公司，共同负责深圳侧 3 平方千米和香港侧 1 平方千米的管理。远期可视香港特区政府对北部都会区规划情况，增加香港投资方，共同负责北部都会区科技园区，如新田科技城的开发建设和运营管理。其次，建设深港跨境科研机构。借鉴美国博德研究所和英国弗朗西斯·

克里克研究所的做法和经验，由香港高校（如香港大学、香港科技大学、香港中文大学等）牵头，与深圳高校和科研机构（如深圳先进技术研究院等）合作，充分利用 Health@ InnoHK 等平台和设施，共同建立跨境大型科研机构，独立于成员院校运营，在财政管理、日常运营和科研方向方面可以独立自主，专注研究前沿科学以及仍未解决的重大科学问题。最后，建立由深港两地政府共同出资的深港科技创新合作专项基金，共同组建专业化、市场化基金投资管理团队及专家队伍，开展项目孵化、项目筛选等。未来可以充分吸纳社会资本包括港澳资本进入基金，推动基金与深港双方科创资源链接打通，如大学、实验室、企业、科研机构等。

四是将河套深港科技创新合作区打造成为"科技特区"，率先探索科技创新要素自由流动。河套深港科技创新合作区的战略定位是深港科技创新开放合作先导区和国际先进科技创新规则试验区，致力于立足国家整体科研布局和粤港澳大湾区科技产业发展需求，构建最有利于科技创新的政策规则体系，集聚世界一流的创新要素，打造粤港澳大湾区国际科技创新中心重要极点。首先是推进科研要素自由流动。科研人员通关方面，通过皇岗口岸一号通道以及规划建设的河套深港科技创新合作区跨境专用口岸，运用人脸识别等先进技术，争取"港车北上"至深圳等政策，便利港澳及国际科研人员进出深圳园区。科研物资通关方面，争取国家海关支持，构建一套符合科技创新发展需要的海关特殊监管政策体系，采用企业"白名单"机制，对于登记备案的企业，其自用设备等免征关税、快速通关。科研资金跨境方面，争取中国人民银行、国家外汇管理局等支持，对于投资河套合作区内项目的科研资金跨境，无论是政府基金还是市场资金，均实行自愿结汇等特殊政策。科研数据跨境方面，参考南沙区和横琴区的做法，在河套合作区建立科研数据跨境监管框架，便利两地高校、科研机构、科技企业等数据沉动。其次是加快科研管理制度国际对接。在河套合作区试行项目立项、资金使用、人员激励等适用于香港或国际的规则，赋予科研人员更大的自主权。最后是探索科学研究高度开放。在生物科技等领域，在符合国家法律法规的条件下，最大限度地放宽港澳及国际机构和人员从事基因、细胞等的研究限制。

五是率先引入大湾区龙头科技企业进入北部都会区发展。长期以来，香港产业结构狭窄导致本地企业和机构缺乏动力投入科研，而创新科技产业本身发展的主体是企业。粤港澳大湾区特别是深圳，企业是科技创新发展的绝对核心和引擎。因此建议率先引入粤港澳大湾区大型龙头科技企业作为"锚"，为这些企业提供土地、人才、服务等要素跨境高效便捷流动特殊安排等配套支持，从而带动上下游企业在北部都会区快速形成产业集群效应和产业生态圈。

（3）香港层面：多维多策推进北部都会区规划实施。一是细化北部都会区建设内容。香港特区政府需要落实《北部都会区发展策略》提出的"设立一个高层次的政府专责机构"事项，尽快成立该专责机构，统领和指导各相关局署，积极主导推进整个北部都会区的规划、设计及建设。当务之急，该专责机构可考虑联合国家、广东省、深圳市和香港本地有关部门、智库等机构，研究和制定北部都会区发展规划纲要，细化有关内容，明确时间表和路线图。

北部都会区发展规划纲要的制定，首先，要站在国家发展全局和粤港澳大湾区发展所需来考虑，坚持"国家所需，湾区所向，香港所长"，将香港优势融入国家和湾区发展大局，巩固和提升香港的功能地位。其次，要加强与《粤港澳大湾区发展规划纲要》、国家"十四五"规划、广东省和深圳市"十四五"规划等文件的衔接，实现规划协同。最后，要集思广益，最大限度地调动社会各界的参与度和积极性，特别是科技企业、高校、社会智库等机构。

二是提高规划建设效率。一方面，香港特区政府可考虑修订城市规划条例，简化城市规划流程，加快规划建设进度；另一方面，创新收地模式，统一以香港《收回土地条例》进行大规模收地，配合北部都会区发展。目前，香港特区政府收回土地（resumption of land）模式分为两种：一是通过"传统新市镇发展模式"在指定范围内收回大批土地进行发展；二是根据指定公共工程（public works）项目的需要，征用所需土地以开展有关公务计划。因此，建议依照《收回土地条例》规定（见表10-4），行政长官会同行政会议决定，将北部都会区指定发展区域统一划作"公共用途"并做出清晰用途说明。同步进行规划工作与收地准备工作（根据《收回土地条例》，法例并没有要求收地前必须就有关土地作详细研究、规划并安排土地用途），以加快规划建设效率。

表 10-4　香港《收回土地条例》关于收回土地作为公共用途的规定

条目	规定内容
第 3 条"收回土地作公共用途"	每当行政长官会同行政会议决定须收回任何土地作公共用途时，行政长官可根据本条例命令收回该土地
第 4 条"公告"（1）	凡发出命令以收回土地，须在宪报刊登中英文公告，说明该土地须作公共用途及将予收回
第 19 条"收地公告作为证据的效力"	在任何收地公告内，如述明须收回该土地作公共用途，即已足够，而无须述明该土地须用作某特定用途；而载有该项陈述的公告，须作为该项收回是作公共用途的确证

三是制定系统支持政策，打造产业生态圈。北部都会区要集中精力发展科创产业，必须关注几个痛点，包括政府产业发展主动性主导性不够、科技人才缺失、科技企业能级不足等，从而导致整个科创生态圈尚未建立。因此，需要制定系统支持政策，包括产业政策如招商政策、研发支持、税收优惠、办公场地、资源对接等，人才政策如签证便利、科研成果转化、高端人才特惠政策及现金和非现金奖励、住房、教育等配套政策，对金融机构、中介服务机构的吸引政策，以及与深圳等内地科技企业合作的政策等，全面提升北部都会区对企业和人才的吸引力，打造立足北部都会区、面向大湾区、连接全世界的国际一流创新科技生态圈（见图 10-1）。此外，北部都会区的产业政策要与广东省、深圳市有关产业政策对接协同，避免"政策打架"，人为制造"政策洼地"，出现恶性竞争等现象。

（4）结论。《北部都会区发展策略》提出，通过 20 年时间基本建成北部都会区，推动香港与深圳共同发挥粤港澳大湾区"双引擎"的功能，建设香港成为国际创新科技中心，并为香港市民打造一个宜居宜业的美好家园。可见，北部都会区的建设，是一个系统性、长期性和复杂性的重大工程，需要香港特区政府正视各种挑战，调整规划建设有关的法规、制度和政

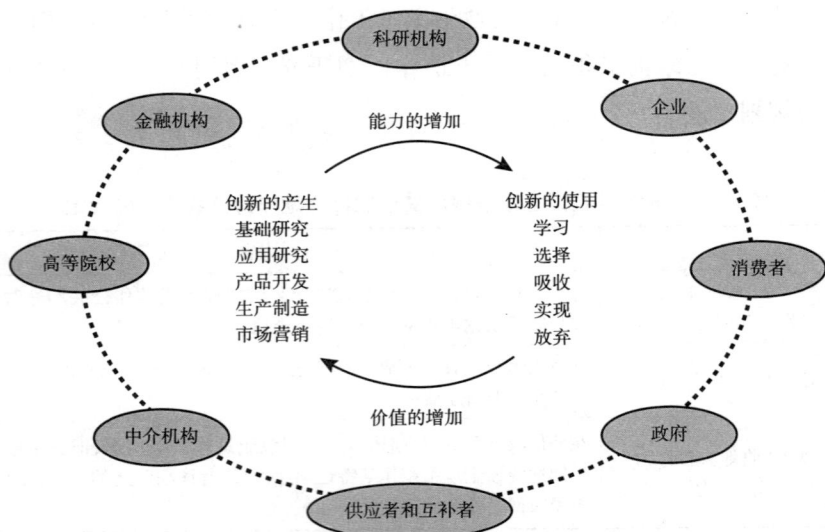

图 10-1　北部都会区创新科技生态圈构想

资料来源：陈远志、张卫国《粤港澳大湾区科技金融生态体系的构建与对策研究》，《城市观察》2019 年第 3 期，第 20~35 页。

策，强化统筹和执行力度。同时也需要中央大力支持，需要广东省和深圳市积极响应和全力支持，推动政策、资金、企业、机构、人才等要素资源向北部都会区集聚，同时打通香港与内地两个市场，逐步实现区域经济一体化发展，为粤港澳大湾区高质量发展提供引擎动力。

（三）打造粤港澳大湾区科技创新枢纽和节点

以深圳光明科学城、东莞松山湖科学城、广州南沙科学城、横琴合作区等重大平台为载体，打造粤港澳大湾区科技创新枢纽和节点，形成以点带面、协同联动发展格局。[①]

1. 深圳光明科学城

光明科学城作为大湾区综合性国家科学中心先行启动区，应立足全球视

---

① 部分关于深圳光明科学城、东莞松山湖科学城、广州南沙科学城、横琴合作区等平台的发展重点的内容，来自这些平台的总体规划、空间规划或者国家出台的文件。

野，服务国家战略，充分发挥粤港澳大湾区国际化、市场化程度高的优势，依托世界级重大科技基础设施集群，以信息、生命、新材料领域关键共性技术、前沿引领技术、颠覆性技术创新为主攻方向，协同推进科技创新、产业创新、体制机制创新、运营模式创新和开放共享创新，打造世界级大型开放原始创新策源地、粤港澳大湾区国际科技创新中心核心枢纽、综合性国家科学中心核心承载区、引领高质量发展的中试验证和成果转化基地、深化科技创新体制机制改革的前沿阵地。

光明科学城重大科技基础设施采用"地方政府投资、市场化融资、多元投入"的资金投入模式，走出一条"政府主导、平台统筹、市场化运作"的新路。建成的重大科技基础设施归"政府所有、统一运营"，由成立的光明科学城发展建设公司负责运营管理，承担光明科学城重大科技基础设施投融资、建设、运营、科技成果转化工作，实现集约化运行和最大限度的开放共享。

下一步，需要重点引入国家战略科技力量，加快组建由顶尖科学家、企业用户代表、科研机构管理者等组成的光明科学城战略咨询机构，为光明科学城未来发展提供前瞻性、战略性意见。

2. 东莞松山湖科学城

松山湖科学城作为大湾区综合性国家科学中心先行启动区，首先，需要加强与深圳光明科学城的协同，在规划、政策、大科学设施、体制机制等方面强化两个启动区之间的联动。

其次，要立足东莞、大湾区和国家战略发展需要，在信息、生命、新材料领域，建成一批全球领先、开放共享的重大科技基础设施、前沿科学交叉研究平台、工程化和检验检测平台，孕育出若干世界一流大学和科研机构，形成高效灵活的创新体制机制，实现一批关键核心技术的群体性突破，产出一批具有广泛国际影响力的前沿引领技术、现代工程技术、颠覆性技术创新成果，孵化培育出一批新产业、新业态、新模式，在信息、生命、新材料领域的战略必争方向形成独特优势，成为全球具有重要影响力的科学城。

最后，要朝着建设具有全球影响力的创新资源集聚地方向发展。要推动人才链与创新链、产业链有机衔接，构建"科技＋金融＋人才"的创新新生态，推动人才政策更加开放，科技交流更加顺畅，集聚全球顶尖企业和机构。

3. 广州南沙科学城

要发挥广州南沙产业基础雄厚、腹地空间广阔的优势，立足国家赋予南沙的战略定位，打造成有全球影响力的原始创新策源地。聚焦海洋、能源、信息、生命、空天等领域，建设设施先进、学科交叉的世界级重大科技基础设施集群，支持产学研等创新主体依托重大科技基础设施集群布局建设一批前沿交叉研究平台，支持建设一批世界一流科教融合创新主体，支持空天海洋、能源资源、人工智能和生命健康等领域国家重点实验室在南沙科学城开拓发展新空间，使其成为大湾区综合性国家科学中心主要承载区。

产业发展方面，聚焦海洋、新一代信息技术、新能源汽车、生命健康、航空航天等南沙科学城优势特色领域，把握新技术革命和产业变革重大机遇，加快培育高成长型创新创业企业，超前谋划布局一批未来产业，打造具有全球影响力的战略性新兴产业集群，打造粤港澳大湾区战略性新兴产业高质量发展新引擎。

港澳及国际科研合作方面，要加快创建南沙国际化人才特区，健全人才服务体系，集聚造就战略科技人才和科技领军人才，成就高水平中青年和后备科技人才，努力成为世界一流科技创新人才高地。全方位打造广州协同创新网络，高标准建设粤港澳合作创新圈，高起点构建全球合作创新网络，打造世界一流全球开放创新高地。

4. 横琴粤澳深度合作区

围绕"促进澳门经济适度多元发展"这条主线，加快培育发展科技研发和高端制造产业。一是培育产业集群生态。发挥澳门集成电路创新资源和国际窗口优势，携手珠海金湾区、高新区等周边地区构建"芯片设计—晶圆制造—封装测试—终端应用"一体化产业生态；联合攻关人工智能核心技术，开展智能医疗、智能政务等"AI＋"创新应用示范，培育下一代互联网产业集群。

二是加快澳门科研成果在横琴转化。发挥澳门高校的电子集成电路的基础研究能力较强等优势，打造科技成果转化的跨境中介平台，共同建设专业化技术转移机构。发挥澳门大学、澳门科技大学等院校的产学研示范基地的作用，依托微电子、中医药、转化医学等研发中心，促进技术创新与成果转化。

三是强化科研要素跨境便捷流动。建设科研数据跨境专用通道，探索允许符合资格的琴澳合作科技企业研发部门之间实现数据共享。创新科研人员对科研成果专利权所有制，鼓励澳门高校教授参与企业合作项目。

附录一　2001~2023年粤港合作联席会议

年份	进程
2001	粤港合作联席会议举行第四次会议。就多项加强粤港合作的事宜达成共识:边境口岸管理、环境保护、东江水质、信息网络互联及香港国际机场和珠海机场的合作。其后签订意向书,在珠三角的南沙合作发展高新技术产业及运输和物流服务。粤港政府亦同意共同注资兴建深港西部通道,预期可于2005年或之前竣工
2002	粤港合作联席会议举行第五次会议。粤港双方将继续以加强制造业、服务业及口岸合作为重点合作内容。联手积极推进"大珠三角""泛珠三角"区域合作推介工作,推进跨境大型基础设施建设和前期工作,推进粤港科技、教育和人才交流与合作。确定下一步双方重点推进以下18个合作事项和合作项目,如粤港携手推进"泛珠三角"区域合作、深化粤港口岸合作、加快推进深港西部通道工程建设、继续推进港珠澳大桥和广深港告诉铁路的前期工作、举办粤港经济技术贸易合作交流会等
2003	粤港合作联席会议第六次会议召开。广东省省长和香港特区行政长官主持会议。双方商讨了在CEPA框架下,如何建立粤港合作新架构新机制,拓展合作新思路,提高合作水平,并确定一批具体合作项目。提出增设粤港发展策略协调小组,拓展合作发展思路,提升"前店后厂"水平,重点加强12方面合作,积极推进港珠澳大桥工程等合作思路
2004	粤港合作联席会议第七次会议召开。对如何进一步抢抓CEPA先机、全面加强粤港合作的有关事宜,进行了深入交流和磋商,双方达成广泛共识,并确定了14个重点合作项目。今后10~20年内,努力实现将包括粤港在内的"大珠三角"建成世界上最繁荣、最具活力的经济中心之一,广东要发展成为世界上重要的制造业基地之一,香港要发展成为世界上重要的以现代物流业和金融业为主的服务业中心之一的目标。要着重做到"三个加强""三个推进":即加强制造业合作,加强服务业合作,加强口岸合作;携手推进"泛珠三角"区域合作和联合推介"大珠三角",推进跨境大型基础设施建设和前期工作,推进粤港经贸、科技、教育和人才交流与合作
2005	粤港合作联席会议第八次会议召开。议题集中在加强粤港服务业合作、支持广东企业到香港发展、加强粤港跨界大型基建项目合作、加强粤港民间合作等14个方面,食品安全、信息合作首次进入双方合作议题

续表

年份	进程
2006	粤港合作联席会议第九次会议召开。决定下一步将重点推动"五个上新水平",即推动经贸合作,民生合作,跨界大型基础设施建设与口岸合作,大珠三角、泛珠三角区域合作,科技教育文化合作上新水平
2007	粤港合作联席会议第十次会议召开。签订了六项协议,涉及服务业、节能环保、社会福利、信息化、知识产权和食品安全等领域。双方同意加快服务业领域的交流合作,充分利用香港在服务业领域的优势以及广东省产业结构调整和产品升级换代的契机,在高端层面实现"对接"
2008	粤港合作联席会议第十一次会议召开。同意进一步拓展与市民息息相关的合作领域,包括跨境大型基础建设及口岸合作、促进两地人流和物流、经贸、环保、创新及科技等范畴
2009	粤港合作联席会议第十二次会议召开。双方同意在落实《珠三角地区改革发展规划纲要》、跨境大型基建及口岸合作、环境保护、经贸、金融、医疗科技、教育、旅游、城市规划及发展等合作范畴取得实质成果
2010	粤港合作联席会议第十三次会议召开。双方同意继续密切协作,并务实创新推动合作,积极争取在1~2年内推动区域合作规划、重点合作区域、金融、教育、医疗、跨界基础设施、通关便利、环保等关键领域取得更大突破和进展。
2011	粤港合作联席会议第十四次会议召开。明确下一步粤港双方将重点推进七个方面合作。着力推动深圳前海、广州南沙等重点合作区建设;深化服务业合作;加强先进制造业合作;加快港珠澳大桥、广深港高速铁路、深港西部快速轨道等跨境基础设施建设和口岸通关便利化;深化医疗卫生、教育、文化产业、食品安全、应急和养老等社会民生领域合作;加大共建大珠三角优质生活圈力度;进一步完善粤港合作机制,提升粤港合作机制化水平
2012	粤港合作联席会议第十五次会议在广州举行。会议主题是回顾总结过去一年粤港合作进展情况,把握粤港合作新机遇,研究部署下一阶段推进落实《粤港合作框架协议》和促进粤港率先基本实现服务贸易自由化的有关工作
2013	粤港合作联席会议第十六次会议在香港举行。双方将突出重点、以点带面。一要扎实推进CEPA实施和服务业对港澳开放、先行先试。二要促进法律、会计、教育培训、质量技术等专业服务领域合作。三要深化金融服务合作。四要拓展在高等教育、医疗服务、文化创意、知识产权、环境保护、社会福利等社会民生领域合作。五要合作推进广州南沙、深圳前海、珠海横琴三大高端平台建设,继续探索深港落马洲河套地区开发模式。同时,全面深化经贸合作,联手推进企业转型升级,加快港珠澳大桥、港深西部快速轨道、莲塘(香园围)口岸等规划建设,深入推进通关便利化,为促进粤港服务贸易自由化创造良好条件

年份	进程
2014	粤港合作联席会议第十七次会议在广州举行。重点推进六个方面合作。一是确保年内率先基本实现服务贸易自由化，争取中央批准在广东率先对港实施"准入前国民待遇加负面清单"管理模式。二是促进法律服务、会计服务、职业培训、规划和建筑等专业服务领域合作。三是深化金融服务领域合作，共同研究通过"沪港通"推动粤港两地股票市场交易，继续推动粤港跨境人民币业务开展，争取国家继续降低香港保险机构进入广东的市场门槛。四是拓展旅游服务、知识产权保护、质量技术等方面商贸服务合作。五是加强社会民生领域合作，支持香港中文大学（深圳）发展建设，将原有的粤港传染病防治交流合作专责小组提升为粤港医疗卫生合作专责小组，拓展社会福利合作、生态环保合作，加强跨界基础设施衔接合作。六是加快推进重点合作平台建设，推进深圳前海、广州南沙、珠海横琴开发建设。两地相关部门签署了《粤港文化交流合作发展规划（2014—2018）》《粤港清洁生产合作协议》《粤港共建新型研发机构项目合作框架协议书》等五份合作协议，大力加强文化、节能、科研等领域的合作
2015	粤港合作联席会议第十八次会议在香港举行。大力度深入推进粤港更紧密合作。一是加快推进广东自贸试验区建设；二是深度推进粤港服务贸易自由化，加强金融、旅游、法律、会计、规划、建筑等专业服务领域合作；三是携手参与国家"一带一路"建设，依托香港国际航运中心、贸易中心、金融中心地位，加快粤港企业联手"走出去"步伐。粤港两地相关部门在会上签署了《粤港食品安全工作交流与合作协议》《加强跨境贸易电子商务合作协议》《粤港知识产权合作协议（2015—2016）》《粤港姊妹学校合作协议》《粤港澳三地搜救机构〈客船与搜救中心合作计划〉互认合作安排》等五份合作协议
2016	粤港合作联席会议第十九次会议在广州召开。重点抓好五大方面的合作：一是深入推动服务贸易自由化，二是携手参与国家"一带一路"建设，三是加快推进广东自贸试验区等重点合作平台建设，四是加强创新创业合作，五是携手推进粤港澳大湾区建设。会后，粤港双方签署了《粤港携手参与国家"一带一路"建设合作意向书》《粤港医疗卫生交流合作安排》《粤港共同推进广东自贸试验区建设合作协议》《2016—2020年粤港环保合作协议》《粤港食品安全风险交流合作协议》《粤港旅游合作协议》《海事调查合作协议》《有关深化旅客卫生检疫联防，服务深港通关便利的合作安排》《粤港质量及检测认证工作合作协议》等九份合作协议
2017	粤港合作联席会议第二十次会议在香港召开。会议指出，双方重点加强六个方面合作：一是共同配合做好粤港澳大湾区规划编制工作，二是推动大湾区产业协同发展，三是深入推进科技创新合作，四是携手参与"一带一路"建设，五是扎实抓好重点合作平台建设，六是持续深化社会民生领域合作
2019	粤港合作联席会议第二十一次会议在广州召开。粤港将重点加强五个方面的合作：一是加快推进交通基础设施互联互通；二是共同打造国际科技创新中心；三是加快推进营商规则衔接，进一步优化营商环境，探索粤港服务贸易全面自由化；四是携手拓展"一带一路"沿线市场；五是共同建设宜居宜业宜游的优质生活圈

年份	进程
2021	粤港合作联席会议第二十二次会议在粤港两地以视频形式举行。双方将加强粤港澳大湾区建设、支持港商拓展内销、金融、法律及争议解决、创新及科技、平安大湾区、医疗卫生、青年发展、教育等领域合作。 粤港双方于会后签署了五份合作协议:《开启"十四五""双循环"商机,深化粤港经贸合作备忘录》《深化粤港澳大湾区投资推广合作备忘录》《粤港马产业发展合作协议》《关于共同促进穗港赛马产业发展框架协议》《大湾区体育项目合作补充备忘录》
2023	粤港合作联席会议第二十三次会议3月21日在香港举行。粤港两地政府同意在创新及科技、金融服务、北部都会区发展、商贸及投资推广、跨境交通及物流、人才、医疗卫生、教育、文化、青年发展、公务员交流等领域,继续稳步推进交流合作。 双方签署了《粤港科技创新交流合作协议》《粤港共建智慧城市群合作协议》《关于深化粤港金融合作的协议》《粤港劳动监察交流及培训合作机制协议》《粤港澳大湾区药品医疗器械安全监管协作备忘录》等一系列合作文件

资料来源:根据香港政制及内地事务局网站整理。

附录二 大湾区城市支持科技创新合作与发展的政策

一 香港出台的支持科技创新合作与发展的政策

近年来，香港特区政府自身以及与内地政府部门合作出台了支持科技创新发展的政策，具体如表1所示。

表1 香港出台的支持科技创新发展与粤港澳科技创新合作的政策

年份	发文部门	政策/文件	内容
2022	创新科技及工业局	《香港创新科技发展蓝图》	100亿元"产学研+1计划"、支援策略产业（新能源汽车、半导体晶片）、新型工业化、成立香港投资管理有限公司、高端人才通行证计划、与科技部成立"香港国际创新科技中心主责小组"等
2021	香港特区政府	《北部都会区发展策略》	（1）连同"引进重点企业办公室"，配合50亿元"策略性创科基金"以及落马洲河套地区港深创新及科技园由2024年起提供的创科土地和空间，聚焦吸引生命健康科技、人工智能与数据科学，以及先进制造与新能源科技等产业的优秀企业和人才落户香港。 （2）加强基建设施。全面落实深港创科园的建造工程，同时加快"北部都会区"新田科技城发展。从2025年起分阶段完成科学园和数码港的扩建工程 （3）转移古洞北新发展区东部部分已规划作商贸及科技园的用地功能至新田科技城
2019	香港特区政府创新科技署	科技券计划	科技券于2016年11月以先导形式推出，旨在资助本地中小型企业使用科技服务和方案，以提高生产力或升级转型。自2019年2月27日起，将科技券纳入为创新及科技基金下一个恒常的资助计划；将申请资格扩展至包括根据《公司条例》在香港注册成立的公司及在本港成立的法定机构（政府资助机构及其附属公司除外）；将每名申请者的资助上限由20万港元增加至40万港元

续表

年份	发文部门	政策/文件	内容
2019	香港特区政府	《财政预算案》	（1）预留55亿港元发展数码港第五期，容纳更多科技公司和初创企业。 （2）预留160亿港元供大学增建或翻新校舍设施，尤其是科研设备，向大学教育资助委员会辖下研究资助局研究基金注资200亿港元，提供研究经费。 （3）推展两个专注"人工智能及机械人科技"和"医疗科技"的创新平台，汇聚世界顶尖院校及机构进行研发合作。 （4）今年推行20亿港元"再工业化资助计划"。 （5）扩大科技园公司"科技企业投资基金"至2亿港元。 （6）拨款8亿港元，支持大学、重点实验室及工程技术中心进行科研及研发成果转化。 （7）把"大学科技初创企业资助计划"每所大学资助上限倍增至800万港元。 （8）提高"研究员计划"下研究员每月津贴，吸引本地毕业生投身创科行业延长"博士专才"及"研究员计划"的资助期上限
2018	香港特区政府	《行政长官2018年施政报告：坚定前行，点燃希望》	（1）香港特区政府财政预算案首次为发展创科额外预留逾500亿港元，用于基础设施建设、科研合作、培育初创企业、推动产业发展等。 （2）提出拨款5亿港元，在未来5年每年举办城市创科大挑战，鼓励社会大众以创科解决与市民生活息息相关的问题，同时提升社会对创科的重视。获选的方案除可获得奖金外，亦可获安排在合适的公营机构试用，以实践和优化方案
2018	香港特区政府创新及科技局	"科技人才入境计划"	计划以先导形式推行，为期三年。首个运作年度引入最多1000名科技人才。计划将首先适用于在香港科技园公司和数码港从事生物科技、人工智能、网络安全、机械人技术、数据分析、金融科技及材料科学的租户和培育公司
2018	中国科学院、香港特区政府	《关于中国科学院在香港设立院属机构的备忘录》	同意安排辖下研究机构分别落户香港特区政府将于香港科学园建设的"医疗科技创新平台"和"人工智能及机械人科技创新平台"。同时，大学教育资助委员会将成立"联合实验室资助计划"，并于2018至2019学年一次过拨款3000万港元，为获中国科学院认可的联合实验室提供研究资助。这些都标志着内地与香港的科研合作迈进新里程，打开新篇章

续表

年份	发文部门	政策/文件	内容
2018	香港创新及科技局、科技部	《内地与香港关于加强创新科技合作的安排》	在港十六所国家重点实验室伙伴实验室正式正名为国家重点实验室，可更具弹性与内地不同科研单位合作
2018	科技部、香港特区政府创新及科技局	《科学技术部与香港特别行政区政府创新及科技局关于开展联合资助研发项目的协议》	将作为未来数年内地与香港共同推动各项创新科技合作的行动指南和纲领，主要在六个范畴中推动两地加强合作，包括：科研、平台与基地建设、人才培养、成果转移转化及培育创科产业、融入国家发展战略，以及营造创科氛围
2018	香港特区政府	《财政预算案》	政府会预留 200 亿港元用作发展落马洲河套地区港深创新及科技园。向创新及科技基金注资 100 亿港元，会预留 100 亿港元支持在香港科学园建设医疗科技创新平台和人工智能及机械人科技创新平台，向香港科技园公司拨款 100 亿港元
2017	香港特区政府	《行政长官 2017 年施政报告：一起同行，拥抱希望，分享快乐》	(1)从八大方面发展创科，为发展创科的工作定下清晰路向。在五年内大幅度增加到每年约 450 亿港元，即将研发开支占本地生产总值的比例由 0.73% 倍增至约 1.5%。 (2)创科局会启动 5 亿港元的科技专才培育计划，训练和会聚更多高素质科技人才，包括推出博士专才库企划，资助企业聘用博士后专才，以及配对形式资助本地企业人员接受先进制造技术，尤其是"工业 4.0"的培训。 (3)将效率促进组归入创新及科技局，亲自主持在政府内部成立的一个"创新及科技督导委员会"
2017	科技部、香港特区政府创新及科技局	内地与香港科技合作委员会第十二次会议	委员会同意于明年启动推荐香港专家进入"国家科技计划专家库"的申请工作，以及积极研究推进香港实验室申请成为国家重点实验室伙伴实验室的遴选新建工作。此外，双方还见证了香港科技园公司获得科技部授牌，成为"国家级科技企业孵化器"，以肯定科技园公司在推动香港初创科技企业孵化和培育而做出的努力
2017	广东省人民政府、香港特区政府、澳门特区政府	《深化粤港澳合作 推进大湾区建设框架协议》	鼓励广东省内科技企业孵化器（众创空间）深化粤港澳台合作，更好地对接港澳台科技创新创业资源，推动粤港澳大湾区发展

年份	发文部门	政策/文件	内容
2017	广东省与香港特区创新及科技局	《粤港科技创新交流合作安排》	进一步推进粤港澳科技联动发展。同时,把粤港高技术合作专责小组升级为粤港科技创新合作专责小组
2017	科技部与香港特区政府	《内地与香港科技创新联合行动计划》	今后两地科技创新合作提供行动指南,促进香港科技创新发展,支持香港建设成为国际创新科技中心
2017	香港特区政府	《香港智慧城市蓝图》	蓝图主要勾画未来五年的发展计划,目标是将香港构建成为世界领先智慧城市,利用创新及科技提升城市管理成效,改善市民生活及增强香港的吸引力和可持续发展
2017	香港创新及科技局、深圳市人民政府	河套区港深创新及科技园发展联合专责小组(联合专责小组)第二次会议	港深双方根据《关于港深推进落马洲河套地区共同发展的合作备忘录》,在会上讨论并确认香港科技园公司(科技园公司)就发展港深创新及科技园成立的附属公司的章程细则,以及附属公司董事人选建议。董事局人数为 10 名。科技园公司会尽快成立附属公司,负责港深创新及科技园的上盖建设、营运、维护和管理
2017	香港创新及科技局、深圳市人民政府	河套区港深创新及科技园发展联合专责小组(联合专责小组)第一次会议	在会上确认联合专责小组的职权范围、运作模式及组成。联合专责小组港方组长为创新及科技局局长,副组长为创新及科技局常任秘书长,港方成员来自发展局、政制及内地事务局、教育局、商务及经济发展局、创新科技署和土木工程拓展署。联合专责小组的职权范围包括:就发展港深创新及科技园的重大事项进行讨论和协商;督导及监察港深创新及科技园的开发进度;向香港科技园公司会成立的附属公司提供意见,及就附属公司董事局人选,向香港特别行政区政府作提名建议
2017	香港特区政府、深圳市人民政府	《关于港深推进落马洲河套地区共同发展的合作备忘录》	发展落马洲河套地区为港深创新及科技园,以创科为主轴,建立重点科研合作基地,以及相关高端培训、文化创意和其他配套设施,吸引国内外顶尖企业、研发机构和高等院校进驻河套

年份	发文部门	政策/文件	内容
2016	香港特区政府	《行政长官 2016 年施政报告》	(1)香港创科发展要向下游出发。香港的科研力量集中在大学。大学的研究成果如何转化为产品，是香港创科事业发展的关键问题。 (2)政府将预留 20 亿港元，成立创科创投基金，以配对形式与私人风险投资基金共同投资。政府将预留 5 亿港元，成立创科生活基金，资助应用创科以改善市民日常生活的项目。 (3)积极推动科技教育，并鼓励更多学生修读科学、科技、工程和数学，即"STEM"的学科教育

资料来源：香港创新科技署。

二　澳门出台的支持科技创新合作与发展的政策

近年来，澳门特区政府自身以及与内地政府部门合作出台了支持科技创新发展的政策，具体如表 2 所示。

表 2　近年来澳门出台的支持科技创新发展与粤港澳科技创新合作的政策

年份	发文部门	政策/文件	内容
2022	澳门特区政府	《2022 年财政年度施政报告》	加快科技产业发展。开展科技产业专题规划，为未来科技产业持续发展绘制蓝图。重组科技委员会，优化委员会下的跨部门合作机制。完善有利于科技成果转化及科技产业发展的体制机制及政策环境，加大力度吸引科技企业、科技人才和科研成果落户澳门，鼓励科技创新和科研成果转化。充分发挥高等院校、在澳国家重点实验室和有关科研力量的作用，推动产学研融合，构建政府引导、企业为主体、产学研紧密协作的科技产业发展体系。持续完善成果转化配套措施，争取国家科技创新资源更多向澳门开放，推动提升原始创新能力。促进数字经济发展，开展中小企科技应用支援措施的前期研究，支持传统中小企业数字化转型

年份	发文部门	政策/文件	内容
2021	澳门特区政府	《澳门特别行政区经济和社会发展第二个五年规划(2021—2025年)》	(1)完善创新科技体系,优化创新发展环境。建立跨部门合作机制,梳理及推进创新科技发展所涉及的法律法规、政策、金融等制度建设,为科创发展形成更有利的政策环境和法治保障;建立科技产业发展相关的统计指标体系,长期跟踪政策成效。 (2)适度引入具相关资格及经验的科创人才;研究有利于科创企业发展的空间载体;结合《从事科技创新业务企业的税务优惠制度》,配套建立科技创新企业评鉴标准,推出科技企业认证制度,并给予配套优惠政策及扶助
2019	澳门特区政府	《2019年财政年度施政报告》	(1)鼓励教学及科研人员申请国家科技项目;运用先进科技全面提升民防信息传播效率;科技是第一生产力,创新是引领发展的首要动力。政府强调以国际视野推动科技创新发展。通过顶层设计和总体布局,建立完整及有层次的科研和科技创新机制,健全科技创新生态体系。成立"建设粤港澳大湾区工作委员会",并下设"科技创新和智慧城市工作小组"。 (2)加强区域科技创新合作,争取在本地合办科研机构。积极参与区域性重大科技基础设施的建设与使用,参与构建区域性的协同创新平台。优化"双创"支持政策,鼓励创业团队创新进取。充分利用澳门"一中心、一平台"的定位优势,融入大湾区科技创新发展,共同打造国际化的创新型城市。 (3)开展部署5G网络前期工作,推动电信营运商完善基础设施建设。推进《电信网络及服务汇流制度》的立法工作,实现"三网融合",为居民提供更优质的流动网络服务
2019	深圳市中医院与澳门科技大学	双方签署合作框架协议	共建澳科大临床教研基地,在临床、教学、科研、人才培养等领域进一步开展深入的合作
2019	中国科学院科技战略咨询研究院与澳门科技大学	签订战略合作备忘录	双方将发挥各自优势,协同开展重点领域发展战略研究,加强创新人才培养与交流,共享信息资源,提升双方科技战略咨询能力,共同筹建"大湾区可持续发展创新政策联合研究中心",并以此为平台,深化双方合作,为国家科技创新发展与大湾区建设提供高质量的研究成果和政策参考

年份	发文部门	政策/文件	内容
2019	澳门科技大学	《粤港澳大湾区多边共治网络技术白皮书》	联合广东省新一代通信与网络创新研究院、香港中文大学、香港中文大学(深圳)、华南理工大学、广东工业大学、北京大学深圳研究生院、东莞理工学院、中国联通研究院、中国电信战略与创新研究院等九家机构，共同发起成立了粤港澳大湾区多边共治网络技术联合实验室，在香港、澳门、广州、深圳等地设立14个节点进行联合试验
2019	澳门科学技术发展基金	高校博士后专项资助计划及高校科研仪器设备专项资助计划说明会	两项计划旨在支持本澳高等院校聘任海内外优秀科技学科的博士来澳全职做博士后研究工作，提升本地高等院校科创新能力。科技基金今年用于项目资助的预算增加至5.35亿澳门元，新增预算用于推出一系列新的资助计划。高校科研仪器设备专项资助计划申请实体同样为本地高等教育机构，无偿资助、预算为一亿澳门元，供本地高等教育机构申请购置科研仪器设备，优先资助新建的国家重点实验室，以及新设立研究而购置的仪器设备。评审标准包括对新建的国家重点实验室、新设立研究学科带来效益，仪器设备的必要性及合理性
2018	澳门科技大学、中山大学、香港大学	签署协议	三方共同建立"粤港澳空间科学联盟"，旨在汇集粤港澳精英大学在空间科学领域的研究力量，促进三地在空间科学领域的交流协作、资源共建共享，以及提升在空间科学领域的合作层次和水平
2018	澳门科技基金、广东省科技厅	《广东省科技厅与澳门科学技术发展基金科技创新交流合作的安排》	进一步落实加强两地的科技创新交流合作。澳门科技基金推出了企业创新研发资助计划，加大力度扶持本澳企业创新创业发展，鼓励企业与内地高校、科研机构等进行创新研发，以产学研合作的方式实现科研成果转化
2018	澳门科技委员会	科技委员会第十六次全体会议	讨论了在澳举行的"第34届全国青少年科技创新大赛"筹备情况，今次是系列赛事第二次移师澳门举行，届时来自海外以及全国各地的学生将一同来澳参与
2018	澳门创新科技中心及东莞滨海湾新区管理委员会	签订合作协议仪式	双方均认同可利用澳门在娱乐、科技的独特优势，在滨海新区设立软件和人才培训及创业中心，加强双方合作

年份	发文部门	政策/文件	内容
2018	科技部和澳门科技委员会	"2018科技周暨中华文明与科技创新展"	在氹仔威尼斯人金光会展D馆一同展出,展场占地约8000平方米。这次展出内容包括本地推动科普的工作成果,科普竞赛、讲座、辩论比赛、创客节、虚拟实景技术论坛等项目
2018	澳门特区政府	《澳门智慧城市发展策略及重点领域建设(咨询文本)》	咨询文本提及要发展健康、公平及包容的社会,鼓励女性进入科技行业
2017	澳门特区立法会	《高等教育制度》	着力培养科技人才,增强科技创新能力;强化基础及应用研究,加强产学研结合,切实提升教学和学术研究水平
2017	科技基金与中国科学技术协会	签署科技合作协议	科技基金将可利用中国科学技术协会的学科和组织优势,推动科技项目评审以及青少年科普等方面的合作,有助于促进澳门的科技进步和科学普及工作,增进两地科技人文交流
2017	广州市科技创新委员会与澳门大学	双方签署合作备忘录	2017年3月,双方签署合作备忘录。澳门大学当年即有9个粤澳科技创新合作项目获得广州市对外合作专项立项资助,广州市财政资金投入1800万元,带动社会投入1800万元
2017	澳门创新科技中心主席与深圳产学研合作促进会	设立"大湾区软件发展中心"	共同设立"大湾区软件发展中心",签订战略合作协议,共同进一步推进大湾区的软件产业发展
2016	国家自然科学基金委员会与澳门科学技术发展基金	《技术合作与交流谅解备忘录》	双方每年开展联合科研资助的相关工作。澳门科学技术发展基金与国家自然科学基金委员会在信息科学、中医中药研究、海洋科学、环境科学、生物科学、新材料科学、管理科学(公共管理与公共政策)等领域共同资助合作研究项目
2016	澳门科技委员会	科技委员会第十四次全体会议	2016科技活动周暨科普成果展、教师科普考察团及学生科普夏令营、"十二五"科技创新成果展的筹备情况等
2015	内地与澳门科技合作委员会	第九次会议	签署《中华人民共和国科学技术部与澳门科学技术发展基金关于开展联合资助研发项目的协议》就内地和澳门联合资助领域、资助经费、申请资格、申请及评审程序及其他与项目有关的事宜达成共识

续表

年份	发文部门	政策/文件	内容
2014	澳门科技委员会	科技委员会第十二次全体会议	汇报了工作组于 2013～2014 年度所完成的工作，举办了"2014 科技活动周暨科普成果展"、教师科普考察团、学生科普夏令营，还组织澳门师生参加了"2014 上海国际青少年科技博览会"。科技中介服务工作组汇报了当年 11 月将在澳门召开的"第十二次泛珠三角区域科技合作联席会议"的筹备情况
2014	澳门科技委员会	科技委员会第十一次全体会议	科普工作组汇报了工作组于 2012～2013 年度所完成的工作，包括举办了"2013 科技活动周暨科普成果展"、教师科普考察团及学生科普夏令营。科技策略与发展工作组报告了工作组举办"澳门科技策略与发展交流工作坊"的情况
2014	澳门科技委员会	科技委员会第八次全体会议	商讨了联合资助科研合作项目、推动国家重点实验室的建设、合作培养葡语科技管理人员、合作举办中药科技领域培训班的安排，继续开展合作培养葡语科技管理干部工作；继续开展科技奖励领域的合作
2013	内地与澳门科技合作委员会	第七次会议	制定了内地和澳门联合资助的实施方案。包括推动建立国家重点实验室、合作举办中药质量鉴定技术研修班、合作培养葡语科技管理人员、推荐参加国家科技奖、共同资助两地科技合作专项的工作进展情况

资料来源：澳门科技委员会、澳门创新科技中心、澳门科学技术发展基金、澳门生产力暨科技转移中心、澳门科技大学等官网。

三 广州出台的支持科技创新合作与发展的政策

近年来，广州市出台了系列支持科技创新发展、粤港澳科技创新合作与发展的政策，具体如表 3 所示。

表 3 广州出台的支持科技创新发展与粤港澳科技创新合作的政策

年份	出台部门	政策/文件	内容
2022	广州市人民政府办公厅	《广州市促进创新链产业链融合发展行动计划（2022—2025年）》	主要实施"六大重点行动"，包括发挥重大创新平台引领产业、围绕重点产业链培育创新型产业集群、开展核心技术攻关、建设专业化科技成果转化孵化载体、完善股权投资基金体系、设立母基金等内容
2022	广州市人民政府办公厅	《广州市科技创新"十四五"规划》	推动广州原始创新能力跻身世界前列、关键核心技术攻关迈上新台阶、成为全球高端人才的"汇聚地"，构建"一轴四核多点"为主的科技创新空间功能布局，在战略前沿与基础研究领域、前沿技术与重点产业领域、城市治理与民生科技领域加强系统部署
2022	广州市科学技术局	《广州市科学技术局进一步支持科技型中小企业高质量发展行动方案（2022—2026年)》	支持科技型中小企业发展，推动科技、金融、财税等政策落实，充分发挥市场机制作用，从优化资助模式、完善政策措施、集聚高端人才、优化创新创业基础条件、培育壮大企业集群等方面，形成支持科技型中小企业研发的制度体系，引导人才、资本、项目、平台等创新要素向科技型中小企业聚集，加快提升科技型中小企业的数量和质量，支持科技型中小企业开展关键核心技术攻关，大幅提升中小企业研发能力，为全市经济高质量发展提供有力支撑，推动高水平科技自立自强
2022	广州市科学技术局	《广州市科学技术局强服务树标杆、提升高新技术企业创新能力行动方案（2022—2026年)》	推动高新技术企业产业核心技术攻关，增加高质量知识产权产出；创新产品，拓宽市场前景；帮助企业对接科技人才，为企业提供政策优惠；围绕科技企业全生命周期，完善"创、投、贷、融"科技金融生态圈和科技金融服务体系；树立高新技术企业创新标杆等内容
2022	广州市科学技术局	《广州科技创新母基金直接股权投资管理实施细则》	在广州科技创新母基金框架内开展直接股权投资，通过有限合伙企业进行，重点投向国家、省、市重点发展的高新技术产业、战略性新兴产业领域为，从事技术产品研究、开发、生产、服务或从事商业模式创新等种子期、初创期科技企业
2021	广州市科学技术局	《广州市2021年推进科技创新领域新型基础设施建设实施方案》	打造汇聚国际创新资源的一流科技创新高地，建设若干具有世界影响力的高科技园区和一批创新新型特色园区；打造顶尖的重大科技基础设施集群雏形，推动重大科技基础设施预研并力争纳入国家发展规划；打造覆盖科技创新全链条的高端创新平台体系，积极创建国家实验室，新增一批国家级科技创新平台

年份	出台部门	政策/文件	内容
2021	广州市人大常务委员会	《广州市科技创新条例》	由市、区人民政府领导本行政区域内的科技创新工作，将科技创新纳入国民经济和社会发展规划，贯彻落实促进科技创新的法律、法规和政策，完善科技创新的制度和机制。依照科技创新链条从基础研究和应用基础研究、技术创新、科技人才、科技经费和科技金融、成果转化、知识产权、区域和国际合作、创新环境等方面做了具体规定
2021	广州市科学技术局、发展和改革委员会、市场监督管理局	《持永久居留身份证外籍人员创办科技型企业试行办法》	持有外国人永久居留身份证（外国人永久居留证）的外籍人员创办科技型企业可获得境内自然人同等待遇，即外籍人员可凭其持有的外国人永久居留身份证（外国人永久居留证）作为创办科技型企业的身份证明，与境内自然人持中国居民身份证作为身份证明创办企业享受同等待遇
2021	广州科学技术局	《广州科技创新母基金管理办法》	广州科技创新母基金是由市政府出资设立，按照市场化方式运作，不以营利为目的的政策性母基金，规模50亿元，重点投向以原创性技术、关键核心技术产业化为主要投资方向子基金
2021	广州市科学技术局	《广州市推动高新技术企业高质量发展扶持办法》	加强高新技术企业认定，鼓励企业加大研发投入、攻关核心技术，对获立项的重点研发计划揭榜挂帅项目给予财政经费支持，引导企业加强自主研发成果知识产权保护，帮助高新技术企业、国家科技型中小企业对接多层次资本市场，以专业服务支持科技企业高质量发展
2021	广州市人民政府办公厅	《关于新时期进一步促进科技金融与产业融合发展的实施意见》	引导金融资源向科技创新领域配置，进一步促进科技、金融与产业融合发展，主要包括加快建设风投创投、提升科技信贷水平、对接多层次资本市场、开展区域科技金融合作、探索科技金融服务联动创新和完善科技金融服务体系等主要内容
2020	广州市科学技术局	《广州市支持科技资源库发展办法》	科技资源库主要指围绕创新驱动发展战略、重点利用生物种质、科技数据等科技资源在广州市级层面设立的专业化、综合性共享服务平台
2020	广州市科学技术局	《广州市推进高水平企业研究院建设行动方案（2020年—2022年）》	培育在行业内具有相当影响力和话语权的高水平研究院，支持企业依托现有研发基础，建设国家级平台，突破产业共性关键核心技术和探索创新管理新模式

年份	出台部门	政策/文件	内容
2019	广州市科学技术局	《广州市合作共建新型研发机构经费使用"负面清单"》	规定了合作共建新型研发机构建设经费使用的负面清单,包括平台硬件、技术研发条件、建设发展运营、人员薪酬、科技成果转化产业化和创新创业投资等方面的主要用途和禁止使用事项
2019	广州市科学技术局、财政局、统计局,国家税务总局广州市税务局	《广州市企业研发经费投入后补助实施方案》	企业研发经费投入后补助采取奖励性后补助一次性拨付经费的方式,由市、区两级财政根据企业上一年度研发经费投入额度分段定额给予补助,最高可补助2000万元
2019	广州市科学技术局	《广州市科技型中小企业信贷风险损失补偿资金池管理办法》	推动银行加大对科技型中小企业的贷款支持,对合作银行为科技型中小企业提供贷款所产生的本金损失进行有限补偿。重点支持具有自主知识产权、较强的创新性和较高技术水平、较好市场前景和经济社会效应的科技型中小企业,优先支持承担国家、省、市科技计划项目的科技型中小企业
2019	广州市人民政府	《关于进一步加快促进科技创新的政策措施》	包括构建高水平科技创新载体,以粤港澳大湾区国际科技创新中心建设为契机,联动推进"广州—深圳—香港—澳门"科技创新走廊;与港澳知名高校共同组建联合研究中心和实验室;面向港澳地区有序开放重大科技基础设施;打造粤港澳青年创新创业基地;面向港澳开放市科技计划(专项、基金),允许港澳高校、科研机构牵头或独立申报市科技计划等内容
2019	广州市人民政府	《广州市加强基础和应用基础研究实施方案》	推进一批高水平实验室和重大科技基础设施相关应用平台建设,促进重大科技基础设施实现开放共享
2018	广州市科技创新委员会	《广州市促进科技金融发展行动方案(2018—2020年)》	推进科技与金融融合,壮大科创企业规模,促进金融机构深度对接科技企业多元化融资需求,鼓励风投创投落户发展,大力发展科技信贷,积极推动科技企业挂牌上市和设立支持科技企业重组并购机制
2018	广州市科技创新委员会	《广州市促进科技成果转移转化行动方案(2018—2020年)》	支持高校、科研机构建立科技成果转移转化示范机构,开展科技成果转移转化试点,优化科技成果转移转化服务体系,加强科技成果转移转化信息共享

续表

年份	出台部门	政策/文件	内容
2018	广州市人民政府办公厅	《广州市鼓励创业投资促进创新创业发展若干政策规定》	支持创业投资类管理企业投资科技型中小企业,投资在穗注册的种子期、初创期科技创新企业
2018	广州市科技创新委员会	《广州市科技企业孵化器和众创空间后补助试行办法》	孵化器和众创空间的补助政策采取奖励性后补助的方式,用于孵化器和众创空间认定奖励和评价奖励
2017	广州市科技创新委员会	《关于加快促进科技中介服务机构发展的若干意见》	促进科技中介服务机构专业化、规范化、国际化发展,推动建立科技评估机构服务标准,扶持技术转移转化机构,发展科技代理机构等
2017	广州市科技创新委员会	《广州市科技计划项目管理办法》	明确科技计划项目管理的各方职责,制定了申报与受理、评审与立项、验收与终止等方面的规则和要求
2017	广州市科技创新委员会、广州市财政局	《广州市科技创新发展专项资金管理办法》	确立了专项资金管理原则,明确专项资金有事前、后补助以及科技金融等支持方式,还规定了项目经费开支范围、拨付与管理等内容
2016	广州市人民政府办公厅	《广州市促进科技成果转化实施办法》	科技成果完成单位享有科技成果及知识产权的使用、处置和收益权。高等学校、科研院所可以自主决定对其持有的科技成果采取转让、许可、作价入股等方式开展转移转化活动,主管部门和财政部门对科技成果在境内的使用、处置和收益分配不再审批和备案。同时建立科技成果的市场定价机制,建立健全科技成果收益分配激励制度,推进公共创新平台和大型科研仪器设备开放共享
2016	广州市科技创新委员会	《广州市科技创新领域简政放权改革方案》	简化科技计划项目管理的程序和环节,减轻企业、大学、科研机构等创新主体和组织负担,同时合理下放科技计划项目管理权限,建立层次分明的管理体系,建立覆盖科技计划项目全周期和全要素的长效监督机制,健全项目跟踪评价机制,提升财政科技经费使用绩效

四　深圳出台的支持科技创新合作与发展的政策

近年来，深圳市出台了系列支持粤港澳科技创新合作与发展的政策，具体如表4所示。

表4　深圳出台的支持科技创新发展与粤港澳科技创新合作的政策

年份	出台部门	文件名称	内容
2022	财政部、深圳市人民政府	《关于支持深圳探索创新财政政策体系与管理体制的实施意见》	支持深入实施创新驱动发展战略。鼓励社会力量向政府科学基金或科技计划捐赠，探索鼓励企业加大科技投入的财税政策。支持深圳探索建立对研究与试验发展经费投入激励机制，吸引和鼓励龙头企业、专精特新企业、社会组织布局投入大型研发项目，加大研发投入。鼓励深圳通过财政资金、市场化经营收入等多元化方式，支持重大科技公共基础设施运营。鼓励深圳建立科学仪器设备开放共享后补助奖励机制，推进大型科研仪器设备和重大科技基础设施共建共享共用。指导深圳深化科研院所运行管理机制改革，分类支持新型研发机构，建立健全与绩效结果挂钩的科研事业单位财政管理制度
2021	深圳市发展和改革委员会	《深圳市国民经济和社会发展第十四个五年规划和二〇三五年远景目标纲要》	高标准建设河套深港科技创新合作区。加强深圳园区与香港园区的规划衔接和发展联动，探索协同开发模式，高标准推进深圳园区建设运营。建立健全深港科技创新协同机制，共建国际一流的科研实验设施集群，共同引进国际顶尖研发型企业，设立联合研发中心
2020	科技部、深圳市人民政府	《中国特色社会主义先行示范区科技创新行动方案》	支持深圳建设国际科技创新城市、建设国际领先的现代产业技术体系、建设国际可持续发展先锋城市和建设科技创新治理样板区
2018	深圳市人民政府	《深圳市重大科技计划项目评审办法（试行)》	评审专家主要由国内外(含港澳)科技界、产业界和经济界高层次人才构成，包括香港、澳门高校和科研机构科学家

续表

年份	出台部门	文件名称	内容
2018	深圳市科技创新委、深圳市财政委	《深圳市"深港创新圈"计划项目管理办法（试行）》	升级深港创新圈项目类别，从原来一类扩展为四类，允许香港公营科研机构单独申报深圳市科技计划项目。项目资金可按照合同规定跨境使用。创新项目实施方式。委托香港公营科研机构承市技术攻关项目，资金不设上限
2018	深圳市财政委员会	《关于改进和加强市级财政科研项目资金管理的实施意见（试行）》	发挥地缘优势，探索基于粤港澳大湾区和广深科技创新走廊的财政科研资金扶持计划，带动区域科技创新协同发展，升级"深港创新圈"计划，市级财政资金可按规定跨境使用
2018	科技部、深圳市人民政府	《部市联动组织实施国家重点研发计划"合成生物学"重点专项框架协议》	双方就进一步做好落实推动工作签署了框架协议补充协议，将结合"合成生物学"重点专项的启动实施积极推动部市联动专项支持粤港澳大湾区的科技协同发展
2017	深圳前海	《深港（国际）创新创业示范基地建设行动计划》	前海深港青年梦工场于2014年12月7日由前海管理局、深圳青联与香港青协三方发起成立，是服务深港及世界青年创新创业，帮助广大青年实现创业梦想的国际化服务平台，包括"前海深港国际区块链孵化器""IDG孵化中心前海总部""港科大蓝海湾孵化港"等孵化项目
2016	深圳市科技创新委员会、深圳市财政委员会	《深圳市"深港创新圈"计划项目管理办法（试行）》	扩大了"深港创新圈"计划项目类别，且新增类别允许资助资金跨境使用，以促进科研资金便利流动，推动粤港澳大湾区产学研融合。"深港创新圈"计划项目包括四类：深港联合资助项目（A类）、深圳单方资助的深港合作项目（B类）、深圳单方资助的委托研发项目（C类）、深圳单方资助的香港研发项目（D类）。其中，B类、C类、D类均为新增项目
2016	中共深圳市委、深圳市人民政府	《关于加快高等教育发展的若干意见》	充分发挥毗邻港澳的区位优势，深化与港澳高水平大学的办学及科研合作

年份	出台部门	文件名称	内容
2016	中共深圳市委、深圳市人民政府	《关于促进人才优先发展的若干措施》	完善深港人才交流合作机制。依托深港青年梦工场博士后交流驿站等平台，开展深港两地人才和项目常态化合作。建立深港联合引才育才机制，每年举办深港行业协会人才合作活动。选聘香港专业人士到前海管理局及所属机构任职。港澳高校学生在前海蛇口自贸片区实习、休学创业或自主创业的，享受与深圳市高校学生同等待遇
2016	深圳市人民政府	《关于大力推进大众创业万众创新的实施意见》	发挥"高交会"海外分会、深港青年创新创业基地等创新创业平台作用，支持创客项目参加香港创新设计展等国内外宣传活动。推动深港共建技术转移中心、国际技术贸易交易平台、创投融资服务平台和科技服务中心，设立面向香港的国家级科技成果孵化基地和深港青年创新创业基地，打造深港科技走廊
2015	深圳市人民政府	《深圳国家自主创新示范区建设实施方案》	支持香港科研组织在前海设立附属机构，探索深港财政资金支持创新服务的新模式。支持发展深港跨境检验检测服务，探索海关监管新模式，为深港两地科技创新提供便利服务。支持设立技术评估、产权交易、成果转化等科技服务机构，支持开展研发及工业设计、分析试验等研发设计服务。建设一批与国家自主创新示范区相适应的高等院校和科研机构，包括香港中文大学（深圳）等。 支持香港科研组织在前海设立附属机构，探索深港财政资金支持创新服务的新模式。支持发展深港跨境检验检测服务，探索海关监管新模式，为深港两地科技创新提供便利服务。支持设立技术评估、产权交易、成果转化等科技服务机构，支持开展研发及工业设计、分析试验等研发设计服务
2014	深圳市第五届人民代表大会常务委员会	《深圳经济特区科技创新促进条例》	加强与香港特别行政区的科技合作，促进两地创新人才、设备、项目信息资源的交流，建立科技资源共享机制

资料来源：深圳市人民政府、深圳市科创委网站等。

五　其他城市出台的支持科技创新合作与发展的政策

（一）佛山

近年来，佛山市出台了系列支持粤港澳科技创新合作与发展的政策，具体如表5所示。

表5　佛山出台的支持科技创新发展与粤港澳科技创新合作的政策

年份	出台部门	文件名称	内容
2022	佛山市人民政府办公室	《佛山市科学技术发展"十四五"规划》	围绕"一区一园一城"区域布局，深化与广深港澳的科技产业创新交流合作，重构优化形成高效联动的科技产业格局
2021	佛山市人民政府办公室	《佛山市科技创新团队资助办法》	科技创新团队分为科学家团队、院士级别团队、领军人才团队、青年拔尖人才团队。经评审入选的科技创新团队将获得市财政专项经费资助，按照资助档次每个分别给予200万~2000万元经费资助
2021	佛山市财政局、科学技术局、人力资源和社会保障局、国家税务总局佛山市税务局	《佛山市关于实施粤港澳大湾区个人所得税优惠政策财政补贴管理办法》	在佛山市行政区域范围内工作的境外高端人才和紧缺人才，其在佛山缴纳的个人所得税已缴税额超过其按应纳税所得额的15%计算的税额部分，给予财政补贴。该补贴免征个人所得税
2020	佛山市科学技术局	《佛山市科技创新券实施方案（2020—2022）》	创新券是指政府将财政科技资金采用后补助方式，支持科技型中小企业向科技服务机构购买技术研发、创新创业、科技金融、检验检测或科技中介咨询等科技创新服务的财政补贴凭证，以电子券形式发放
2020	佛山市科学技术局	《佛山市重点领域科技攻关实施细则（试行）》	重点领域科技攻关重点围绕先进制造业集群，在装备制造、泛家居、汽车及新能源、军民融合及电子信息、智能制造及机器人、新材料、食品饮料、生物医药及大健康等产业领域取得技术突破

年份	出台部门	文件名称	内容
2019	佛山市人民政府	《佛山市全面建设国家创新型城市促进科技创新推动高质量发展若干政策措施》	全面融入粤港澳大湾区国际科技创新中心建设,推动港澳高校、科研机构可申报财政科技创新资金项目,建立科研资金跨境港澳使用机制,减免港澳人才所得税税负等
2019	佛山市科学技术局	《佛山市科学技术局关于促进科技成果转移转化实施细则》	细化了省科技奖培育项目、获得省和国家科技奖配套、佛山市科技成果转化平台、技术合同、国家技术转移示范机构和技术经纪人等资助的资助方式与额度、申请流程、申请条件、申请材料要求等事项
2019	佛山市科学技术局	《佛山市财政科技创新资金管理办法(试行)》	在资金使用方式上,综合采用事前资助、后补助、创投引导、以赛代评等多种形式,提高财政资金使用效益;在资金扶持范围上,除佛山市为企事业单位以外,鼓励市外科研院校、民办非企业单位,以及来自港澳的科研院校,申报和承担佛山市财政科技创新资金项目,引导更多创新资源流入佛山
2018	佛山市人民政府办公室	《佛山市人民政府办公室关于促进科技成果转移转化的实施意见》	推动企业加强科技成果转化应用,建立统一开放的技术市场、实现高校、科研院所的科技成果与企业需求有效对接;推进产学研合作,开展重大科技项目攻关和提升知识产权保护和运用能力等

资料来源:佛山市人民政府网站等。

(二)东莞

近年来,东莞市出台了系列支持粤港澳科技创新合作与发展的政策,具体如表6所示。

表6　东莞出台的支持科技创新发展与粤港澳科技创新合作的政策

年份	出台部门	文件名称	内容
2022	东莞市科学技术局	《东莞市引进战略科学家团队组织实施办法(试行)》	支持东莞大科学装置、高等院校、省级以上实验室或兼有国家企业技术中心、省级以上重点实验室的企事业单位围绕科技前沿和产业重大技术攻关需求引进战略科学家团队

续表

年份	出台部门	文件名称	内容
2021	东莞市科学技术局	《东莞市规模以上企业研发投入后补助资金管理暂行办法》	对研发投入年度增量超过100万元的企业按增量给予一定比例补助
2020	东莞市科学技术局、金融工作局、市场监督管理局	《东莞市深入推动科技金融发展的实施意见》	通过构建多层次、多渠道、多元化的科技投融资体系包括政府产业投资母基金、科技信贷以及专利权质押融资等，为科技创新提供金融支持
2020	东莞市科学技术局	《东莞市科技计划体系改革方案》	按照"基础研究—应用研究—技术创新—成果转化"的创新规律，对科技计划体系进行全链条设计和系统化部署。重点建设六大专项：源头创新专项、平台载体专项、科技人才专项、技术创新专项、企业培育专项和成果转化专项
2020	东莞市科学技术局	《东莞市重点领域研发项目实施办法》	项目主要支持新一代信息技术、高端装备制造、新材料、新能源、生命科学和生物技术五大领域，重点在新一代人工智能、新一代信息通信、智能终端、工业机器人、高端智能制造装备、先进材料、新能源汽车、高性能电池、生物医药、高端医疗器械等十大产业取得技术突破
2020	东莞市科学技术局	《东莞市培育创新型企业实施办法》	实施创新型企业培育计划，以国家高新技术企业为基础，重点遴选不超过100家创新能力强、成长速度快、发展潜力好的高新技术企业评定为百强创新型企业，另选不超过500家城市时间段、爆发性增长的高新技术企业评定为瞪羚企业，构建"百强企业—瞪羚企业—高新技术企业"的创新型企业培育梯队
2020	东莞科学技术局	《东莞市科技特派员实施办法》	科技特派员是指立足基层科技创新和企业发展需求，经东莞市科学技术局，由东莞市科技特派员派出单位派驻到东莞市企业、农村基层开展人才培养、科研指导、技术攻关、产业服务到创新服务的科技人员
2020	东莞市科学技术局	《东莞市科研仪器设备开放共享暂行管理办法》	除涉密仪器设备外，全市高校、科研院所、新型研发机构、企事业单位、社会组织等通过财政拨款购买的单台（套）原值在20万元以上的科研仪器和实验、分析、检验检测、试验设备，在满足本单位使用、科研规定机时外尚有空余机时的，原则上应在全市共享服务平台上开放共享

年份	出台部门	文件名称	内容
2019	东莞市财政局、科技局、人力资源社会保障局、税务局	《东莞市境外高端人才和紧缺人才认定及个人所得税财政补贴暂行办法》	在东莞工作的境外高端人才和紧缺人才,其在东莞缴纳的个人所得税已缴税额超过其按应纳税所得额的15%计算的税额部分,由东莞给予财政补贴,该补贴免征个人所得税
2019	东莞市人民政府	《东莞市人民政府关于贯彻落实粤港澳大湾区发展战略全面建设国家创新型城市的实施意见》	把创新驱动发展作为核心战略,系统构建源头创新、技术创新、成果转化、企业培育等多层次的功能完备、协同高效、开放融合的区域创新体系,打造粤港澳大湾区先进制造业中心和华南科技成果转化中心
2017	东莞市人民政府办公室	《东莞市加快新型研发机构发展实施办法》	新型研发机构是在科技研发、成果转化、科技企业孵化育成、高端人才集聚和培养等方面具有鲜明特色的法人组织或机构
2017	东莞市人民政府办公室	《东莞市引进组建重大公共科技创新平台管理办法》	落实广深科技创新走廊建设战略目标,推动建设国家科技产业创新中心,积极引进国内外创新资源在东莞组建重大公共科技创新平台,加强平台的规范管理和推动平台提质增效
2016	东莞市人民政府办公室	《东莞市专利促进项目资助办法(修订)》	通过对发明专利申请进行资助,激励企事业单位、发明人对创新成果进行专利保护
2016	东莞市人民政府办公室	《东莞市莞港澳台科技创新创业联合培优行动计划(2016—2020)》	瞄准港澳台青年创业联盟、科技园区、高等院所等进行招才引智,率先选取一批科技企业孵化器和众创空间,建立港澳台科技创新创业人才联合培优示范基地,定期赴港澳台组织宣讲交流活动,举办科技创新创业大赛和国际创客嘉年华等大型竞赛和活动
2016	东莞市科学技术局	《东莞市创新创业种子基金绩效评价管理暂行办法》	种子基金绩效评价是指根据种子基金的政策导向和投资领域,运用科学、合理的评价指标、评价标准和评价方法,对种子基金的经济性、效率性和效益性进行客观、公正的评价

资料来源:东莞市人民政府网站等。

（三）珠海

2018 年以来，珠海为促进科技创新而制定的政策也颇具特色。一方面，政策侧重于提升珠海本身的科创能力，如企业研发费用税前加计扣除、打造科技创业孵化载体、引进和培育创新创业团队以及制定产业核心和关键技术攻关方向等内容；另一方面，珠海的政策特别强调与港澳的合作，如设立面向香港的国家级科技成果孵化基地和粤港澳青年创业基地，支持港澳及世界知名高校和科研机构在珠海设立研发机构并享受相关优惠政策，鼓励珠海市创新主体联合港澳机构申报科技课题等内容，充分凸显珠海在政策上十分重视与港澳的科技合作（见表 7）。

表 7 珠海出台的支持科技创新发展与粤港澳科技创新合作的政策

年份	出台部门	文件名称	内容
2022	珠海市科技创新局	《珠海市产业核心和关键技术攻关方向项目实施办法》	重点支持新一代信息技术、新能源、集成电路、生物医药与健康、智能家电、装备制造、精细化工及前沿新材料、高端打印设备、工业软件与基础软件等重点产业集群关键核心技术的攻关及应用示范
2022	珠海市科技创新局	《珠海市异地创新中心认定办法》	异地创新中心是指在珠海市内注册登记并具有独立法人资格的企业在市外建设运营的科技研发机构。采用"异地研发、珠海转化"的模式，吸引市外人才为企业工作，吸收市外优质资源、先进技术、先进装备，帮助企业贴近市场和用户开展产品研发等创新活动，实现在全球范围内配置创新资源
2021	珠海市财政局、科技创新局、人社局、税务局	《珠海市实施粤港澳大湾区个人所得税优惠政策财政补贴管理办法》	在珠海市行政区域范围内工作的境外高端人才和紧缺人才，其在珠海市缴纳的个人所得税已缴税额超过其按应纳税所得额的 15% 计算的税额部分，给予财政补贴。该财政补贴免征个人所得税
2021	珠海市科技创新局、市委组织部	《珠海市创新创业团队管理服务办法》	引进和培育创新创业团队以围绕产业链部署创新链，围绕创新链布局产业链，前瞻布局战略性新兴产业，以培育发展未来产业为导向。推动打造以集成电路、生物医药、新能源、新材料、高端打印设备等五个千亿级产业集群，与智能家电产业形成"5+1"现代化产业格局，引进和培育一批具有国际水平的战略科技人才、科技领军人才、青年科技人才和高水平创新创业团队

年份	出台部门	文件名称	内容
2021	珠海市科技创新局、人民银行珠海中心支行	《珠海市科技信贷风险补偿金管理办法》	风险补偿金鼓励和支持银行机构对具有自主知识产权、有较强创新性和市场前景的科技型中小企业开展信贷业务
2021	珠海市人民政府	《珠海市科技创新"十四五"规划》	提出"十四五"时期珠海市科技创新七大重点任务:积极参与粤港澳大湾区国际科技创新中心建设、夯实服务国家需求的战略科技力量、着力构建完善全链条科技创新体系、全力提升科技支撑经济社会发展能力、培育具有活力的各类创新创业主体、加快集聚高端资源要素推动创新发展、持续建设和完善科技创新治理体系
2020	珠海市人民政府办公室	《珠海市进一步促进科技创新的若干政策》	加强港澳科技创新合作,支持港澳高校、科研机构、企业在珠海设立成果转化基地,鼓励珠海市创新主体联合港澳机构申报省科技厅国际科技合作专题及粤港澳科技合作专题。实施科技创新券政策,对企业和创业者购买优质科技资源和服务发生的费用予以资助
2020	珠海市人民政府	《珠海市人民政府关于进一步促进科技创新的意见》	深入推进珠港澳创新合作,积极对接"广州—深圳—香港—澳门"科技创新走廊,发挥港澳优势吸引集聚国际高端创新资源,共建粤港澳大湾区国际科技创新中心。规划建设珠海横琴创新合作区,推动粤港澳联合实验室、澳门产学研一体国际研究院等高水平创新平台在珠海落地。鼓励港澳地区国家重点实验室在珠海设立分支机构。加强基础与应用基础研究,对接国家和省基础研究重大布局,开展重点领域核心技术攻关,集中突破一批制约产业转型升级的关键核心技术
2020	珠海市科技创新局、财政局	《珠海市科技创新专项资金管理试行办法》	支持从基础研究、社会发展、技术攻关、产学研合作、珠港澳科合作、创新平台和科技孵化载体建设等领域的科技创新活动
2020	珠海市科技创新局	《珠海市珠港澳科技创新合作项目管理办法》	分别对经科技部认定的港澳地区国家重点实验室在珠海设立分实验室、港澳科技成果转化以及粤港澳科技合作项目配套给予资助奖励
2020	珠海市科技创新局	《珠海市高成长创新型企业(独角兽企业)培育库入库管理办法》	积极对接粤港澳大湾区科技创新资源,鼓励商事登记住所暂不在珠海辖区内符合条件的企业参与遴选

年份	出台部门	文件名称	内容
2019	珠海市科技创新局	《珠海市高新技术企业培育专项资金管理实施细则》	对当年通过认定的高新技术企业给予 10 万元补助
2019	珠海市人民政府	《珠海市贯彻落实"省科技创新十二条"政策措施》	积极争取港澳国家重点实验室伙伴实验室落户珠海，支持港澳及世界知名高校、科研机构在珠海设立研发机构并享受相关优惠政策，减轻港澳人才和外籍高层次人才内地工资薪金所得税税负，探索建立市财政科研资金跨境港澳使用机制
2019	珠海市科技创新局	《珠海市科技创业孵化载体管理和扶持办法》	科技创业孵化载体是涵盖众创空间、科技企业孵化器、科技企业加速器等多种形态创业孵化载体的统称。鼓励科技创业孵化载体面向港澳台、国际化、专业化方向发展，对获国家（省）港澳台、国际化、专业化资质的众创空间、科技企业孵化器，市财政对每项资质分别给予众创空间 10 万元、科技企业孵化器 30 万元的奖励
2019	珠海市科技创新局	《珠海市社会发展领域科技计划项目管理办法》	社会发展领域科技计划重点支持包括人口健康与保障、教育类、资源与环境、社会事业与社会安全、安全生产、科技拥军、农业农村以及软科学研究等社会发展领域的科技研发、成果转化及推广应用项目
2019	珠海市科技创新局	《珠海市产学研合作及基础与应用基础研究项目管理办法》	支持珠海市重点产业领域的科技研发合作活动及省重点学科领域的基础与应用基础课题研究工作，鼓励大型科学仪器设备资源共享
2018	珠海市科技和工业信息化局	《珠海市推动高新技术企业树标提质的行动方案（2018—2020 年)》	持续壮大高新技术企业规模、孵化培育科技型中小企业、建立科技型独角兽企业发现机制；完善提升高新技术企业创新能力，落实企业研究开发费用税前加计扣除政策
2018	珠海市科技和工业信息化局	《关于加强科技成果转化和产业化的若干政策措施》	建设一批科技成果产业化基地，推动国内外重大科技成果在珠海转化和产业化，设立面向香港的国家级科技成果孵化基地和粤港澳青年创业基地，将珠海打造成为国家技术转移转化集聚区和跨国技术转移的战略高地

资料来源：珠海市人民政府网站等。

（四）惠州

近年来，惠州市积极出台政策支持科技创新发展，政策主要包括积极参与粤港澳大湾区国际科技创新中心建设、高端人才和紧缺人才的个人所得税优惠、培育创新型企业、扶持新型研发机构、鼓励高新技术企业认定和引进培育科技人才及团队等内容。值得一提的是，惠州在《惠州市科技创新"十四五"规划》中明确提出，全面对接广深科技创新资源。对深方面，提出要建设深圳创新资源首要承接地和科技成果转化地，鼓励惠州高校、科研院所和企业使用深圳重大科技基础设施和科研仪器；对穗方面，提出要大力引进广州高校、科研院所资源，积极对接广州知识城和南沙粤港澳全面合作示范区（见表8）。

表8 惠州出台的支持科技创新发展与粤港澳科技创新合作的政策

年份	出台部门	文件名称	内容
2022	惠州市人民政府	《惠州市科技创新"十四五"规划》	积极融入广深港澳科技创新走廊建设，积极参与大湾区综合性国家科学中心建设，努力打造国家级能源科技创新中心、全面对接广深科技创新资源、全面深化与港澳的科技创新合作，构建更为灵活的合作机制和创新平台建设。加强重点领域核心技术攻关，推进大科学装置建设，建设创新人才高地
2022	惠州市科学技术局	《关于引进培育科技人才（团队）的实施办法》	根据每年的财政预算择优支持一批科技人才项目和团队项目。人才项目包括科技创新领军人才项目、科技创业领军人才项目、优秀青年科技人才项目；团队项目包括科技创新团队项目、科技创业团队项目
2020	惠州市科学技术局	《惠州市创新型企业百强培育发展行动方案（2020—2022年）》	提升创新研发能力，引导开展关键核心技术攻关；促进产学研合作，促进科技成果转移转化；鼓励搭建创新平台，支持企业引才用才。为创新型企业提供金融支持
2020	惠州市科学技术局	《关于促进新型研发机构发展的扶持办法》	新型研发机构一般是指投资主体多元化、建设模式国际化、运行机制市场化、管理制度现代化，具有可持续发展能力，产学研协同创新的独立法人组织。省、市、县（区）政府多级联动，推动新型研发机构建设与发展；鼓励县（区）政府加大对新型研发机构的支持力度

年份	出台部门	文件名称	内容
2020	惠州市人民政府	《惠州市高质量发展高新技术企业实施方案》	鼓励企业申请高新技术企业认定,加强对港澳台及外资企业的引导。引导港澳台及外资企业将研发力量迁入惠州市,每年组织15家以上港澳台及外资企业认定高新技术企业
2019	惠州市人民政府	《关于进一步促进科技创新的若干政策措施》	积极参与粤港澳大湾区国际科技创新中心建设,打造粤港澳大湾区能源产业基地和创新中心,积极对接广深港科技创新走廊;提升产业集群科技创新能力,加强产业关键核心技术攻关;以及加强创新人才队伍建设、构建科技创新平台、培育壮大科技型企业、推动科技成果转化、促进科技金融深度融合和优化科技创新环境等内容
2019	惠州市财政局、科学技术局、人社局、税务局	《惠州市实施粤港澳大湾区个人所得税优惠政策财政补贴管理暂行办法》	在惠州市行政区域范围内工作的境外高端人才和紧缺人才,其在惠州市缴纳的个人所得税已缴税额超过其按应纳税所得额的15%计算的税额部分,给予财政补贴。该补贴免征个人所得税

资料来源:惠州市人民政府网站等。

(五)中山

2016年至今,中山市从多个方面陆续出台了一系列促进科技创新发展的政策。其中,最为细致全面的便是设立各种专项资金政策,主要包括扶持科技攻关、科技金融、科技企业孵化育成体系建设、企业自主创新能力建设和创新平台建设等方面。其余政策还涉及建立知识产权保护重点企业库、积极参与粤港澳大湾区国际科技创新中心建设、境外高端人才和紧缺人才个人所得税优惠以及"1+10"的人才政策体系等内容(见表9)。

表9 中山出台的支持科技创新发展与粤港澳科技创新合作的政策

年份	出台部门	文件名称	内容
2022	中山市人民政府	《中山市加快科技创新推动经济高质量发展十条》	大力实施科技创新"四项工程":产业能级提升工程、创新平台提质工程、创新人才集聚工程、创新生态优化工程

年份	出台部门	文件名称	内容
2022	中山市委组织部、宣传部、教体局、科技局等9部门	《中山市新时代人才高质量发展二十三条》	"人才二十三条"内容主要包括"1+10"人才政策体系,10个子政策,一是3个专门政策,包括子女入学、医疗服务、安居保障。二是7个特聘人才评定方案,包括企业管理、科技创新、卫生健康、教育体育、宣传文化、农业农村、综合领域
2021	中山市科学技术局	《中山市推进科技创新人才集聚项目管理办法》	项目具体资助方式包括高新技术企业育才补助、人才攻坚项目悬赏金补助和科技创新领军人才资助
2021	中山市科学技术局	《中山市科技人才发展专项资金管理办法》	专项资金的主要扶持对象为在中山行政辖区内注册登记,具有独立法人资格,具备健全的财务管理机构和制度,资产及经营状况良好,符合国家、省、市产业发展方向,有较强科技创新能力的企业、事业单位或者社会团体
2021	中山市财政局、科学技术局、人社局、税务局	《中山市实施粤港澳大湾区个人所得税优惠政策财政补贴管理办法》	在中山市工作的境外高端人才和紧缺人才,其在中山市缴纳的个人所得税已缴税额超过其按应纳税所得额的15%计算的税额部分,给予财政补贴。该补贴免征个人所得税
2021	中山市科学技术局	《中山市科技创新"十四五"规划》	围绕打造粤港澳大湾区国际科技创新中心重要承载区和科技成果转化基地"1条主线",围绕优化创新发展空间布局、培育高水平创新主体、构建新型现代产业技术体系、推动开放协同创新、深化科技体制机制改革、优化创新生态环境"6大重点方向"布局科技创新发展主要任务
2019	中山市人民政府	《关于促进科技创新推动高质量发展的若干政策措施》	积极参与粤港澳大湾区国际科技创新中心建设,打造国际科技创新中心重要承载区和创新成果产业化基地,建设重大科技基础设施、建设高水平大学、加强与港澳科技创新合作,允许项目资金直接拨付至港澳机构
2018	中山市科学技术局	《中山市新型研发机构专项资金使用办法》	对通过市级认定的新型研发机构一次性给予50万元的认定补助;对通过省级认定的新型研发机构一次性给予80万元的认定补助
2018	中山市科学技术局	《中山市引进高端科研机构创新专项资金使用办法》	引进高端科研机构创新专项资金专门用于支持国内外科研院所和高校在中山设立高端科研机构,开展科技创新,引进科技创新项目和科技成果转化项目

续表

年份	出台部门	文件名称	内容
2017	中山市知识产权局	《关于建立中山市重点企业知识产权保护直通车制度的工作方案》	建立知识产权保护重点企业库。直通车制度主要包括快速协调保护机制，给予重点企业知识产权保护方面专业的指导意见；海关联动保护机制，重点企业在海关总署备案的知识产权，发现在进出口环节经由中山海关或中山海关以外的关区被侵权的，可由中山海关报请拱北海关联系相应关区进行联动保护等
2017	中山市科学技术局	《中山市科技创新券专项资金使用办法》	创新券分为重点券、一般券、服务券和仪器共享补助券，为进一步引导和鼓励中小微企业增强创新能力而设计发行的一种补助凭证。主要根据主营业务收入和年研发投入规模确定资助类型
2017	中山市科学技术局	《中山市协同创新专项资金使用办法》	专项资金重点支持一是协同创新中心建设，通过认定、重点建设资助和运营补贴的方式，对市级协同创新中心的组建运营和协同创新活动给予支持；二是协同创新业务拓展与软环境建设，择优支持市级协同创新中心以外的其他各类创新主体或者机构开展协同创新活动
2017	中山市科学技术局	《中山市科技信贷风险准备金管理办法》	风险准备金扶持对象是在中山市内注册的科技型中小微企业，包括高新技术企业及其后备企业、上市挂牌企业及其后备企业、民营科技企业、创新型科技企业、承担市级以上科技计划项目的企业、拥有专利成果或其他研发活动证明材料的企业
2017	中山市科学技术局	《中山市高新技术企业发展专项资金使用办法》	补助形式采用事后补助，通过认定的高新技术企业，给予一次性补助20万元等
2017	中山市科学技术局	《中山市科技金融专项资金使用办法》	科技金融专项资金专门用于科技创新创业引导基金、科技贷款风险准备金、知识产权质押贷款风险补偿资金、科技贷款贴息、创新创业大赛补助、科技保险补助、创新基金投资科技项目补助、应用型科技研发与产业化融资补助等事项的专项资金
2017	中山市科学技术局	《中山市科技创新专项资金使用办法》	科技创新专项资金专门用于支持重大科技专项、企业研究开发费补助和工程技术研究中心补助等科技事业发展的专项资金

年份	出台部门	文件名称	内容
2016	中山市科学技术局	《中山市科技发展专项资金管理暂行办法》	专项资金重点扶持范围：科技攻关（重大科技专项、科技成果转化项目等）、科技金融（科技创新创业引导基金、科技贷款风险准备金、知识产权质押贷款风险补偿资金、科技贷款贴息、科技保险补助、创新创业大赛补助等）、科技企业孵化育成体系建设（科技企业孵化器与众创空间补助、风险补偿等）、企业自主创新能力建设（高新技术企业培育及认定补助、科技创新券补助、企业研究开发费补助、工程技术研究中心补助等）、创新平台建设（协同创新项目、新型研发机构建设等）
2016	中山市科学技术局	《中山市科技企业孵化器与众创空间认定管理办法》	引导科技企业孵化器及众创空间的健康发展，提升其管理水平与创业孵化能力，营造科技型创业企业良好的成长环境
2016	中山市科学技术局	《中山市科技企业知识产权质押融资贷款风险补偿办法》	风险补偿资金扶持对象主要是在中山市行政区域内登记注册的企业，符合中山市产业政策和发展方向，包括但不限于知识产权示范企业、知识产权优势企业、知识产权贯标企业、高新技术企业、高新技术后备企业、孵化器内在孵企业

资料来源：中山市人民政府网站等。

（六）江门

江门近年来全力参与大湾区国际科技创新中心建设，科技创新资源不断集聚，先后与香港、澳门特区政府签署《关于推动粤澳共建江门大广海湾经济区的框架协议》《江门香港（澳门）联合参与粤港澳大湾区经贸合作备忘录》等区域性合作文件，并出台支持科技创新和粤港澳科技创新合作的系列政策。如表10所示。

表 10　江门出台的支持科技创新发展与粤港澳科技创新合作的政策

年份	出台部门	文件名称	内容
2022	江门市人力资源和社会保障局、江门市人才工作局	《江门市人力资源和社会保障局江门市人才工作局关于江门市高层次人才认定评定和举荐办法》	高层次人才分为顶尖人才、一级人才、二级人才、三级人才四个层次，并给予相应高层次人才资助
2021	江门市科学技术局	《江门市科技创新"十四五"规划》	加快推进银湖湾滨海地区、广海湾新城等新城平台建设，提升专业化生产和优质生活服务能力，吸引会聚港澳高端人才，带动区域经济一体化发展。探索与港澳整合资源、协同发展新模式，参与建设高水平国际科技创新合作平台
2019	江门市人民政府	《江门市关于加强港澳青年创新创业基地建设实施方案》	包括健全港澳青年就业创业政策体系、加快港澳青年创新创业基地建设、深入推进江门"侨梦苑"建设、深化区域创新体制机制改革、建设"乐业五邑"就业创业综合服务平台等

资料来源：江门市人民政府网站等。

（七）肇庆

近年来，肇庆深入实施创新驱动发展战略、推动高质量发展，积极参与粤港澳大湾区国际科技创新中心建设，并出台有关支持政策。具体如表 11。

表 11　肇庆出台的支持科技创新发展与粤港澳科技创新合作的政策

年份	出台部门	文件名称	内容
2022	肇庆市人民政府	《肇庆市科技创新"十四五"规划》	落实国家和省关于推进粤港澳大湾区科技创新要素便捷高效流动、优化人才引进服务、个人所得税优惠等方面的政策措施，充分发挥肇庆市区位、土地、交通等比较优势，以建设广东省(肇庆)大型产业集聚区为牵引，依托肇庆市科技园区和特色产业园区，主动承接粤港澳核心区高端产业辐射外溢，深化与大湾区城市在产业发展、技术攻关、创业孵化、科技金融、成果转化等领域的协同创新，促进大湾区科技成果在肇庆市集聚、落地、转化，助力打造大湾区西部制造新城。支持大湾区高校科研院所、高水平创新平台在肇庆市设立分支机构，与肇庆市龙头、链主企业共建区域协同创新平台，开放共享创新资源

年份	出台部门	文件名称	内容
2019	肇庆市人力资源和社会保障局	《肇庆市贯彻扶持港澳青年创新创业若干措施实施方案的通知》	加强港澳的扶持力度、加强港澳人才安居保障、加大港澳项目孵化平台资金扶持力度等
2019	肇庆市人民政府	《肇庆新区港澳青年创新创业基地建设实施方案》	来肇创业港澳青年与本市青年同等享受创业培训补贴、一次性创业资助、创业带动就业补贴、租金补贴、创业孵化补贴、初创企业经营者素质提升培训等各项就业创业扶持政策。 加快编纂实施肇庆市港澳青年创新创业扶持政策措施,引导辖内金融机构加大对肇庆新区港澳青年创新创业基地建设以及在孵港澳青年创新创业团队、企业的金融支持;落实《肇庆市促进金融服务业发展的扶持办法》,对落户肇庆市的股权投资机构给予扶持;发挥肇庆市产业投资引导基金作用,引入社会资本设立创投子基金,支持港澳青年初创期、早中期项目;引入粤港澳大湾区优质社会资本,扩大创业担保基金及贴息资金规模,为符合条件的港澳青年在基地创业提供最高本金30万元、最长期限3年的创业担保贷款及贴息支持

资料来源：肇庆市人民政府网站等。

附录三　历届香港特区政府创科发展政策比较

	董建华 1997~2005 年	曾荫权 2005~2012 年	梁振英 2012~2017 年	林郑月娥 2017~2022 年	李家超 2022 年至今
组织架构	1999 年 11 月成立创新及科技基金，2002 年 7 月成立工商及科技局	改组工商及科技局，科技归入经济发展局	2015 年成立创新及科技局	成立智慧政府创新实验室，创新及科技督导委员会	改组创新及科技局为创新科技及工业局
公共服务	推行公共服务电子化计划	推动构建政府云端运算平台及公共云端运算服务	推出公共资料入门网站	公布开放数据计划，持续优化公共资料入门网站；加快发展"空间数据共用平台；开设医疗大数据分析平台；开发香港人工智能及数据实验室，推出"个人数码身份"	推行公共服务电子化计划，推动构建政府云端运算平台及公共云端运算服务推出公共资料入门网站。公布开放数据计划，持续优化公共资料入门网站；加快发展"空间数据共用平台；开设医疗大数据分析平台。 空间数据具有巨大发展潜力。政府通过已建立的空间数据共用平台，提供一个可视化城市空间数据平台，让数字李生城市加速发展，供各政府部门所提供的空间三维数据集，供公众免费使用，发放各政府部门数据网、人口和估值统计、智能划、地政、三维行人道路网，涵盖规咪表泊车位的分布和使用情况等

续表

	董建华 1997~2005 年	曾荫权 2005~2012 年	梁振英 2012~2017 年	林郑月娥 2017~2022 年	李家超 2022 年至今
支持研发	政府与私人等额出资提供创业资金（应用研究资金），设立香港应用科技研究院	成立了 5 所研发中心、推出"投资研发现金回赠计划"、增加聘用科学及工程学系毕业生的津贴金额	引入麻省理工创新节点（MITInnovation Node），引入瑞典卡罗林斯卡医学院（Karolinska Institute）在港设立海外研究中心、成立投资创业基金及创投基金	增加对大学技术转移的拨款、"研究基金"注资"研究配对补助金计划"	向研究基金注资以增加专上院校的研究拨款；大学教育资助委员会通过经常补助金及不同的研究拨助计划促进本地大学的研究发展；透过"创新及科技基金"的各项计划资助各类相关的研发项目；成立"InnoHK 创新香港研发平台"促进环球科研合作；以及拨款支持香港生命健康科研发展；透过"低碳绿色科研基金"资助有助推动香港减碳和加强环保科研的项目；透过"医疗卫生研究基金"支援本地医疗卫生研究等
人力资本	准许内地优秀人才来港工作、提供对学校购买电脑的现金津贴、加强电脑资讯科技教师培训、开发学校资讯科技统筹员职位、合并多间科技学院和工业学院、成立香港专业教育学院、购置和发展辅助教学的新电脑软件		推动 STEM 教育，强化"程式编写"及"演算法测试"教育	"科技专才培育计划"，扩大"科技人才入境计划"、提供 STEM 教师培训，研究生补贴	推出"高端人才通行证计划"；放宽"一般就业政策"和"输入内地人才计划"的申请安排；延长"非本地毕业生留港/回港就业安排"至本港大学大湾区校园的毕业生；优化"科技人才入境计划"，撤销聘用本地雇员的要求、延长配额有效期和纳入更多新兴及有潜力的科技范畴；成立"人才服务窗口"，向外来人才提供一站式服务；与"引进重点企业办公室"合作，提供针对性的特别配套措施，吸引优秀创科领军人才带同其业务、投资或科研成果落户香港

续表

	董建华 1997~2005年	曾荫权 2005~2012年	梁振英 2012~2017年	林郑月娥 2017~2022年	李家超 2022年至今
基础设施	合并香港科学园、香港工业邨公司、香港工业科技中心，2003年启用数码港		建设河套区深港创新及科学园，2014年（第三期），落成科学园，为初创企业小型企业提供Smart-Space和工作间等办公室和工作间等设施	开设科学园医疗科技和人工智能创新平台，建设将军澳数据技术中心，进行智慧城市基建	
政府采购				改变采购制度	改变采购制度，加大公私合作，更多资助中小型企业推广创新产品和服务。
公私合作	资助小型企业推广创科产品和服务		推动金融科技，包括发出储值支付工具，推动三创（创意、创新及创业）发展	政府会透过合适的私募股权投资机构作为伙伴进行相关大投资，丰富现有多种资助计划来发展创科界别和市场，以协助正在迅速发展的创科初创（包括的创科园公司。科技园公司亦会成立"大湾区创科快线"，全方位培育创科，以及支持企业"引进来，走出去"。	政府会加强透过现有各个平台，包括"智慧政府平台""创新科技协作平台""新实验室"及机电工程署的"创科业办""创新及应用科技日"，积极联系政府部门与创科业界，特别是本地初创企业及中小企，并继续举办"创新及应用科技日"，以引入和应用本地初创企业及中小企的创新科技产品及方案，促成更多业务配对，实现双赢。同时，政府会继续透过"公营机构试用计划"协助本地创科企业在公营机构试用其新研发的创科产品及方案，支持更多本地研发的创科产品及成果商品化

续表

	董建华 1997~2005 年	曾荫权 2005~2012 年	梁振英 2012~2017 年	林郑月娥 2017~2022 年	李家超 2022 年至今
金融税费	推出港交所"创业板"股票市场		推出科技券	推出科技税务优惠；新增本地企业的研发开支额外扣税	
法律配套				检讨《个人资料（私隐）条例》，创造测试自动驾驶技术的场境	

资料来源：根据香港特区政府网站及相关公开资料整理。

参考文献

1/6 图片工作室，2022，《伦敦如何跻身全球科创一线城市?》，微信公众号"TOP 创新区研究院"，https：//mp. weixin. qq. com/s/l_ sf - 5Th80SiEZ0yb4T9Ow。

1/6 图片工作室，2022，《一次读懂! 东京湾区的百年沉浮（上篇）》，微信公众号"丈量城市"，https：//mp. weixin. qq. com/s/8JQ3XzKic0bz1 ThpO6T-wQ。

〔美〕安索夫，2015，《战略管理》，邵冲译，机械工业出版社。

澳门统计暨普查局，《2019 统计年鉴》，https：//www. dsec. gov. mo/zh-MO/Home/Publication/YearbookOfStatistics。

鲍悦华，2022，《科技创新共同体建设的六大维度》，微信公众号"爱科创"，https：//mp. weixin. qq. com/s/cmMP1f9ZOZnnhEBQs7sECg。

邴缌纶、毛艳华，2017，《粤港科技创新合作机制研究》，《科学管理研究》第 5 期。

曹方、王楠、何颖，2021，《我国四大综合性国家科学中心的建设路径及思考》，《科技中国》第 2 期。

曹小曙，2019，《粤港澳大湾区区域经济一体化的理论与实践进展》，《上海交通大学学报》第 5 期。

陈广汉、刘洋，2018，《从"前店后厂"到粤港澳大湾区》，《国际经贸探索》第 11 期。

陈健、高太山、柳卸林、马雪梅，2016，《创新生态系统：概念、理论基础与治理》，《科技进步与对策》第 17 期。

陈娟、周华杰、樊潇潇、杨春霞、李玥，2016，《美国能源部大科学装置建设管理与启示》,《前沿科学》第 2 期。

陈娟、周华杰、樊潇潇、杨春霞、李玥、曾钢、彭良强、杨为进、林明炯,2016,《重大科技基础设施的开放管理》,《中国科技资源导刊》第 4 期。

陈强、王浩、敦帅,2020,《全球科技创新中心:演化路径、典型模式与经验启示》,《经济体制改革》第 3 期。

陈诗波、陈亚平,2022,《我国建设世界科技创新中心的国际比较研究》,《科学管理研究》第 5 期。

陈世栋,2018,《粤港澳大湾区要素流动空间特征及国际对接路径研究》,《华南师范大学学报》第 2 期。

陈文理、何玮,2019,《粤港澳大湾区教育和人才合作机制研究》,《江汉大学学报》第 6 期。

陈远志、张卫国,2019,《粤港澳大湾区科技金融生态体系的构建与对策研究》,《城市观察》第 3 期。

崔丹,《从硅谷到伦敦东区:如何打造创新风向标》,《光明日报》2022 年 4 月 14 日。

崔丹,《英国东伦敦科技城:欧洲成长最快的科技枢纽》,《光明日报》2022 年 11 月 9 日。

丁焕峰、周锐波、刘小勇,2021,《粤港澳大湾区国际科技创新中心建设:战略定位与政策路径》,华南理工大学出版社。

东莞市科学技术局,2022,《2021 年工作总结及 2022 年工作计划》,http://dgstb.dg.gov.cn/xxgk/ghjh/content/post_3734219.html。

东莞市科学技术局,《东莞市科技创新"十四五"规划》,http://dgstb.dg.gov.cn/attachment/0/91/91089/3781146.pdf。

东莞松山湖高新技术产业开发区管理委员会,2022,《东莞松山湖高新技术产业开发区(松山湖科学城)简介》,http://ssl.dg.gov.cn/zjyq/yqgk/cyfz/。

董新宇、苏峻,2003,《科技全球治理下的政府行为研究》,《中国科技论坛》第 6 期。

杜德斌，2015，《上海建设全球科技创新中心的战略思考》，《上海城市规划》第 2 期。

杜德斌、段德忠，2015，《全球科技创新中心的空间分布、发展类型及演化趋势》，《上海城市规划》第 1 期。

杜德斌、何舜辉，2016，《全球科技创新中心的内涵、功能与组织结构》，《中国科技论坛》第 2 期。

杜德斌、祝影，2022，《全球科技创新中心：构成要素与创新生态系统》，《科学》第 4 期。

樊春良，2020，《科技举国体制的历史演变与未来发展趋势》，《国家治理》第 42 期。

房超、班燕君，2021，《美国虚拟国家实验室协同创新机制——跨学科、全链路的灵活协同创新模式及启示》，《科技导报》第 20 期。

冯锋、王良兵，2011，《协同创新视角下的区域科技政策绩效提升研究——基于泛长三角区域的实证分析》，《科学学与科学技术管理》第 12 期。

佛山市科学技术局，2022，《佛山市科学技术发展"十四五"规划》，http：//fskjj. foshan. gov. cn/attachment/0/257/257042/5462734. pdf。

佛山市科学技术局，2022，《佛山市科学技术局 2021 年工作总结及 2022 年工作计划》，http：//fskjj. foshan. gov. cn/2018/zwgk/03/01/content/post_ 5265537. html。

佛山市人民政府，2023，《2022 年佛山市国民经济和社会发展统计公报》，http：//www. foshan. gov. cn/attachment/0/326/326840/5585607. pdf。

官华、唐晓舟、李静，2013，《粤港政府合作机制的变迁及制度创新》，《当代港澳研究》第 4 期，第 96～109 页。

广东省科学技术厅，《广东省科技创新"十四五"规划》，http：//gdstc. gd. gov. cn/zwgk_ n/jhgh/content/post_ 3625232. html。

广东省科学技术厅，《科技数据发布应用平台》，http：//sjfb. gdstc. gd. gov. cn/sjfb/#/index。

广东省人民政府，《2022 年粤澳合作联席会议召开 王伟中贺一诚出席会议并作主题发言》，http：//www. gd. gov. cn/xxts/content/post_ 4013342. html。

广东省人民政府，《广东省制造业高质量发展"十四五"规划》，http：//www. gd. gov. cn/attachment/0/438/438152/3496256. pdf。

广东省人民政府港澳事务办公室，《粤港合作框架协议》，http：//hmo. gd. gov. cn/kjxy/content/post_ 42447. html。

广东省统计局，《广东统计年鉴 2022》，http：//tjnj. gdstats. gov. cn：8080/tjnj/2022/directory/22/html/22-01-1. htm。

广东统计信息网，2013，《2012 年广东科技投入情况分析》，http：//stats. gd. gov. cn/tjfx/content/post_ 1435151. html。

广州市发展和改革委员会，《广州南沙科学城总体发展规划（征求意见稿）》，http：//fgw. gz. gov. cn/attachment/7/7019/7019469/7934904. pdf。

广州市人民政府，2022，《广州市人民政府办公厅关于印发广州市科技创新"十四五"规划的通知》，https：//www. gz. gov. cn/zt/jjsswgh/sjzxgh/content/post_ 8085234. html。

广州市人民政府，2023，《2023 年广州市政府工作报告》，https：//www. gz. gov. cn/zwgk/zjgb/zfgzbg/content/post_ 8783131. html。

郭万达、张玉阁、谢来风，2021，《从国家战略高度规划建设河套深港合作区》，https：//www. thepaper. cn/newsDetail_ forward_ 13795953。

胡恩华、刘洪，2007，《基于协同创新的集群创新企业与群外环境关系研究》，《科学管理研究》第 3 期。

华高莱斯，2022，《逆境崛起的以色列"硅谷"——特拉维夫》，微信公众号"丈量城市"，https：//mp. weixin. qq. com/s/iaTDB4BrkMSaugFi- m9nmw。

黄寿峰，2023，《中国式现代化视域中的新型举国体制：演进、内涵与优化》，《人民论坛·学术前沿》第 1 期。

惠州市科学技术局，2022，《惠州市科技创新"十四五"规划》，http：//sti. huizhou. gov. cn/attachment/0/144/144450/4564795. pdf。

惠州市统计局，《2022 年惠州国民经济和社会发展统计公报》，http：//

www. huizhou. gov. cn/hztjj/attachment/0/201/201834/4959479. pdf。

惠州市政府，2023，《2023 年惠州市政府工作报告》，http：//www. huizhou. gov. cn/zwgk/gbjb/zfgzbg/content/mpost_ 4910683. html。

江门市人民政府，2021，《江门市科技创新"十四五"规划》，http：// www. jiangmen. gov. cn/attachment/0/243/243392/2516543. pdf。

江门市人民政府，2022，《2021 年江门市国民经济和社会发展统计公报》，http：//www. jiangmen. gov. cn/attachment/0/223/223633/2570746. pdf。

江门市人民政府，2022，《数说十年，十八大以来江门经济社会发展成就》，http：//www. jiangmen. gov. cn/newzwgk/sjfb/sjkd/content/post_ 2713760. html。

江门市人民政府，2023， 《2023 年江门市政府工作报告》，http：// www. jiangmen. gov. cn/newzwgk/bggb/zfgzbg/content/post_ 2804133. html。

焦豪、杨季枫、应瑛，2021，《动态能力研究述评及开展中国情境化研究的建议》，《管理世界》第 5 期。

焦豪、张睿、马高雅，2022，《国外创新生态系统研究评述与展望》，《北京交通大学学报》第 4 期。

解学梅，2011，《都市圈协同创新机理研究——基于协同学的区域创新观》，《科学技术哲学研究》第 1 期。

李建平，2017，《粤港澳大湾区协作治理机制的演进与展望》，《规划师》第 11 期。

李嫒，2015，《全球科技创新中心的内涵、特征与实现路径》，《未来与发展》第 9 期。

刘成昆、张军红，2019，《澳门创新科技的发展及其产业化》，《科技导报》第 23 期。

刘颖、陈继祥，2009，《生产性服务业与制造业协同创新的自组织机理分析》，《科技进步与对策》第 15 期。

刘云刚、侯璐璐、许志桦，2018， 《粤港澳大湾区跨境区域协调：现状、问题与展望》，《城市观察》第 1 期。

卢光松、卢平，2011，《企业颠覆性技术路线图制定研究》，《科技进步与对策》第 11 期。

卢文彬，2018，《湾区经济：探索与实践》，社会科学文献出版社。

罗伯特·D. 巴泽尔、布拉德利·T. 盖尔，2000，《战略与绩效》，吴冠之、蔡文浩、王智慧、路志凌译，华夏出版社。

马利彬，2018，《颠覆性技术筛选评估重点问题研究》，硕士学位论文，军事科学院。

孟凡臣、孙逢春，2004，《大型 R&D 项目的国际合作联盟关系研究》，《科技导报》第 8 期。

聂永有、殷凤、陈秋玲主编，2015，《科创引领未来——科技创新中心的国际经验与启示》，上海大学出版社。

潘教峰、刘益东、陈光华、张秋菊，2019，《世界科技中心转移的钻石模型——基于经济繁荣、思想解放、教育兴盛、政府支持、科技革命的历史分析与前瞻》，《中国科学院院刊》第 1 期。

潘昕昕，2022，《欧盟大型科研基础设施资助管理的经验与启示》，《世界科技研究与发展》第 3 期。

彭春燕，2015，《日本设立颠覆性技术创新计划探索科技计划管理改革》，《中国科技论坛》第 4 期。

彭芳梅，2017，《粤港澳大湾区及周边城市经济空间联系与空间结构——基于改进引力模型与社会网络分析的实证分析》，《经济地理》第 12 期。

清华大学深圳国际研究生院，《深圳科技创新生态体系研究》，http：//stic. sz. gov. cn/kjfw/rkx/rkxcgsjk/201711/P020171101405201170798. pdf，/2022-02-01。

茹志涛、孙玉明，2019，《法国"格勒诺布尔科创中心"建设经验及启发》，《全球科技经济瞭望》第 7 期。

上海市人民政府，《上海市建设具有全球影响力的科技创新中心"十四五"规划》，https：//www. shanghai. gov. cn/nw12344/20210928/5020e5fdf5ac4c6fb4b219da6bb4b889. html。

深圳市人民政府，《光明科学城空间规划纲要》，http：//www.sz.gov.cn/cn/xxgk/zfxxgj/ghjh/csgh/zxgh/content/post_ 7773724.html。

深圳市推进中国特色社会主义先行示范区建设领导小组办公室主编，2021，《深圳中国特色社会主义先行示范区发展报告（2020）》，人民出版社。

《世界科学城系列总结：美国硅谷》，微信公众号"大公坊 iMakerbase"，https：//mp.weixin.qq.com/s/rzuzHzPpVEBS7k2C7eZUCQ。

世界知识产权组织，2021，《2021 年全球创新指数报告》，https：//www.wipo.int/edocs/pubdocs/en/wipo_ pub_ gii_ 2021.pdf。

苏峻、董新宇，2004，《科学技术的全球治理初探》，《科学学与科学技术管理》第 12 期。

谭慧芳、谢来风，2019，《粤港澳大湾区：国际科创中心的建设》，《开放导报》第 2 期。

团结香港基金，《提速新界城镇化助力香港创新天》，https：//ourhk foun dation.org.hk/sites/default/files/media/pdf/20210706_ NTSUD_ report_ 2021_ C.pdf，2021-07-01/2022-02-01。

拓晓瑞、刘启强、徐久香，2022，《广东打造基础研究卓越科研体系的思考与建议》，《广东科技》第 7 期。

汪聪聪，2023，《科技创新共同体概念内涵与典型模式》，微信公众号"城市怎么办"，https：//mp.weixin.qq.com/s/KKz_ 9HxwtgWhIglL8hR1Tg。

汪云兴、何渊源，2021，《深圳科技创新：经验、短板与路径选择》，《开放导报》第 5 期。

王长建、叶玉瑶、汪菲、黄正东、李启军、陈宇、林浩曦、吴康敏、林晓洁、张虹鸥，2022，《粤港澳大湾区协同发展水平的测度及评估》，《热带地理》第 2 期。

王方瑞，2003，《基于全面创新管理的企业技术创新和市场创新的协同创新管理研究》，硕士学位论文，浙江大学。

王刚、孟凡超、钟祖昌、刘慧珊、王欢、李演琪，2021，《国外科学城

发展 对光明科学城科技治理的启示》,《城市观察》第 3 期。

王慧斌、白惠仁,2019,《德国大科学装置的开放共享机制及启示》,《中国科学基金》第 3 期。

王树国,2011,《乘势聚力,协同创新,推进世界一流大学建设》,《中国高等教育》第 17 期。

王太盈,2019,《协同效应理论文献综述研究》,《经济研究导刊》第 31 期。

王贻芳、白云翔,2022,《发展国家重大科技基础设施 引领国际科技创新》,国务院发展研究中心: https: //www. chinathinktanks. org. cn/con tent/detail/id/i3gkqs37。

王峥、龚轶,2018,《创新共同体:概念、框架与模式》,《科学学研究》第 1 期。

吴和成、胡双钰,2020,《跨区域协同创新研究综述与展望》,《理论评述》第 1 期。

武玉青、李海波、陈娜、白寿辉,2022,《我国多螺旋创新生态载体的内涵特征、理论框架与实践模式研究——基于山东省创新创业共同体实证研究》,《科学学与科学技术管理》第 3 期。

西桂权、付宏、刘光宇,2020,《中国大科学装置发展现状及国外经验借鉴》,《科技导报》第 11 期。

香港创新科技及工业局,《香港创新科技发展蓝图》,https: //www. itib. gov. hk/zh－cn/publications/I&T% 20Blueprint% 20Book ＿ TC ＿ single ＿ Digital. pdf。

香港科技园,《了解我们》,https: //www. hkstp. org/zh-cn/。

香港特区政府劳工及福利局,2019, 《2027 年人力资源推算报告》https: //www. lwb. gov. hk/tc/other＿ info/mp2027＿ tc. pdf。

谢科范,2021,《加快建设科技创新共同体——基于复杂科学管理视角》,《信息与管理研究》第 6 期。

谢来风、谭慧芳,2021,《"一带一路"项目风险管理与香港旳角色》,

《科技导报》第 2 期。

　　谢来风、谭慧芳，《"一带一路"项目风险管理与香港的角色》，《科技导报》第 2 期。

　　谢来风、谭慧芳、周晓津，2022，《粤港澳大湾区框架下香港北部都会区建设的意义、挑战与建议》，《科技导报》第 7 期。

　　邢怀滨、苏竣，《全球科技治理的权力结构、困境及政策含义》，《科学学研究》第 3 期。

　　熊鸿儒，2015，《全球科技创新中心的形成与发展》，《学习与探索》第 9 期。

　　熊励、孙友霞、蒋定福、刘文，2011，《协同创新研究综述——基于实现途径视角》，《科技管理研究》第 14 期。

　　徐皓、赵磊、朱亮亮，2019，《基于创新价值链视角的我国高技术产业创新效率外溢效应研究》，《上海大学学报》第 5 期。

　　杨爱平，2015，《回归以来粤澳政府合作的经验与启示》，《港澳研究》第 4 期。

　　叶小刚、邹倩瑜、康金霞、尤瑜，2021，《颠覆性技术资助：从国外经验到中国方案》，《科技导报》第 2 期。

　　叶玉瑶、王翔宇、许吉黎等，2022，《新时期粤港澳大湾区协同发展的内涵与机制变化》，《热带地理》第 2 期。

　　粤港澳大湾区门户网，《澳门特别行政区经济和社会发展第二个五年规划（2021－2025 年）》，https：//www. cnbayarea. org. cn/attach ment/0/9/9153/652752. pdf。

　　粤港澳大湾区门户网，《二〇二二年财政年度施政报告》，https：//www. cnbayarea. org. cn/attachment/0/8/8761/642206. pdf。

　　曾婧婧、钟书华，2011，《科技治理的一种模式：一种国际及国内视角》，《科学管理研究》第 1 期。

　　张方，2011，《协同创新对企业竞争优势的影响——基于熵理论及耗散结构论》，《社会科学家》第 8 期。

张福军，2023，《新发展格局》，人民日报出版社。

张浩，2012，《企业战略协同效应测度模型》，《中国科技论坛》第4期。

张虹鸥、王洋、叶玉瑶、金利霞、黄耿志，2018，《粤港澳区域联动发展的关键科学问题与重点议题》，《地理科学进展》第12期。

张士运，2021，《国际科技创新中心建设战略研究》，经济管理出版社。

张妍、魏江，2015，《研发伙伴多样性与创新绩效——研发合作经验的调节效应》，《科学学与科学技术管理》第11期。

张玉阁，《深港合作：粤港澳大湾区建设的关键》，《开放导报》第4期。

张蕴岭、杨光斌、魏玲、朱峰、金灿荣、谢韬，2019，《如何认识和理解百年大变局》，《亚太安全与海洋研究》第2期。

赵新峰、李水金、王鑫，2020，《协同视阈下雄安新区创新共同体治理体系的建构方略》，《中国行政管理》第6期。

赵雅楠、吕拉昌、赵娟娟、赵彩云、辛晓华，2022，《中国综合性国家科学中心体系建设》，《科学管理研究》第2期。

赵作权、郝赟聪，2021，《基于网络组织机制的美国先进制造技术联盟计划与案例研究》，《科技导报》第7期。

肇庆市人民政府，2022，《肇庆市科技创新"十四五"规划》，http：//www. zhaoqing. gov. cn/gkmlpt/content/2/2658/post_ 2658337. html#3925。

肇庆市人民政府，2023，《肇庆市2023年政府工作报告》，http：//www. zhaoqing. gov. cn/gkmlpt/content/2/2808/post_ 2808224. html？eqid = c97a a3f3000001f000000006642f8dd8#3931。

肇庆市统计局，2022，《党的十八大以来肇庆经济社会发展成就》，http：//www. zhaoqing. gov. cn/zqtjj/gkmlpt/content/2/2764/mpost_ 2764643. html#4457。

郑刚，2004，《基于TIM视角的企业技术创新过程中各要素全面协同机制研究》，浙江大学博士论文。

郑刚、朱凌、金珺，2008，《全面协同创新：一个五阶段全面协同过程模型———基于海尔集团的案例研究》，《管理工程学报》第 2 期。

中共中央、国务院，2019，《粤港澳大湾区发展规划纲要》，人民出版社。

中国信息通信研究院，2023，《中国数字经济发展研究报告（2023 年）》，http：//www. caict. ac. cn/kxyj/qwfb/bps/202304/P020230427572038320317. pdf。

中国政府网，《科技部深圳市人民政府关于印发〈中国特色社会主义先行示范区科技创新行动方案〉》，https：//www. gov. cn/zhengce/zhengceku/2021－02/26/5588985/files/a12aaa648b834f7388d7f1d37a80d96e. pdf。

中华人民共和国科学技术部，2022，《"十四五"技术要素市场专项规划》，https：//www. most. gov. cn/xxgk/xinxifenlei/fdzdgknr/fgzc/gfxwj/gfxwj2022/202210/t20221025_ 183175. html。

中华人民共和国科学技术部，《科技支撑碳达峰碳中和实施方案（2022—2030 年）》，https：//www. most. gov. cn/xxgk/xinxifenlei/fdzdgknr/qtwj/qtwj2022/202208/W020220817583603511166. pdf。

中华人民共和国香港特别行政区，2021，《北部都会区发展策略》，https：//www. policyaddress. gov. hk/2021/chi/pdf/publications/Northern/Northern－Metropolis－Development－Strategy－Report. pdf。

中华人民共和国香港特别行政区政府政制及内地事务局，《粤港合作联席会议及相关内容》，https：//www. cmab. gov. hk/gb/archives/regional_ cooperation_ 0201_ 1. htm。

中华人民共和国中央人民政府，《中共中央 国务院印发〈横琴粤澳深度合作区建设总体方案〉》，http：//www. gov. cn/zhengce/2021－09/05/content_ 5635547. htm。

中华人民共和国中央人民政府，《国务院关于印发广州南沙深化面向世界的粤港澳全面合作总体方案的通知》，http：//www. gov. cn/zhengce/content/2022－06/14/content_ 5695623. htm。

中华人民共和国中央人民政府，《中共中央 国务院印发〈全面深化前海

深港现代服务业合作区改革开放方案〉》，http：//www. gov. cn/zhengce/
2021－09/06/content＿ 5635728. htm。

中华人民共和国中央人民政府，《中华人民共和国国民经济和社会发展
第十四个五年规划和 2035 年远景目标纲要》，http：//www. gov. cn/xinwen/
2021－03/13/content＿ 5592681. htm。

中山市科学技术局，《中山市科技创新"十四五"规划》，http：//
kj. zs. gov. cn/attachment/0/416/416143/2050941. pdf。

中山市科学技术局，《中山市科学技术局 2022 年工作总结和 2023 年工
作计划》，http：//kj. zs. gov. cn/gkmlpt/content/2/2223/mpost＿ 2223545. html
#578。

重庆高新区微讯，《他山之石 丨 筑波科学城：世界级科研中心的崛起
之路》，微信公众号"西部重庆科学城"，https：//mp. weixin. qq. com/s/
LNeis5Zg0I4nfSoAe12Xbg。

周春山、罗利佳、史晨怡、王珏晗，2017，《粤港澳大湾区经济发展时
空演变特征及其影响因素》，《热带地理》第 6 期。

周振江、何悦、刘毅，2020，《深圳科技创新政策体系的演进历程与效
果分析》，《科技管理研究》第 3 期。

珠海市人民政府办公室，《珠海市人民政府关于印发珠海市科技创新
"十四五"规划的通知》，http：//www. zhuhai. gov. cn/gkmlpt/content/3/
3047/post＿ 3047018. html#1637。

珠海自然资源局，《珠海：深入实施创新驱动发展战略，高质量发展增
添新动能》，https：//mp. weixin. qq. com/s？＿＿ biz＝MzU1MjU0MzA3Nw＝＝&
mid＝2247527123&idx＝1&sn＝bfcef0e5922045f665f86e0562562 798&chksm＝
fb825cd9ccf5d5cfd9848868f56bfcd05f7f02aae1dfb4497dfb10c374858367202b45a
1bf7b&scene＝27。

综合开发研究院（中国深圳）课题组，2017，《以"双转型"引领粤港
澳大湾区发展》，《开放导报》第 4 期。

Carayannis，E. G.，D. F. J. Campbell. 2019. "'Mode 3' and 'Quadruple

Helix'： Toward a 21st Century Fractal Innovation Ecosystem," *International Journal of Technology Management* 46 （3-4）： 201-234.

Dedehayir, O. , S. J. MäKINEN, J. R. Ortt. 2018. "Roles during Innovation Ecosystem Genesis： A Literature Review," *Technological Forecasting and Social Change* 136： 18-29.

Fagerberg, Jan, David C. Mowery, Richard R. Nelson. 2005. *The Oxford Handbook of Innovation*, Oxford University Press.

Freeman, Christopher, Luc Soete. 1997. *The Economics of Industrial Innovation*, Pinter Publishers.

Granstrand, O. , M. Holgersson. 2020. "Innovation Ecosystems： A Conceptual Review and a New Definition," Technovation 90, 102098.

INSEAD. "The Global Talent Competitiveness Index 2022," https： //www. insead. edu/sites/default/files/assets/dept/fr/gtci/GTCI-2022-report. pdf.

Kafouros, M. , C. Wang, P. Piperopoulos, M. Zhang. 2015. "Academic Colla-borations and Firm Innovation Performance in China： The Role of Region-specific Institutions," *Research Policy* 44 （03 ）： 803-817.

Kearney, A. T. 2021. " 2021 Global Cities Report," https： //www. kearney. com/global-cities/2021, 2022-02-01.

Klimas, P. , W. Czakon. 2022. "Species in the Wild： A Typology of Inno-vation Ecosystems," *Review of Managerial Science* （12）： 249-282.

Kuhlmann, Stefan, Jakob Edler. 2003. "Scenarios of technology and innovation policies in Europe： Investigating Future Governance," *Technological Forecasting & Social Change* 70： 619-637.

Monjon, Stéphanie, and Patrick Waelbroeck. 2003. "Assessing Spillovers from Universities to Firms： Evidencefrom French Firm-level Data," *International Journal of Industrial Organization*, 21 （9）： 1255-1270.

Nature. 2022. "Science cities 2022," http： //www. naturechina. com/pdf? file =/public/upload/pdf/2022/11/24/637f319ebe924. pdf.

Schroth, F. , J. J. Haeussermann. 2018. "Collaboration Strategies in Innovation Ecosystems: An Empirical Study of the German Microelectronics and Photonics Industries," *Technology Innovation Management Review* (11): 4–12.

Wolfgang, Keller. 2002. "Geographic Localization of International Technology Diffusion," The American Economic As-sociation (92): 120–142.

World Intellectual Property Organization. 2022. "Global Innovation Index 2022," Last modified December 2. https://www. wipo. int/edocs/pubdocs/en/wipo–pub–2000–2022–section1–en–gii–2022–at–a–glance–global–innovation–index–2022–15th–edition. pdf.

World Intellectural Property Organization. "Global Innovation Index 2022 : What is the future of innovation–driven growth?" https://www. wipo. int/edocs/pubdocs/en/wipo–pub–2000–2022–en–main–report–global–innovation–index–2022–15th–edition. pdf.

Yaghmaie, P. , W. Vanhaverbeke. 2020. "Identifying and Describing Constituents of Innovation Ecosystems: A Systematic Review of the Literature," *Euromed Journal of Business* 15 (3): 283–314.

Zhao, S. L. , L. Cacciolatti, S. H. Lee, W. Song. 2015. "Regional Colaborations and Indigenous Innovation Capabilities in China: A Multivariate Method for the Analysis of Regional Innovation Systems," *Technological Forecasting & Social Change* 94 (09): 202–220.

后 记

正如本书前言所述，粤港澳大湾区是一个新兴的、快速发展的、受到全球瞩目的国际科技创新中心。因此与其相关的研究正在不断丰富，研究视角更加多元，本书仅仅为该领域的研究提供参考。

我于 2017 年初正式入职综合开发研究院（中国·深圳），并开始有关香港、澳门、粤港澳大湾区等的研究。过去几年，我所在的研究部门承担了来自国家部委、香港特区政府、澳门特区政府、广东省政府、深圳市政府以及企业、机构等委托的与粤港澳大湾区、科技创新相关的研究课题，我本人也参与了有关的公开论坛、内部研讨、学术会议等活动，并发表了几篇论文。这些研究和讨论拓宽了我的视野，为本书写作奠定了基础。总体而言，作为资历尚浅的研究者，写作本书的过程是一个探索和解决疑惑的过程，也是更加系统地梳理和深入理解科技创新与粤港澳大湾区、为今后研究做积累的过程。

本书得以完成，首先要感谢我太太谭慧芳，她是我学术研究路上的同行者和督促者。这几年，我们共同完成了有关国际科技创新中心、综合性国家科学中心、香港北部都会区等的多篇论文，参加了多次研讨会，书中的诸多思考和观点也来自她。

其次，感谢综合开发研究院（中国·深圳）将本书列入 2022/2023 年度资助出版计划，没有研究院的支持，就没有本书的写作与出版。综合开发研究院（中国·深圳）是鼓励自由思考、坚持兼容并包的国家高端智库，为我写作本书提供了轻松的环境。

再次，感谢综合开发研究院（中国·深圳）常务副院长、全国港澳研究会顾问郭万达博士对本书逻辑、框架、研究视角、学术范式等的细致指导，对提高本书的学术价值具有直接而重要的作用。感谢张玉阁所长对本书结构及具体论述等的指导，他主持或指导的系列研究课题为本书写作提供了重要支持。感谢同事薛杨钦和庄卓昊协助我收集整理了相关章节的资料。感谢所里其他同事为我分担了日常的课题研究和咨询工作。

最后，感谢社会科学文献出版社在本书出版方面的大力协助。

由于本人学识和水平有限，本书错谬之处难免，欢迎读者提出宝贵意见和建议。

谢来风

2023 年 8 月

图书在版编目（CIP）数据

国际科技创新中心建设：粤港澳大湾区的模式与路径 / 谢来风著 . --北京：社会科学文献出版社，2023.10
　　ISBN 978-7-5228-2223-5

　　Ⅰ.①国…　Ⅱ.①谢…　Ⅲ.①科技中心-建设-研究-广东、香港、澳门　Ⅳ.①G322.765

　　中国国家版本馆 CIP 数据核字（2023）第 143185 号

国际科技创新中心建设：粤港澳大湾区的模式与路径

著　　者／谢来风

出 版 人／冀祥德
组稿编辑／恽　薇
责任编辑／孔庆梅
文稿编辑／柴　乐
责任印制／王京美

出　　版／社会科学文献出版社·经济与管理分社（010）59367226
　　　　　地址：北京市北三环中路甲 29 号院华龙大厦　邮编：100029
　　　　　网址：www. ssap. com. cn
发　　行／社会科学文献出版社（010）59367028
印　　装／三河市尚艺印装有限公司

规　　格／开　本：787mm×1092mm　1/16
　　　　　印　张：21　字　数：317 千字
版　　次／2023 年 10 月第 1 版　2023 年 10 月第 1 次印刷
书　　号／ISBN 978-7-5228-2223-5
定　　价／148.00 元

读者服务电话：4008918866